计算机专业实训系列教材

Red Hat Enterprise Linux
服务器配置实例教程

主　编　白戈力
副主编　李宏慧
参　编　白云莉　王翠茹
主　审　麻海雷

机 械 工 业 出 版 社

本书详细介绍了Red Hat Enterprise Linux 5中的服务器配置问题，内容包括Red Hat Enterprise Linux 5的安装与配置、服务器配置常见命令、DNS服务器、WWW服务器、FTP服务器、MySQL服务器、Samba服务器、NFS服务器、Sendmail服务器。书中实例涉及面广、难易适中并配有详细的步骤截图，帮助读者高效地完成不同服务器的配置与管理。本书配有电子课件，读者可到机械工业出版社网站www.cmpedu.com免费注册下载，或联系编辑（010-88379194）索取。

本书既可作为各类本科、职业院校的计算机教材，也可作为Linux爱好者的参考书和各种培训用书。

图书在版编目（CIP）数据

Red Hat Enterprise Linux服务器配置实例教程/白戈力主编．—北京：机械工业出版社，2011.1（2019.10 重印）

计算机专业实训系列教材

ISBN 978-7-111-32938-1

Ⅰ．①R… Ⅱ．①白… Ⅲ．①Linux操作系统—高等学校—教材 Ⅳ．①TP316.89

中国版本图书馆CIP数据核字（2010）第263170号

机械工业出版社（北京市百万庄大街22号 邮政编码100037）

策划编辑：梁 伟 责任编辑：梁 伟 蔡 岩

封面设计：鞠 杨 责任印制：张 博

三河市宏达印刷有限公司印刷

2019年10月第1版第4次印刷

184mm×260mm・11.25印张・271千字

4 501—5 000册

标准书号：ISBN 978-7-111-32938-1

定价：25.00元

电话服务

客服电话：010－88361066

010－88379833

010－68326294

封底无防伪标均为盗版

网络服务

机 工 官 网：www. cmpbook. com

机 工 官 博：weibo. com/cmp1952

金 书 网：www. golden-book. com

机工教育服务网：www. cmpedu. com

前　言

Linux系统作为开源软件的代表，已经广泛应用于各个领域。凭借其良好的安全性和出色的稳定性，已成为目前网络服务器首选的操作系统之一。

通过本书的学习，读者可以掌握网络管理员所必备的理论知识与管理技巧。

本书不仅能帮助读者熟悉各种服务器的基本工作原理，更能快速掌握架设及管理常用服务器的基本方法与技巧。目前市场上同类型的书籍过多注重理论的讲解，缺乏应用实例，读者学习起来较为困难，而本书内容实践性强，且基于VMware虚拟机+Red Hat Enterprise Linux 5平台。本书最大的特点就是注重实践，通过大量的实例图片帮助读者形象、直观地学习服务器配置的基本方法，管理技巧。

本书共分为9章，第1章讲述了VMware+ Red Hat Enterprise Linux 5环境的搭建。第2章对服务器配置中常见的命令进行了讲解，便于后面章节的学习。第3～9章分别讲解了DNS服务器、WWW服务器、FTP服务器、MySQL服务器、Samba服务器、NFS服务器和Sendmail服务器，在对基本概念、原理叙述清楚后，重点通过相关实例的讲解，帮助读者掌握服务器配置与管理的基本方法，讲解细致、步骤清晰，相信会给读者带来事半功倍的效果。为了配合上机练习，在第3～8章中分别设置了配置实例小节，介绍各个服务器在实际中的典型应用。通过完成这些配置实例，读者可以熟练掌握架设服务器的相关技巧，对服务器的配置从理论到实践都起到很好的巩固和强化作用。

本书由白戈力主编及统稿，由李宏慧任副主编，参与本书编写的还有白云莉、王翠茹。本书由麻海雷任主审。其中，白戈力编写了第1，3，4章，李宏慧编写了第2，5章，白云莉编写了第6，8章，王翠茹编写了第7，9章。

另外，在编写本书的过程中，内蒙古农业大学计算机与信息工程学院05级网络专业的李晨晖、何慧霞、王利华、贺晓丽、刘楠、蔡远山、孙志濂、杜嘉铭，06级计算机科学与技术专业的杜辉斌、吴小将、温晓佳、郭丽华、于萧，08级计算机科学与技术专业的吴靖华，09级计算机科学与技术专业的刘骥飞、吴燕平、石瑞霞、张思远、尤雪媛、丛一、李振、乔红雷、李庆、张鑫等同学都付出了辛勤的劳动和汗水，对他们也表示诚挚的感谢。

由于编者水平有限，书中难免存在一些缺点和错误，恳请广大读者及同行批评指正。

编　者

目 录

第 1 章　Red Hat Enterprise Linux 5的安装与配置

1.1　Linux 系统简介

本书中的实例均在VMware虚拟机下的Red Hat Enterprise Linux 5中调试通过，所以在本章中先来构建系统的环境。

Linux操作系统是一款优秀的操作系统，支持多用户、多线程、多进程，实时性好，功能强大且稳定。同时，它又具有良好的兼容性和可移植性，被广泛应用于各种计算机平台上。

Linux最初是由芬兰的Helsinki大学技术科学系的学生Linux Torvalds开发的，其构想源于Andrew S.Tanenbaum（Andy Tanenbaum）教授所开发的Minix，而Linux当时希望能够做到“比Minix更好的Minix”。1991年发行了0.11版本，在随后的几年内，Linux通过互联网被广泛发行，其他的编程人员又结合标准的UNIX系统中的大部分应用程序和特性对它进行了修订和添加，逐步形成了今天大家所看到的功能强大的、开源的新型网络操作系统。

Linux的版本可以分为两类：内核（Kernel）版本与发行（Distribution）版本。内核版本是指在Linux的领导下，开发小组开发出来的系统内核版本号。而一些组织或公司将Linux内核与应用软件和文档包装起来，并提供一些安装界面、系统设置与管理工具，这样就构成了一个发行版本，常见的发行版本有Red Hat Linux、Mandriva Linux、Debian Linux和国产的红旗Linux等。以Red Hat Linux为例，目前主流的发行版本是Red Hat Enterprise Linux 5，其内核版本为2.6.18。

本书实例的配置环境均是在Windows系统（如Windows XP）中安装VMware虚拟机，然后在VMware虚拟机下安装Red Hat Enterprise Linux 5，并进行简单的网络配置后构成的。

1.2　VMware 虚拟机的安装

VMware是一款非常优秀的虚拟机软件，包括桌面版和服务器版两种，一般使用桌面工作站版即可。读者可以通过互联网访问VMware的官方网站“http://www.vmware.com/cn/”了解详细介绍，并下载VMware Workstation。

1）下载绿色汉化版VMware Workstation 6.0.2，如图1-1所示。

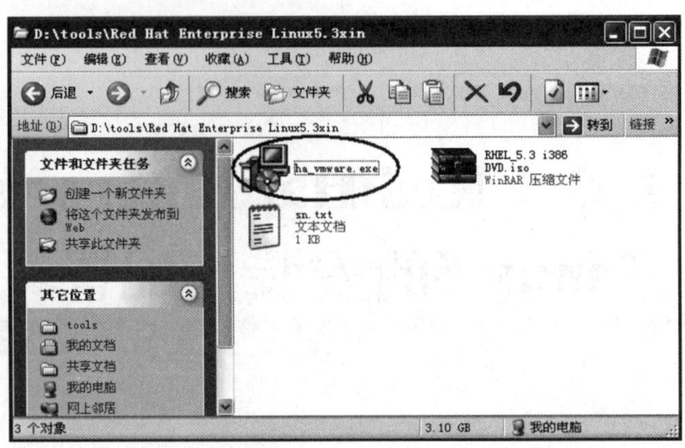

图1-1　VMware安装包

2）运行VMware安装包，首先会弹出安装提示窗口，直接单击“确定”按钮，如图1-2所示。

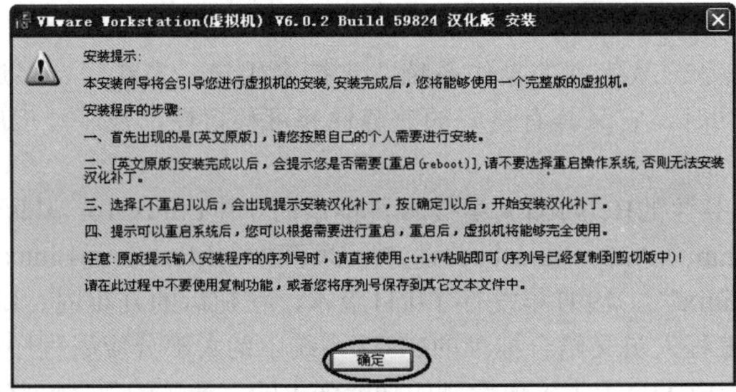

图1-2　安装提示窗口

3）出现如图1-3所示的欢迎安装界面，直接单击“Next”按钮。

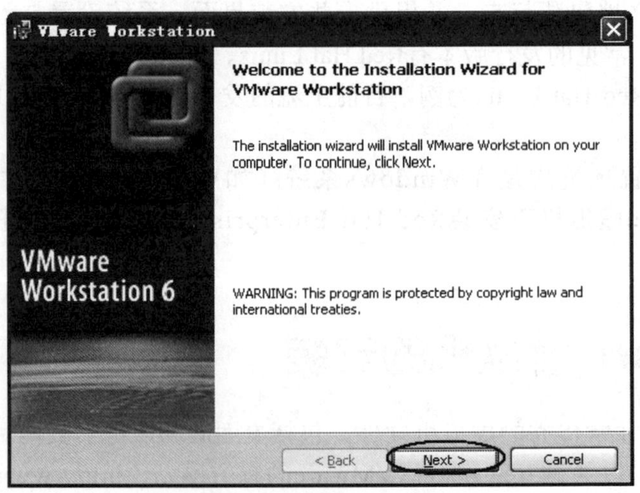

图1-3　欢迎安装界面

4）在安装类型选择窗口中选择“Typical”，即典型安装方式，如图1-4所示。

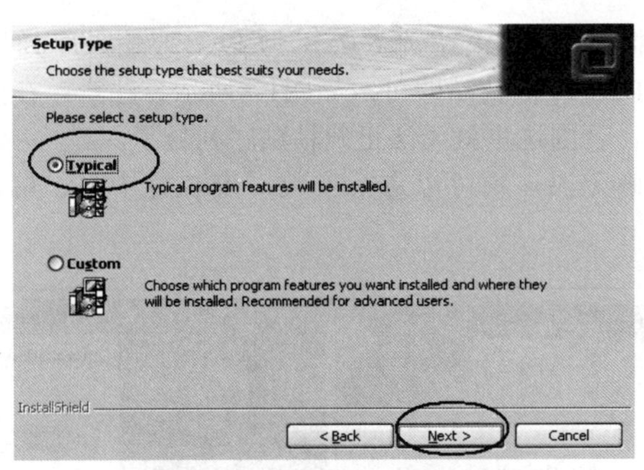

图1-4　安装类型选择窗口

5）指定安装路径，如图1-5所示，默认为“C:\ Program Files\VMware\VMware Workstation\”，这里不作改动，直接单击“Next”按钮。

6）询问是否需要设置多种启动方式，此处选中所有选项，然后单击“Next”按钮，如图1-6所示。

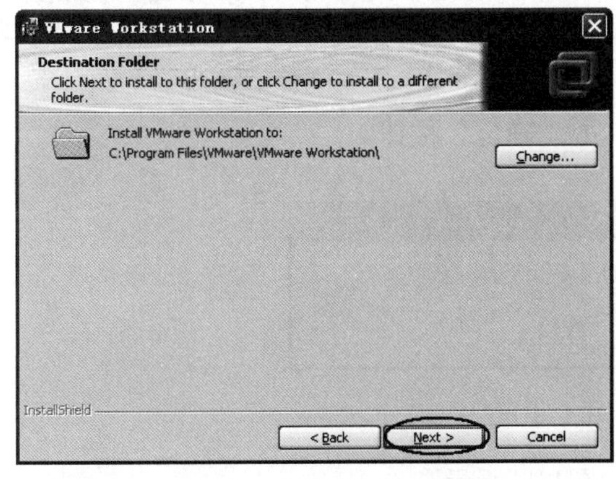

图1-5　安装路径选择窗口

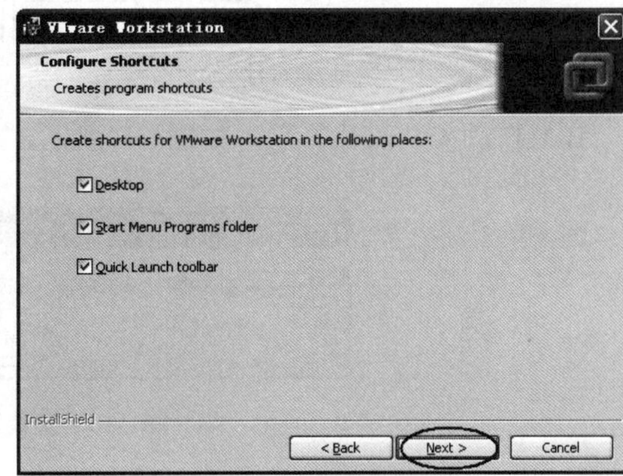

图1-6　设置启动方式

7）单击“Install”按钮进行安装，如图1-7所示。

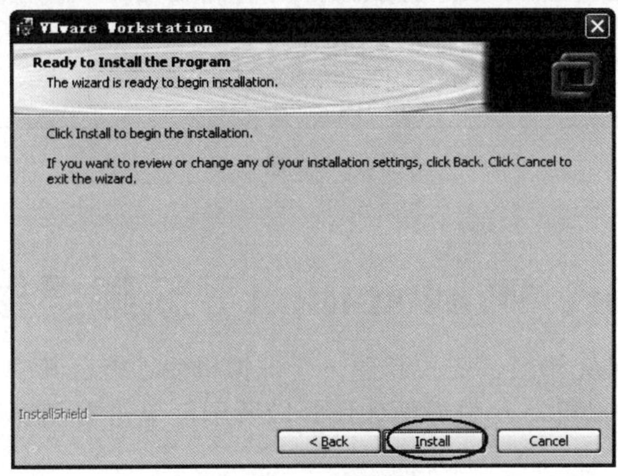

图1-7　安装界面

8）由于安装的虚拟机是汉化绿色版6.0.2，所以需要输入序列号，在安装提示窗口中已经说明，直接按<CTRL+V>键粘贴即可，如图1-8所示。注意：在此之前不可以使用“复制”和“剪切”等功能，否则这里就无法正确粘贴序列号了。

9）如果序列号正确无误，则可以进行安装，安装完毕后，单击“Finish”按钮，如图1-9所示。

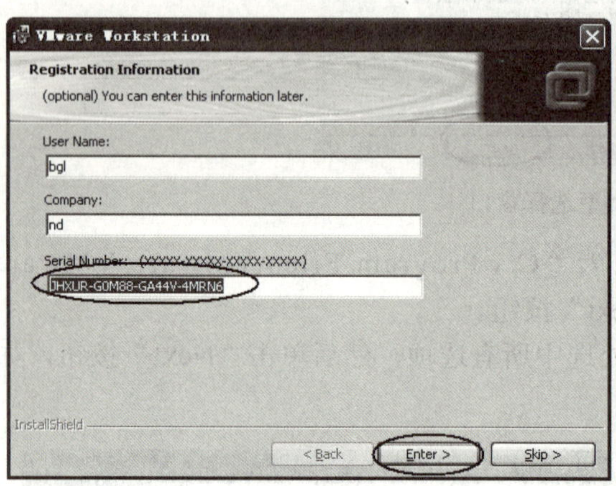

图1-8 验证序列号窗口

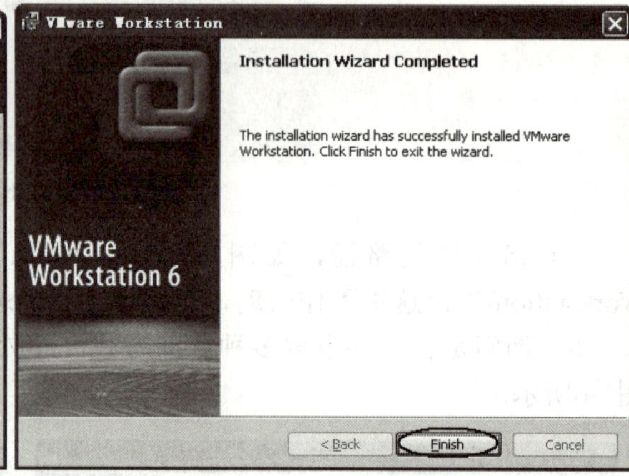

图1-9 英文版安装完成

10）自动安装汉化补丁，如图1-10所示，单击“确定”按钮。

图1-10 安装汉化补丁窗口

11）安装完毕后，需要重新启动计算机，如图1-11所示。

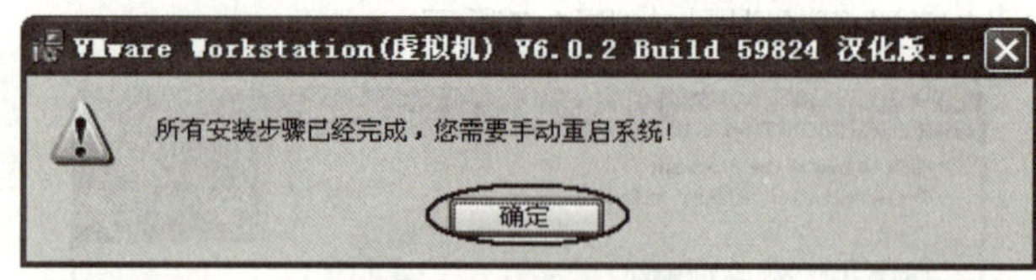

图1-11 重启系统

1.3 在VMware Workstation下新建虚拟机

VMware虚拟机安装完毕后，需要新建一个虚拟机后才能在其中安装某种操作系统。

1）运行VMware虚拟机，其主界面如图1-12所示，单击右侧窗口中的“新建虚拟机”按钮。

2）弹出“新建虚拟机向导”窗口，如图1-13所示，单击“下一步”按钮。

3）对虚拟机进行配置，这里选择“典型”方式，然后单击“下一步”按钮，如图1-14所示。

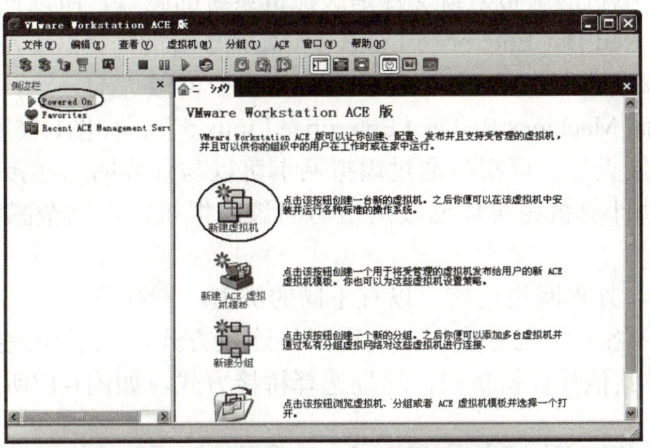

图1-12　VMware Workstation主界面

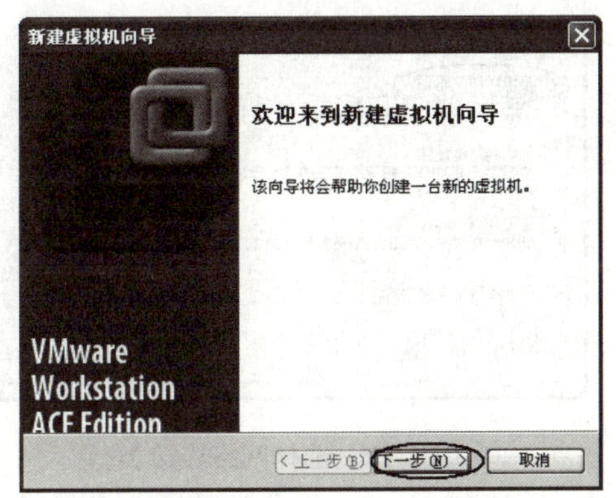

图1-13　“新建虚拟机向导”窗口

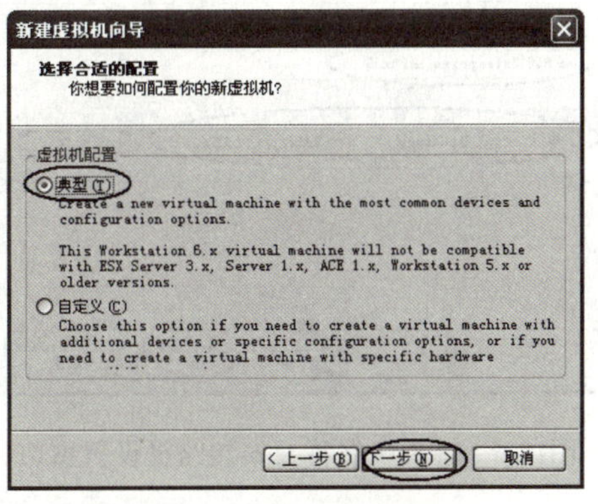

图1-14　虚拟机配置窗口

4）选择在虚拟机上安装的操作系统类型，由于要安装“Red Hat Enterprise Linux 5”，所以在客户机操作系统类型选项中选择“Linux”，在“版本”下拉列表中选择“Red Hat Enterprise Linux 5”，如图1-15所示。

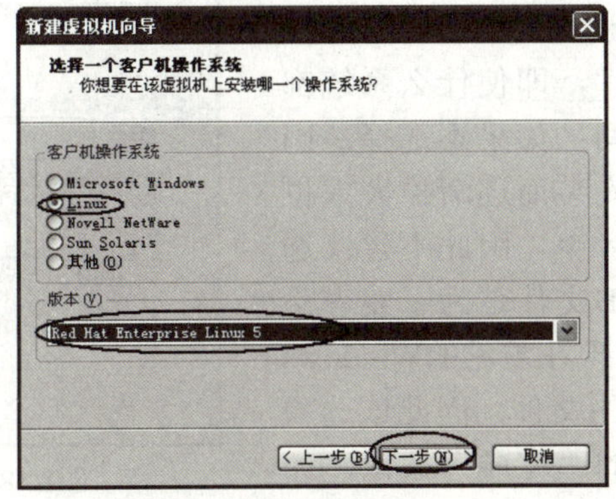

图1-15　选择操作系统类型

5）输入安装的虚拟机的名称，这里起名为“Red Hat Enterprise Linux 5”，还要输入虚拟机的安装磁盘路径，即虚拟机的各种文件放置的目录。虚拟机包含一系列文件，如虚拟机磁盘文件等。由于虚拟机的虚拟磁盘文件是虚拟机系统的磁盘，所以该文件会随着操作系统的安装而变得很大，Red Hat Enterprise Linux 5安装完毕可能需要5GB左右的空间（最小安装需要850MB，最大安装需要5.5GB），建议选择磁盘空间较大的分区，不应小于6GB，这里指定为“H:\My Virtual Machines\Red Hat Enterprise Linux 5”，如图1-16所示。

6）选择网络连接类型。虚拟机通过虚拟网卡可以与外界网络连接，如同一台独立的计算机一样工作，其他计算机也可以通过网络访问该虚拟机，而完全感觉不到那是一台虚拟计算机。

VMware虚拟机与外界网络连接可以有不同的类型：桥接方式、网络地址翻译方式、私有网络（Host-only网络）主机方式和不使用网络连接方式。为了让虚拟机像一台独立计算机一样工作，并可被其他计算机访问，这里选择桥接方式，如图1-17所示。

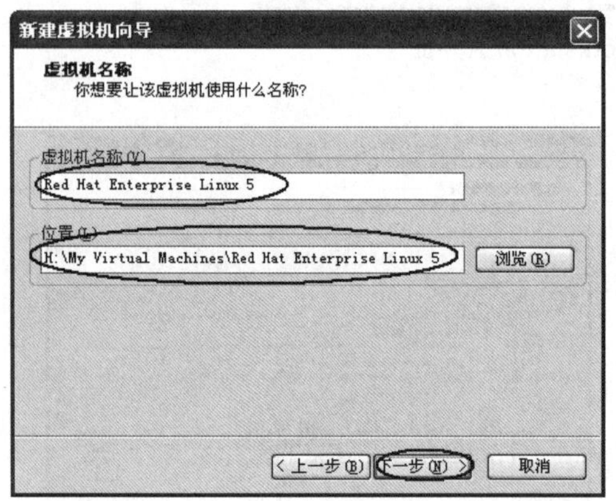

图1-16　虚拟机名称及安装路径设置窗口

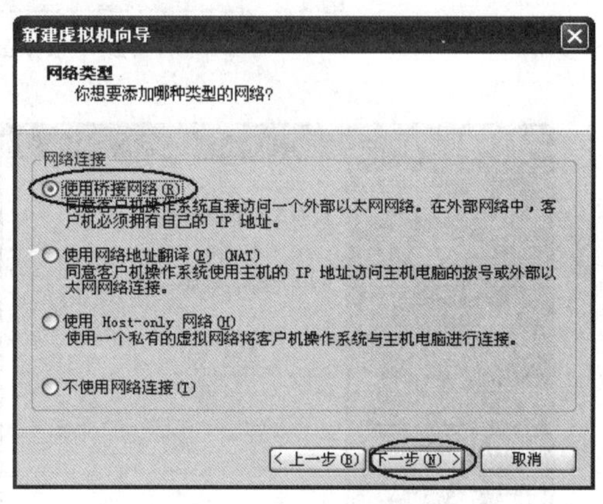

图1-17　选择网络连接类型

7）指定虚拟磁盘空间的大小。虚拟机的磁盘是宿主计算机系统中的一个文件虚拟的，该文件的大小与安装的操作系统类型和其中的应用软件多少有关，要根据需要进行设置。这里设置的是该文件的上限，默认值为8GB，如图1-18所示，该数值为虚拟机磁盘的最大容量。

图1-18中还有两个选项可以选择：立即分配所有磁盘空间和分割磁盘为2GB文件。如果选择前者，则VMware立即创建与所设置的虚拟机磁盘空间大小一样的文件，即使什么系统都没有装也要占用这么多空间；如果不选择，则系统会随着虚拟机系统的安装而逐渐扩大虚拟机磁盘文件，即用多少占多少。因此不建议选择前者。而分割磁盘为2GB文件是为了兼容不支持大于2GB的文件系统，现在常见的Windows或者Linux都支持大于2GB的文件，因此该选项也不需要选择。单击下方的“完成”按钮，如图1-18所示。

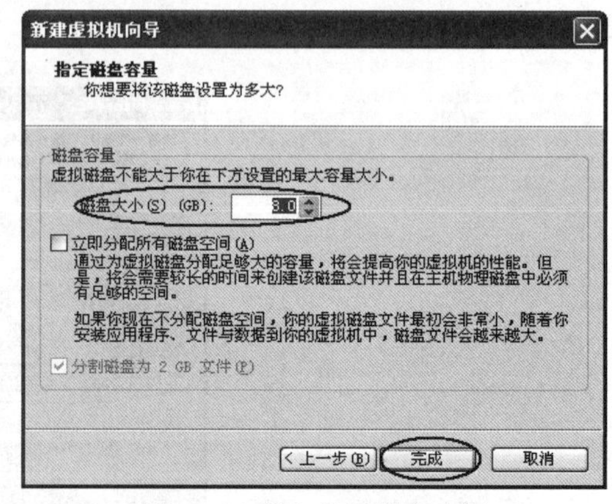

图1-18　指定虚拟磁盘空间

8）提示虚拟机成功创建，单击“Close”按钮结束安装，如图1-19所示。

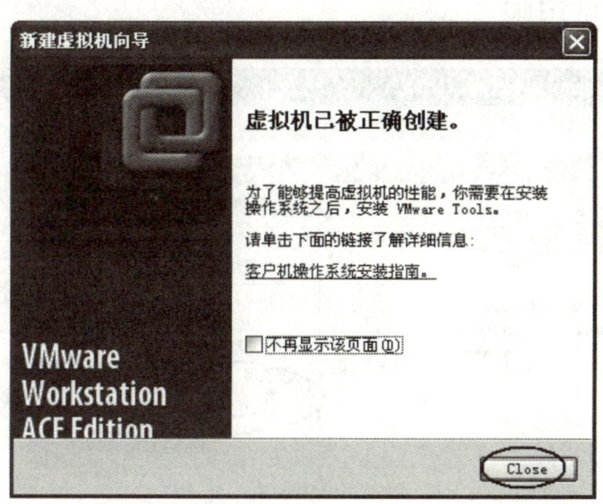

图1-19　安装完毕

1.4　Red Hat Enterprise Linux 5的安装

当在VMware Workstation下创建好Red Hat Enterprise Linux 5所对应的虚拟机后，就可以安装操作系统了。

1）可以使用宿主机器的实际物理光驱，也可以使用光盘镜像文件，选择“虚拟机”菜单下的“设置”选项，激活虚拟机设置窗口，如图1-20所示。

图1-20　虚拟机设置菜单

2）选择“CD-ROM”，其默认方式是“Auto detect”（自动检测）。如果通过系统盘来安装“Red Hat Enterprise Linux 5”，则按照这种方式即可；如果想通过镜像文件安装，需要选择“使用ISO镜像”。本节通过后者来安装，并且指定安装所需的镜像文件为“H:\RHEL_5.3 i386 DV.iso”，如图1-21所示。注意：安装光盘的ISO文件可以从Red Hat Network网站上下载。由于Red Hat Enterprise Linux是一个商业版的Linux安装软件包，所以必须付费才能得到。不过，Red Hat提供30天的试用版，可以从网站“http://www.redhat.com/rhel/details/eval/”上下载Red Hat Enterprise Linux 5的试用版。

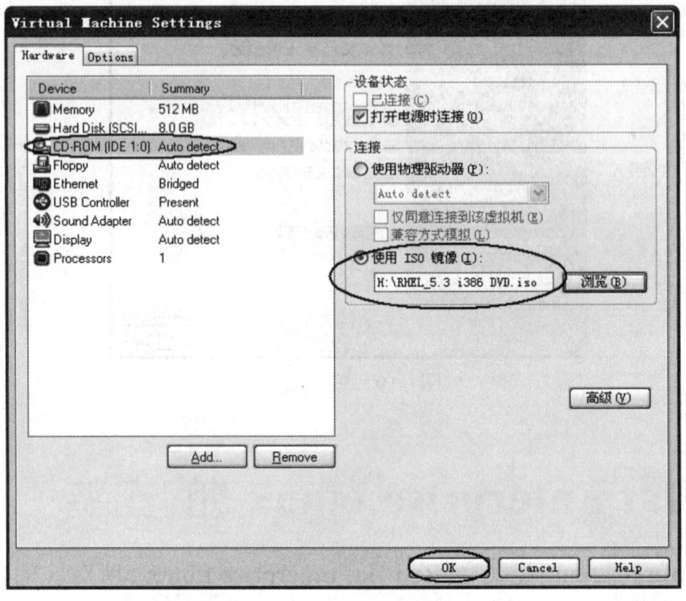

图1-21　指定镜像文件

3）启动虚拟机，就可以看到“Red Hat Enterprise Linux 5”的安装界面了，如图1-22所示。

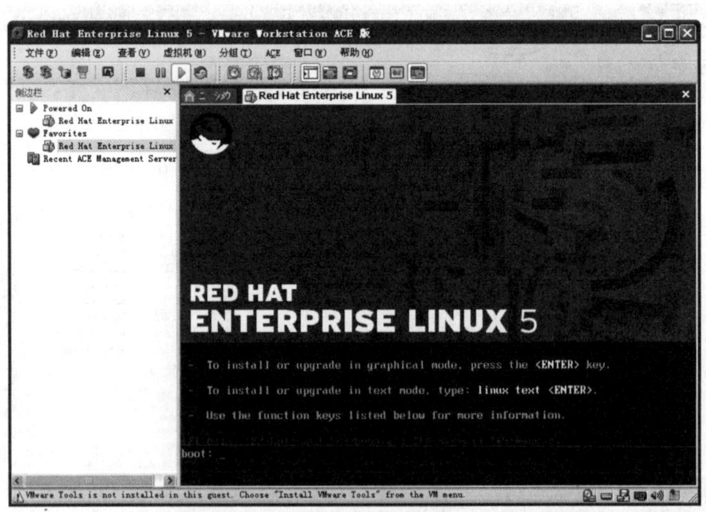

图1-22　Red Hat Enterprise Linux 5的安装界面

4）看到“boot:”提示符后直接按下<Enter>键，安装程序经过一番检测后进入如图1-23所示的测试光盘选择界面。如果看到“boot:”提示符后没有进行任何操作，安装程序将在1min后自动开始检测。这时直接按<Enter>键开始光盘介质的测试，大约需要几分钟的时间，也可以按<Tab>键切换到“Skip”按钮上，然后按<Enter>键跳过光盘的测试，进入下一步。

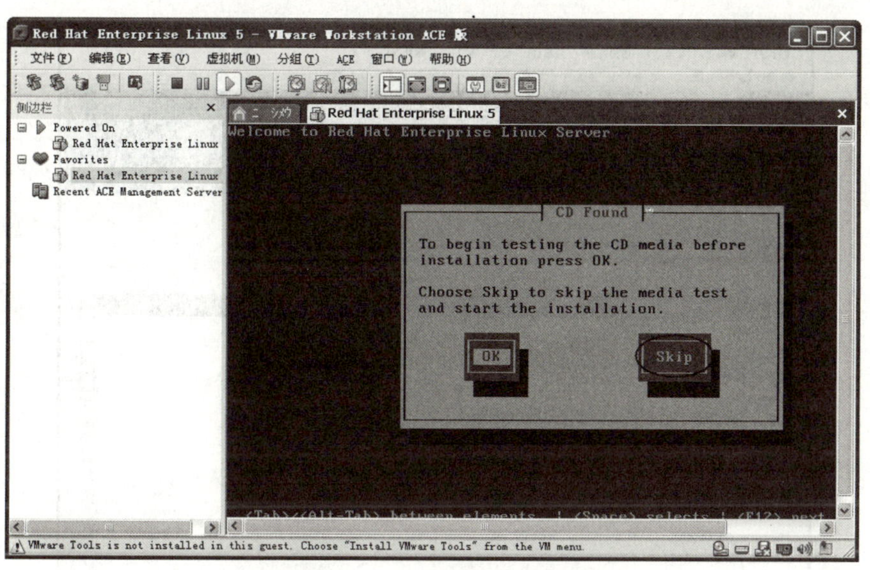

图1-23　测试光盘选择界面

5）开始安装Red Hat Enterprise Linux 5，在如图1-24所示的开始安装界面中单击“Next”按钮。

图1-24　开始安装界面

6）进入安装语言选择界面，如图1-25所示，选择“简体中文”。注意：这里选择的语言只是在安装过程中使用的语言，并不影响安装完成后所使用的语言。

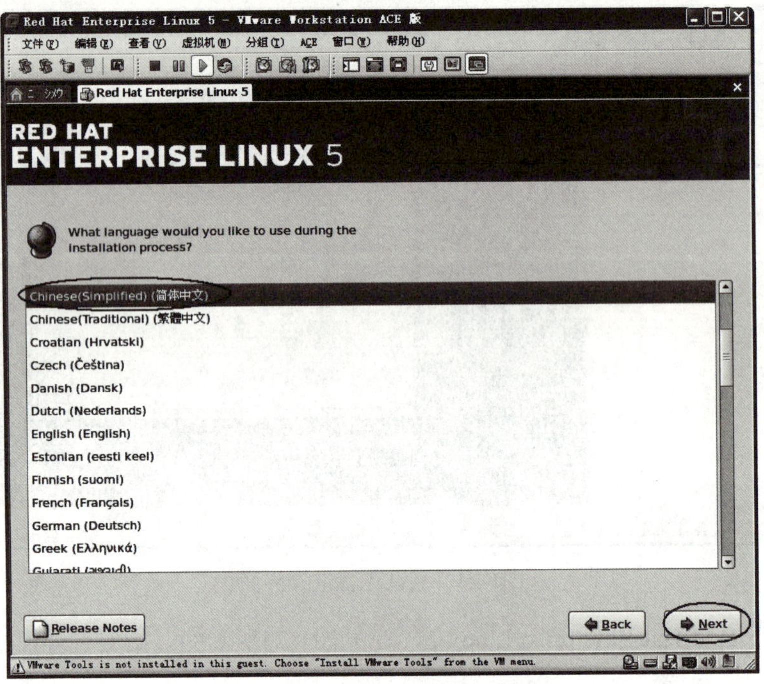

图1-25　安装语言选择界面

7）单击“Next”按钮，进入如图1-26所示的键盘设置界面，安装程序检测到的键盘类型会加亮显示，默认为美国英语式键盘。用户也可以选择最合适的键盘类型，或者在安装完成后使用“redhat-config-keyboard”工具进行修改。

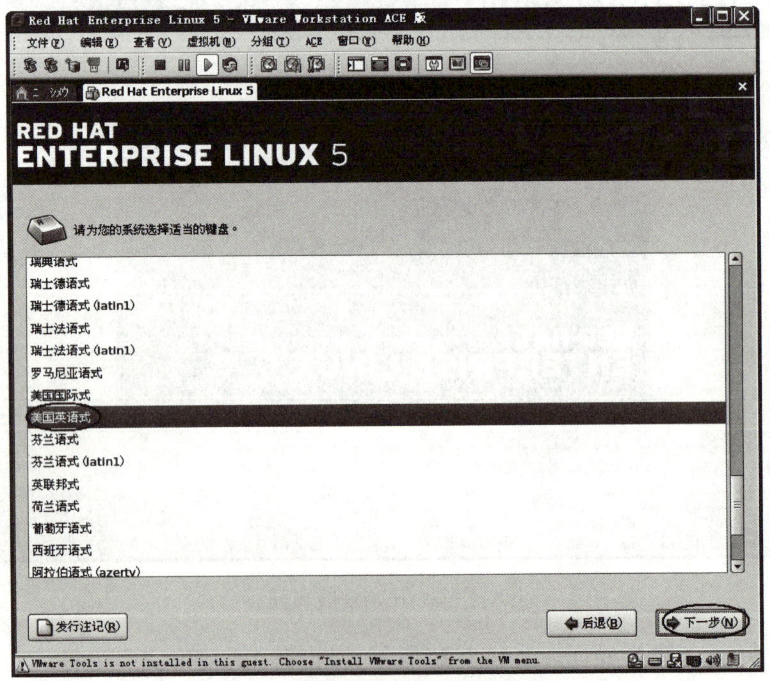

图1-26　键盘设置界面

8）单击“下一步”按钮，打开如图1-27所示的“安装号码”对话框，选中“安装号码”单选按钮，然后在后面的文本框中输入安装号码；也可以选中“跳过输入安装号码”单选按钮，直接进入下一步。注意：如果不输入安装号码，将只有核心服务器或Desktop被安装，其他功能可以在以后手动安装。

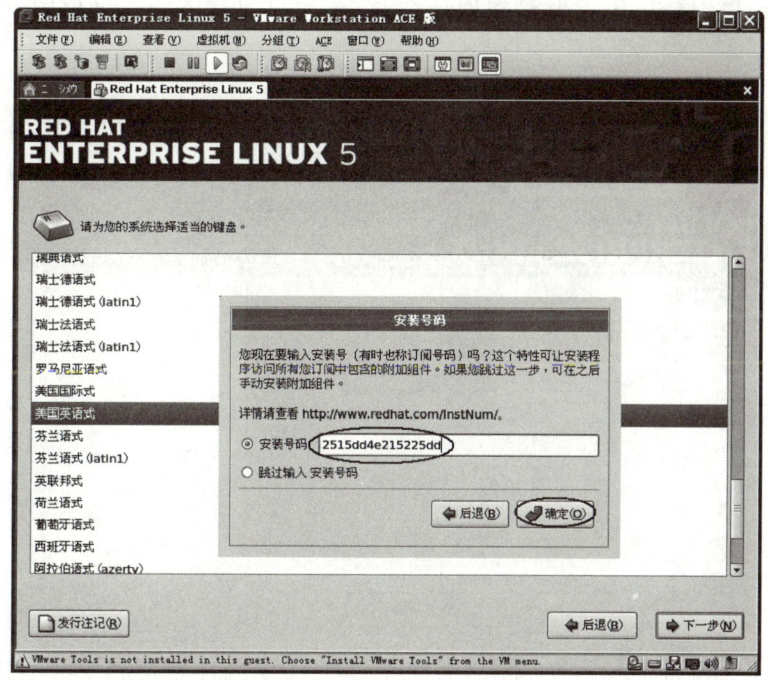

图1-27 “安装号码”对话框

9）单击“确定”按钮，打开如图1-28所示的“警告”对话框。因为是全新安装，安装程序将提示是否初始化驱动器。

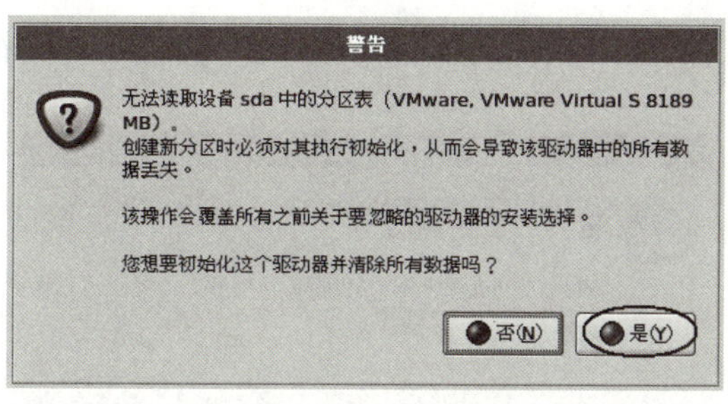

图1-28 “警告”对话框

10）单击“是”按钮，进入如图1-29所示的分区方案选择界面，选择“在选定驱动器上删除Linux分区并创建默认的分区结构”选项，也可单击其右的上下箭头，在其下拉列表中选择不同选项。如果是在选定的磁盘上安装Linux，则选择“在选定磁盘上删除Linux分区并创建默认的分区结构”选项；如果是在选定的驱动器上的空余空间安装Linux，则选择“使用选定的驱动器中的空余空间并创建默认的分区结构”选项；如果要自定义分区结构，则选择“建立自定义的分区结构”选项。

如果选择了自定义分区结构，为了成功安装“Red Hat Enterprise Linux 5”，至少需要建立两个分区，即根分区（/）和交换分区（SWAP分区），当然，也可以再创建一个系统引导分区（/boot）。其中，根分区（/）用来存放Linux的大部分系统文件和用户文件，其大小要根据安装的软件包大小来决定；交换分区是指系统的虚拟内存空间，一般应大于系统的物理内存，可以取物理内存的2倍；系统引导区用于存放引导文件，一般为100 MB。

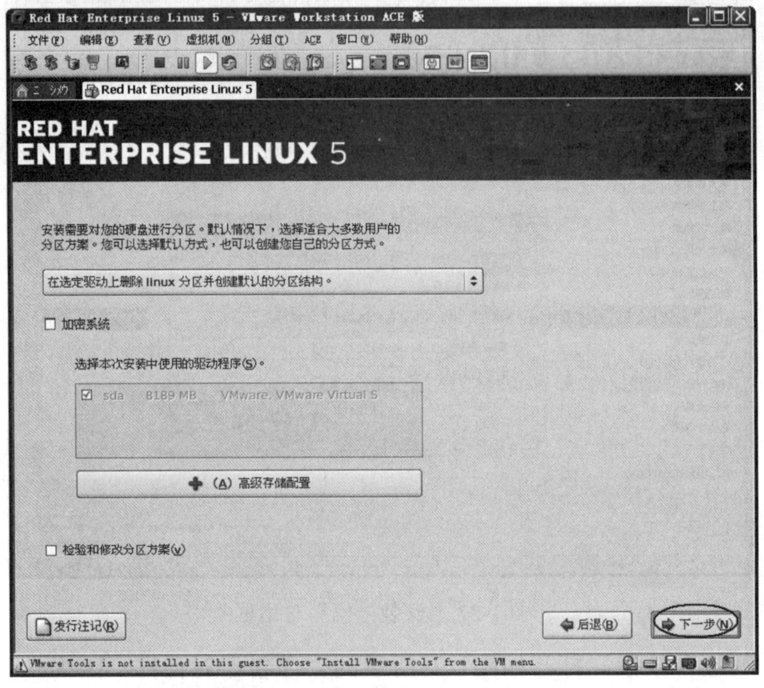

图1-29　分区方案选择界面

11）单击“下一步”按钮，打开如图1-30所示的“警告”对话框，单击“是”按钮。

图1-30 “警告”对话框

12）进入到网络配置界面，如图1-31所示。在“网络设备”区域可以看到安装程序检测到的网卡。默认情况下，网卡被设置成通过DHCP获得网络配置参数，也可以选择手工设置。如果要手工设置，则选中“手工设置”单选按钮，然后设置IP地址、网关、DNS等参数，安装完成后，还可以使用多种方法修改网络配置。

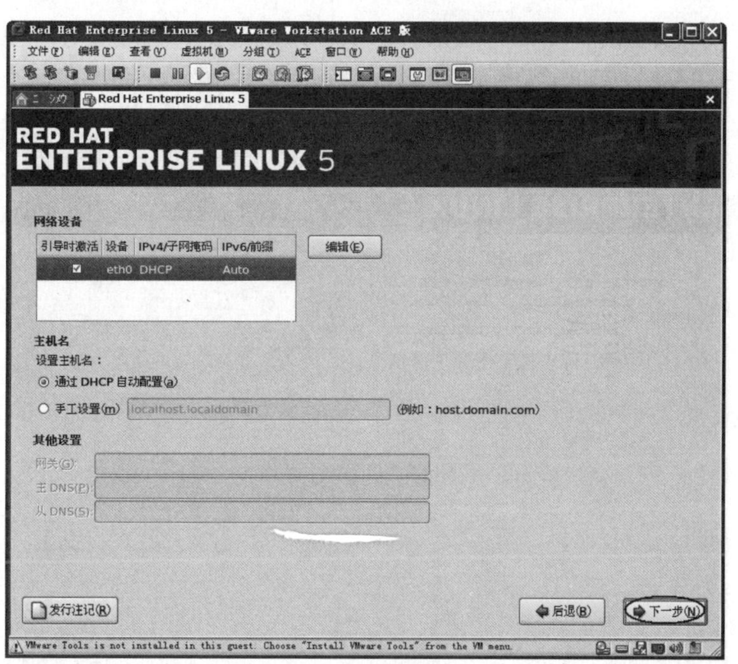

图1-31　网络配置界面

13）单击“下一步”按钮，进入如图1-32所示的时区选择界面，可通过单击地图选择区域，也可从“亚洲/上海”处的下拉列表中选择区域。

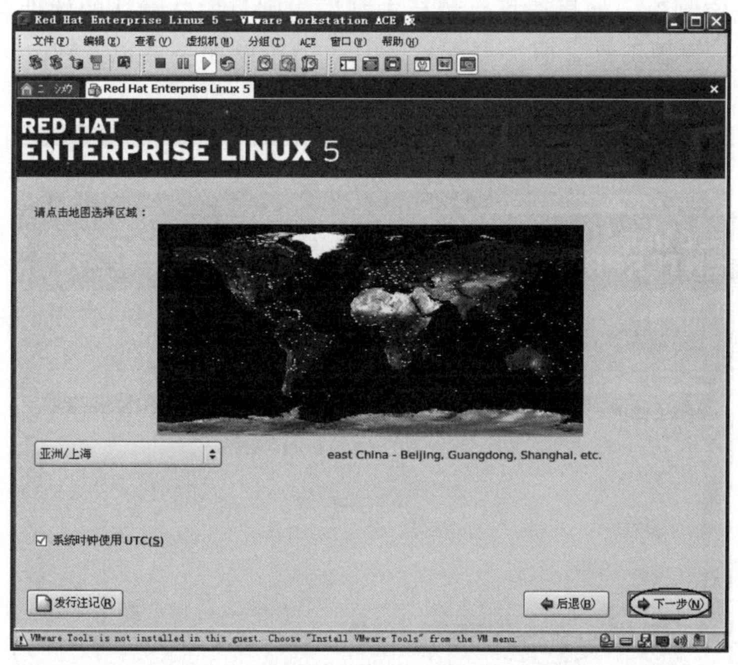

图1-32　时区选择界面

14）单击“下一步”按钮，进入如图1-33所示的设置根口令界面，在这里为根用户（root）设置口令。根用户也称为超级用户，对整个系统拥有完全的存取权限，因此，为了安全，应为根用户设置一个安全的口令，并且只有在执行系统维护和管理任务时使用根用户。

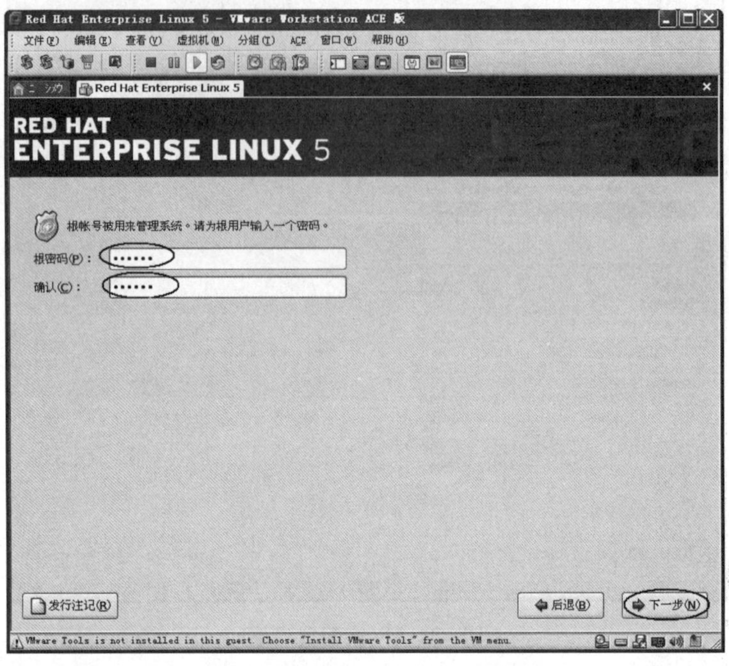

图1-33　设置根口令界面

15）单击“下一步”按钮，进入如图1-34所示的软件包定制界面，可以选择“稍后定制”或“现在定制”。如果选择“稍后定制”，则只安装默认的软件包，包括桌面外壳（GNOME）、管理工具、服务器配置工具、万维网服务器以及Windows文件服务器（SMB）等。

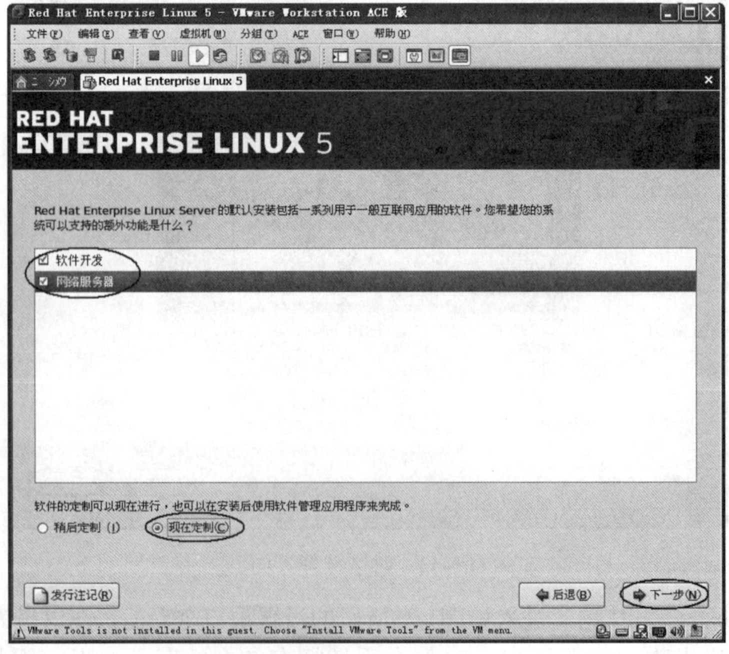

图1-34　软件包定制界面

16）此处选中“现在定制”，然后单击“下一步”按钮，进入如图1-35所示的软件包具体定制界面。由于本书主要介绍服务器配置方面的内容，所以在左侧列表项“服务器”项目中，将相关的软件包全部选中安装。其余软件包可根据需要自行定制。

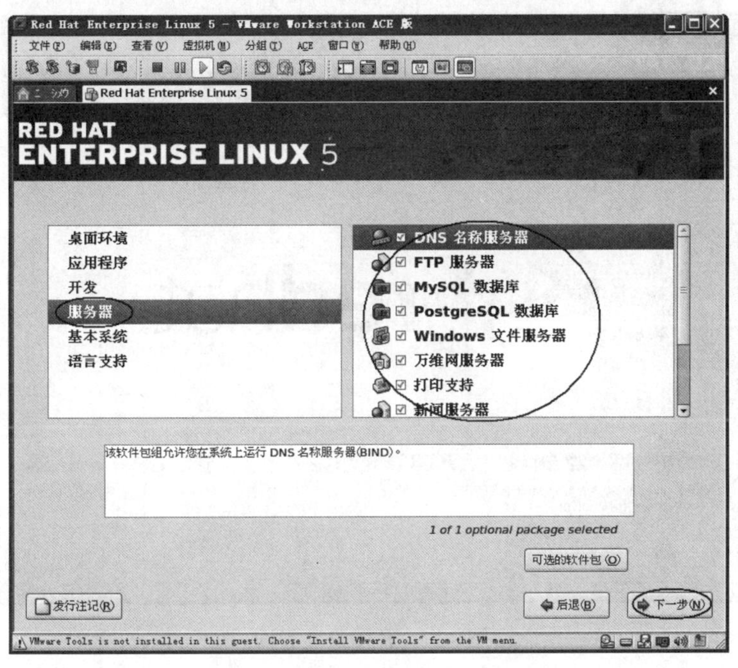

图1-35　软件包具体定制界面

17）当定制好需要安装的软件包后，单击“下一步”按钮，安装程序将在所选定要安装的软件包中检查依赖关系，检查完毕后，会出现如图1-36所示的准备安装界面。

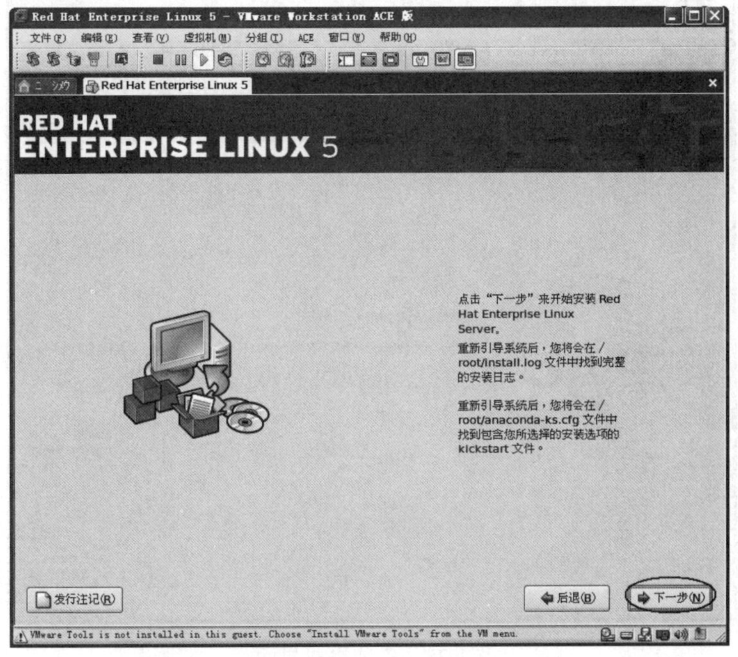

图1-36　准备安装界面

18）单击“下一步”按钮，开始安装，如图1-37所示。

图1-37　开始安装界面

19）当所选的软件包全部安装完毕后，将进入如图1-38所示的界面，提示需要重新引导计算机，以完成后续的配置。

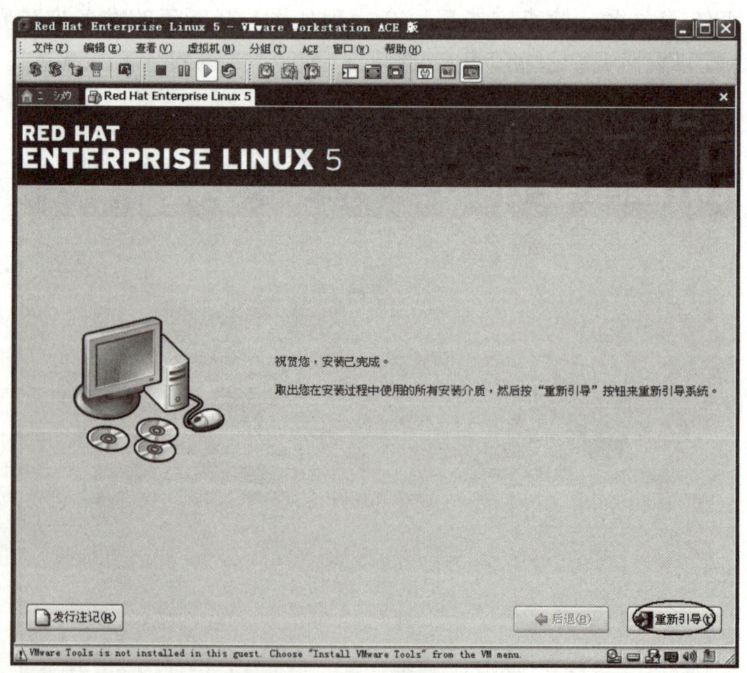

图1-38　安装完成界面

20）单击“重新引导”按钮，重启Red Hat Enterprise Linux 5，正常启动后，系统会出现如图1-39所示的登录界面。

图1-39　登录界面

21）当正确地输入账户名和密码后，系统会进入Red Hat Enterprise Linux 5桌面，如图1-40所示。

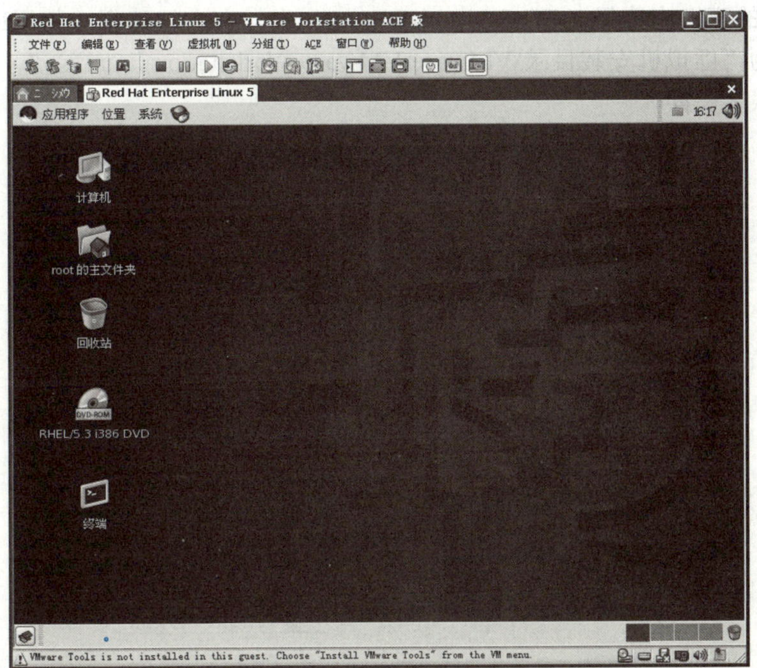

图1-40　Red Hat Enterprise Linux 5桌面

1.5 Red Hat Enterprise Linux 5的显卡驱动方法

安装完系统后，可以发现，Red Hat Enterprise Linux 5的显卡并没有驱动起来，当按住<Ctrl+Alt+Enter>键切换到全屏状态后，并不是想要的全屏状态。另外，在宿主机器Windows XP和虚拟机Red Hat Enterprise Linux 5系统间切换时，也只能借助<Ctrl+Alt>键加鼠标移动的方式，很不方便。所以，需要驱动显卡，然后再重新设置分辨率才可以解决上述问题。

1）单击“虚拟机”菜单下的“设置”，如图1-41所示。

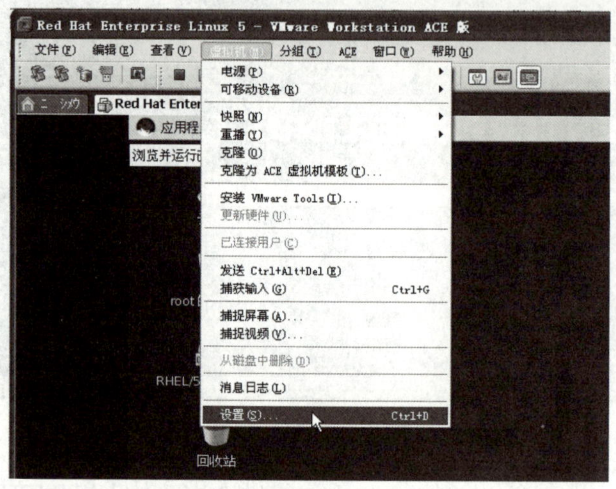

图1-41 虚拟机设置菜单

2）在弹出的窗口中选择“CD-ROM（IDE 1:0）”，在右边选择“使用ISO镜像”，将默认的目录改为“虚拟机安装目录\VMware\VMware Workstation\linux.iso”，如图1-42所示为镜像文件的默认设置。

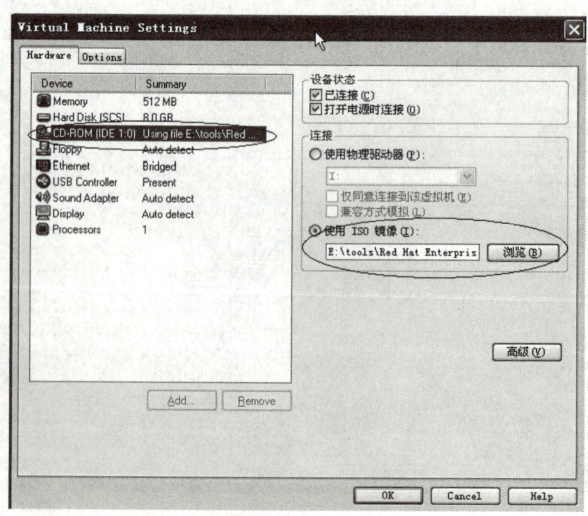

图1-42 镜像文件的默认设置

3）将镜像文件设置为“虚拟机安装目录\VMware\VMware Workstation\linux.iso”，如图1-43所示。

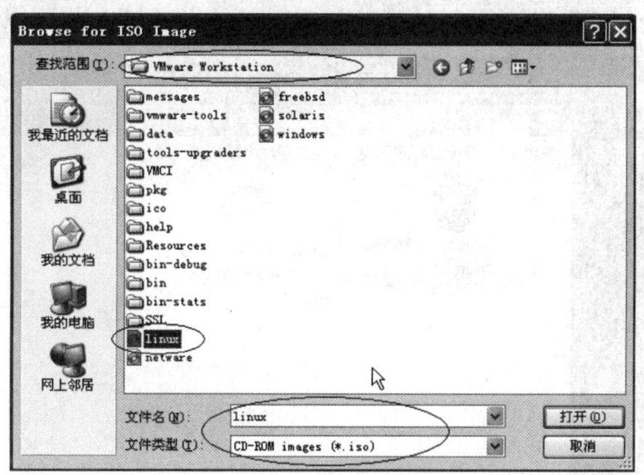

图1-43　设置镜像文件

4）单击“虚拟机”菜单下的“安装VMware Tools”选项，如图1-44所示。

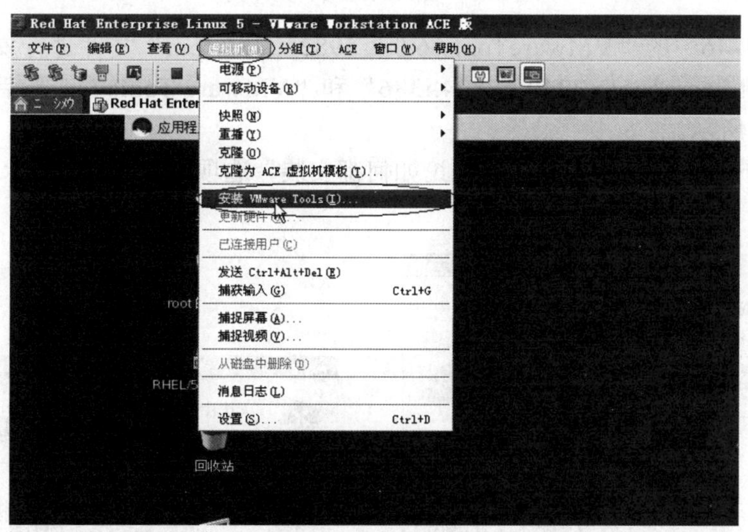

图1-44　选择“安装VMware Tools”选项

5）在弹出的“警告”对话框中选择“Install”按钮，如图1-45所示。

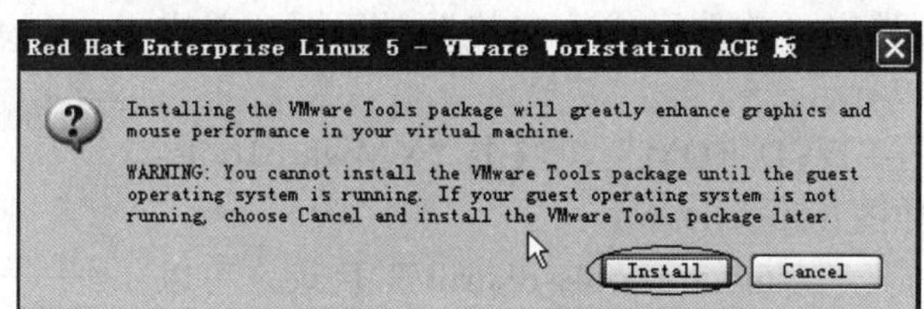

图1-45　“警告”对话框

6）重新启动系统，然后单击桌面上的“DVD-ROM”，如图1-46所示。

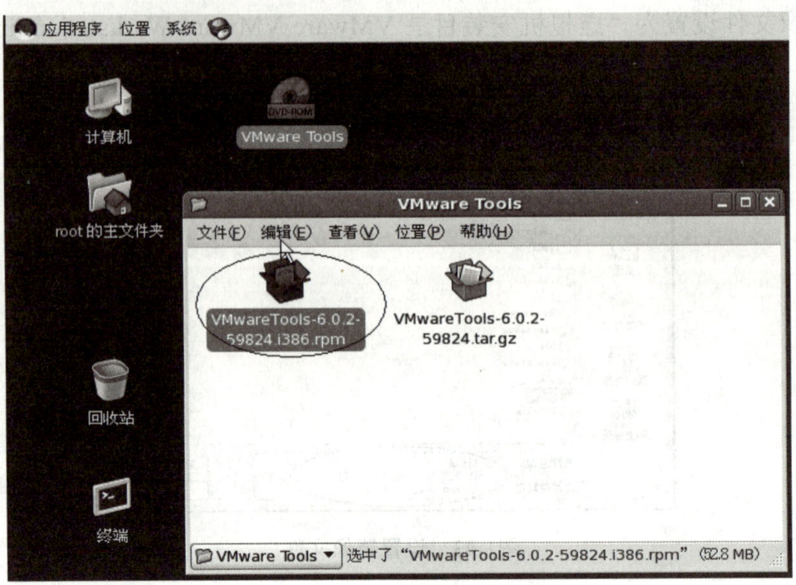

图1-46 “DVD-ROM”文件夹

7）双击图1-46中的“VMwareTools-6.0.2-59824.i386.rpm”文件进行安装，在弹出的窗口中选中“VMwareTools-7240-59824.i386”和“VMware Tools”，然后单击“应用”按钮，如图1-47所示。

8）在弹出的确认对话框中选择“无论如何都安装”选项，如图1-48所示。

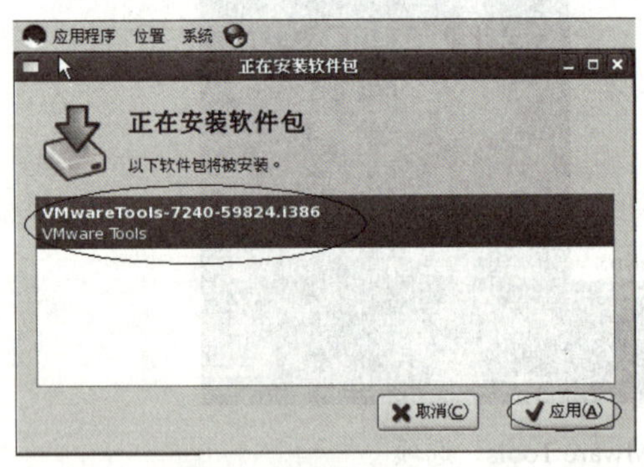

图1-47 选择软件包

图1-48 确认对话框

9）安装完毕，会弹出“软件已成功安装”对话框，单击“OK”按钮，如图1-49所示。

10）打开桌面上的“DVD-ROM”，双击“VMwareTools-6.0.2-59824.tar.gz”，如图1-50所示。

11）解压完毕，打开“/vmware-tools-distrib/”目录，可以看到“vmware-install.pl”文件，如图1-51所示。

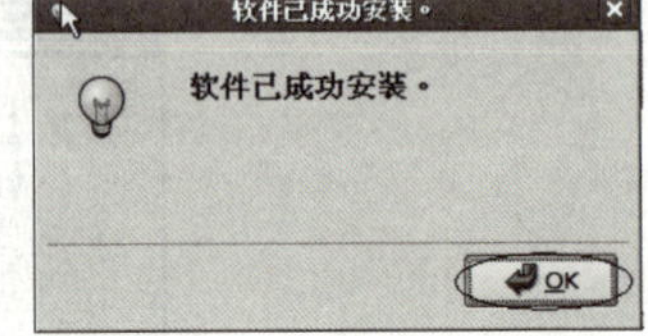

图1-49 成功安装界面

12）打开终端窗口，进入“/vmware-tools-distrib/”目录中，输入“./vmware-config-tools.pl”进行配置，如图1-52所示。

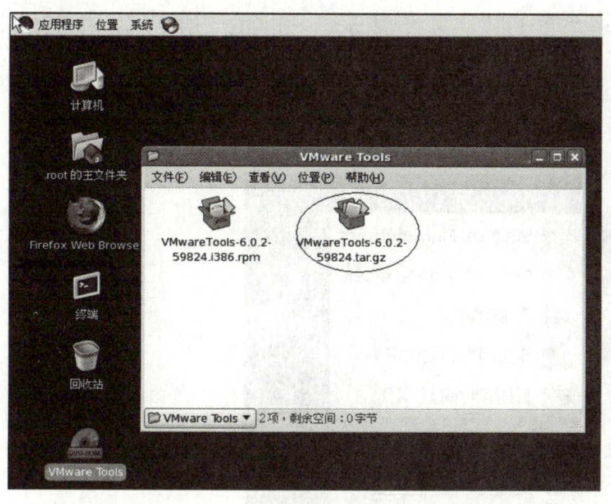

图1-50　运行“VMwareTools-6.0.2-59824.tar.gz”

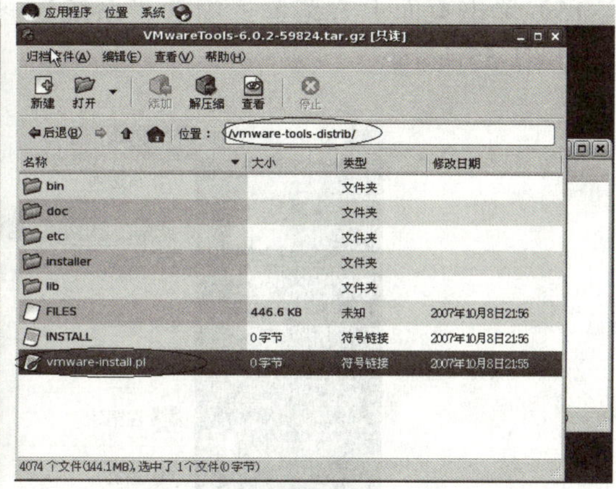

图1-51　“/vmware-tools-distrib/”目录

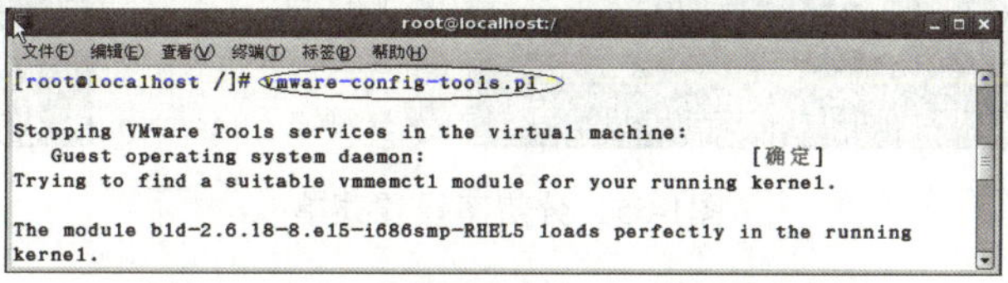

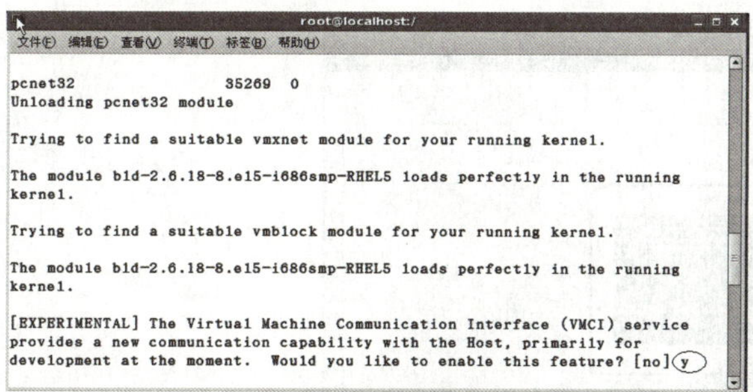

图1-52　运行“vmware-config-tools.pl”程序

13）在“Would you like to enable this feature?[no]”后输入“y”，确认要配置，如图1-53所示。

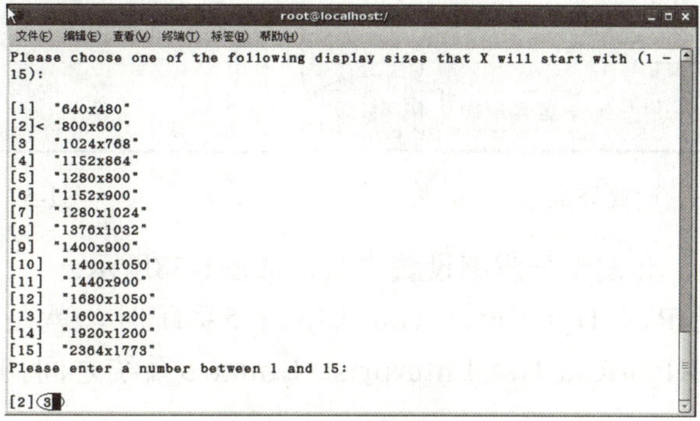

图1-53　确认配置界面

14）在显示的分辨率设置列表中选择最佳的分辨率，例如“3”，表示“1024×768”，然后按<Enter>键，如图1-54所示。

图1-54　设置分辨率

15）单击桌面上方菜单栏中的“系统”→“管理”→“显示”选项，进行分辨率的设置，如图1-55所示。

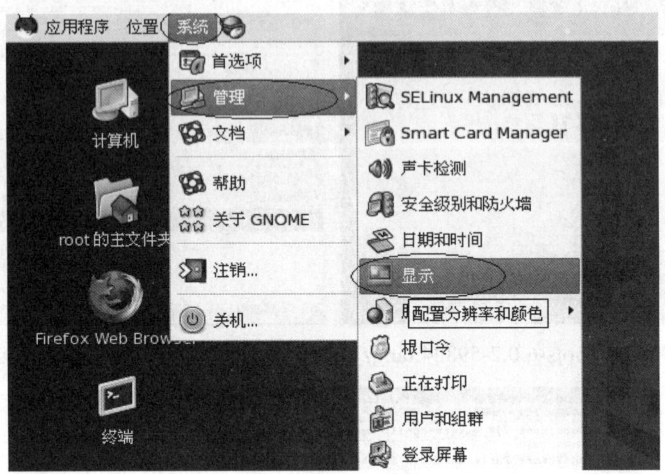

图1-55　分辨率设置菜单

16）在弹出的对话框中将显示器的分辨率设置为最佳，例如“1024×768”，然后单击“确认”按钮，如图1-56所示。

17）在弹出的确认窗口中单击“确定”按钮，如图1-57所示。

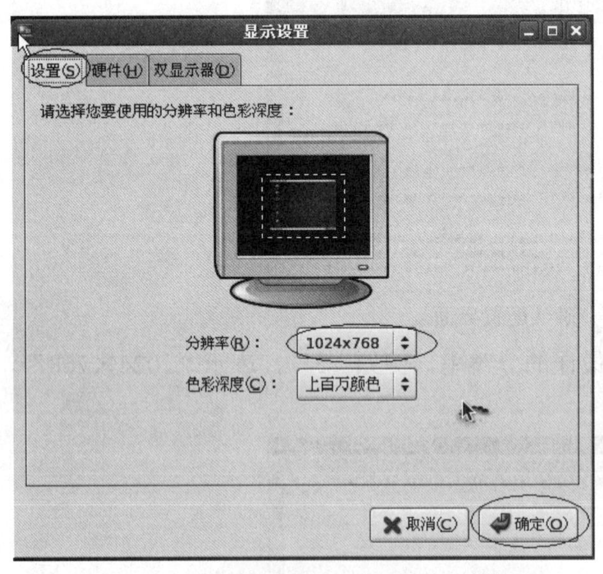

图1-56　设置分辨率

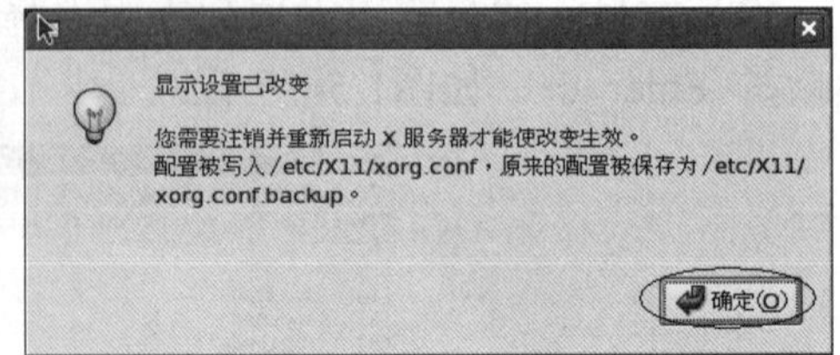

图1-57　确认窗口

18）重新启动系统，会发现分辨率设置生效，如图1-58所示。

这样，再全屏显示Red Hat Enterprise Linux 5系统时，就是理想的全屏效果了；在宿主机器Windows XP和Red Hat Enterprise Linux 5系统之间切换时，只要移动光标即可。

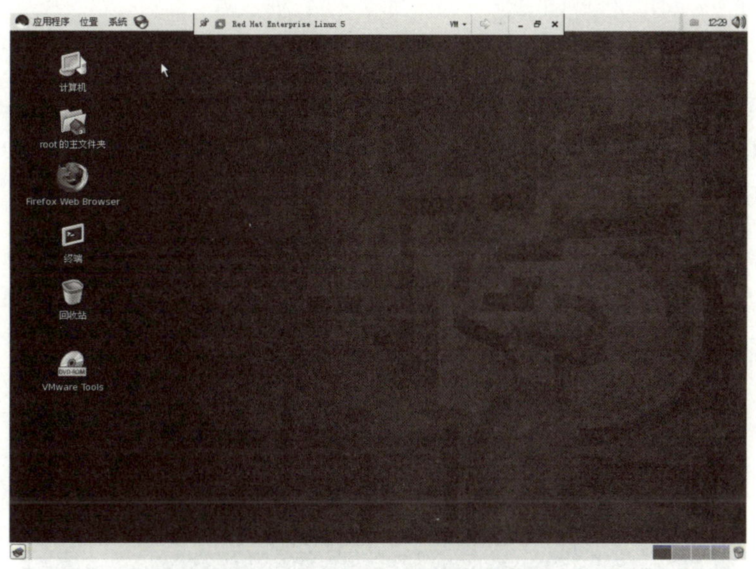

图1-58　分辨率设置生效后的效果

1.6　Red Hat Enterprise Linux 5光盘镜像的指定

后面要配置各种服务器，需要的软件包较多，不可能一次性地全部安装到位，为了方便起见，可以将光盘镜像事先制定好，这样，当再需要安装某个RPM包时，只需要直接从光盘镜像中找到并安装即可。

选择“虚拟机”菜单下的“设置”选项，激活如图1-59所示的虚拟机设置窗口，单击左侧的“CD-ROM”，然后在右侧选择“使用ISO镜像”，通过单击“浏览”按钮将Red Hat Enterprise Linux 5的镜像文件指定好。

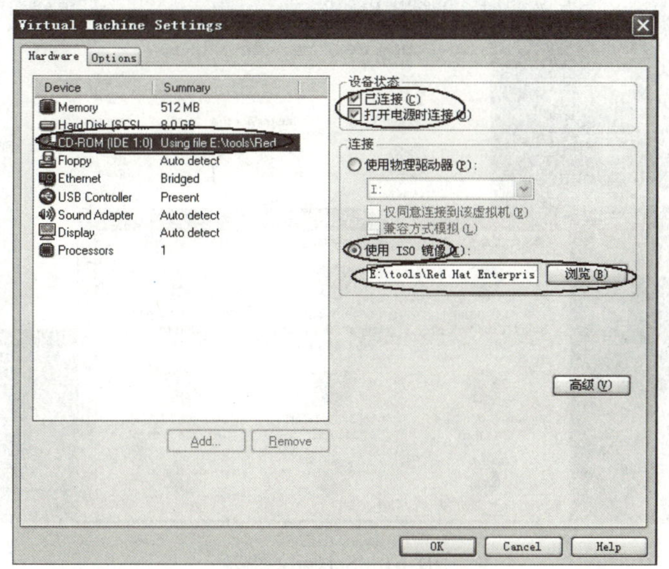

图1-59　指定虚拟机镜像文件

注意：将图1-59中设备状态下的两项全部选中，然后重启系统，这样，就会在桌面看到由Red Hat Enterprise Linux 5镜像文件映射生成的“RHEL/5.3i386 DVD”快捷方式了，如图1-60所示。

图1-60 “RHEL/5.3i386 DVD”快捷方式

打开“RHEL/5.3i386 DVD”，会看到有一个“Server”文件夹，其中包含服务器配置所需的RPM包，如图1-61所示。

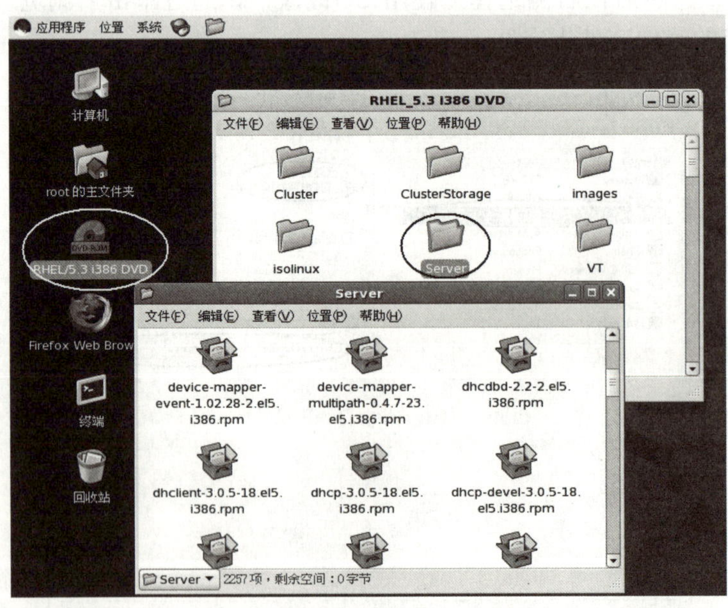

图1-61 Server文件夹

1.7　VMware 虚拟机下Red Hat Enterprise Linux 5的备份

方法一：

进入虚拟机中的Red Hat Enterprise Linux 5的安装目录“H:\My Virtual Machines”，由于已经安装了Red Hat Enterprise Linux 5，所以会在该文件夹下创建好Red Hat Enterprise Linux 5文件夹，此时只需要将此文件夹备份即可。当虚拟机下的Red Hat Enterprise Linux 5系统出现问题时，用备份的Red Hat Enterprise Linux 5文件夹替换“H:\My Virtual Machines\”下的Red Hat Enterprise Linux 5文件夹即可，如图1-62所示。

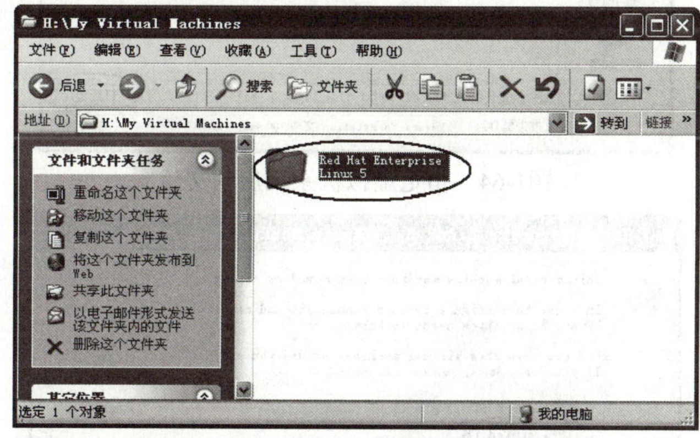

图1-62　Red Hat Enterprise Linux 5文件夹

注意： 如果用备份的Red Hat Enterprise Linux 5文件夹更新原来的文件夹后，则首次启动Red Hat Enterprise Linux 5时，需要选择“文件”菜单下的“打开”，指定启动程序为“H:\My Virtual Machines\Red Hat Enterprise Linux 5\Red Hat Enterprise Linux 5.vmx”，如图1-63所示。

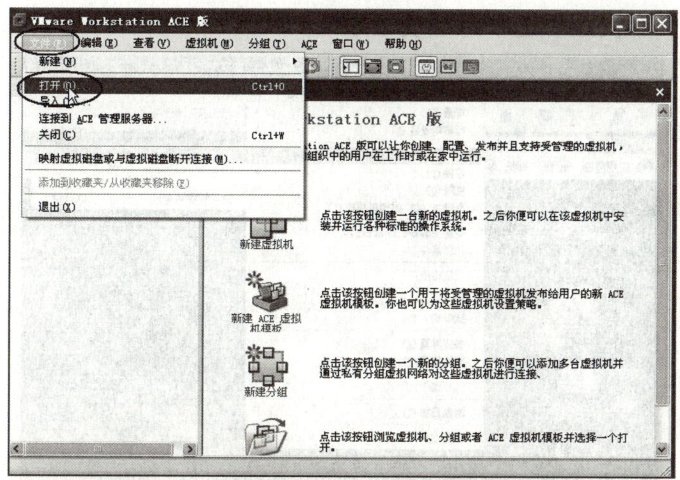

图1-63　打开虚拟机

在弹出的如图1-64所示的对话框中选择“H:\My Virtual Machines\Red Hat Enterprise Linux 5\Red Hat Enterprise Linux 5.vmx”，然后启动该虚拟机。在弹出的如图1-65所示的对话框中选择“I copied it”，这样就可以进入Red Hat Enterprise Linux 5了。

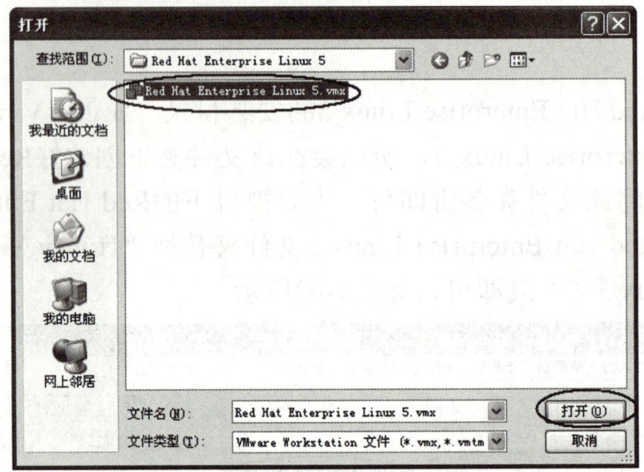

图1-64　指定虚拟机系统启动文件

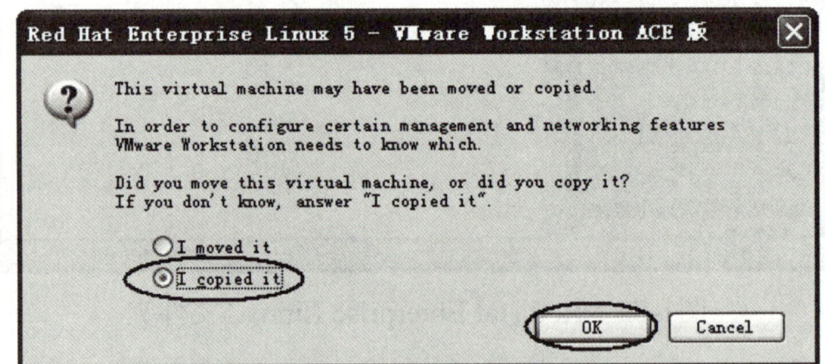

图1-65　虚拟机启动确认界面

方法二：

VMware虚拟机自身也具有备份系统的功能，启动Red Hat Enterprise Linux 5后，选择“虚拟机”→“快照”→“从当前状态创建快照”选项，可以将Red Hat Enterprise Linux 5系统的当前状态备份下来，如图1-66所示；当系统出现问题时，可以选择“虚拟机”→“快照”→“恢复到上一个快照”选项将系统还原。

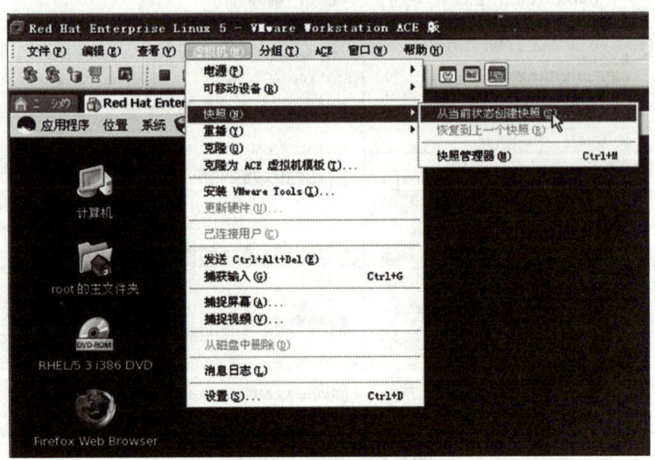

图1-66　创建快照界面

1.8　VMware 虚拟机下Red Hat Enterprise Linux 5的网络设置

默认情况下，虚拟机的Ethernet（以太网）设置为“桥接”方式，即宿主机和虚拟机都拥有独立的IP地址，此时，宿主机和虚拟机就好像两台独立的机器一样可以相互通信。如果网络中IP地址不够，则可以将虚拟机的Ethernet（以太网）设置为“NAT：使用已共享的主机IP地址”，此时，二者拥有相同的IP地址，如图1-67所示。

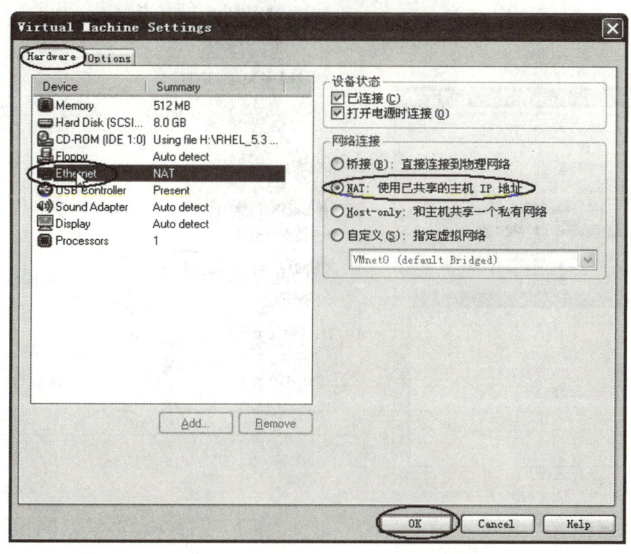

图1-67　Ethernet（以太网）设置界面

当然，为了后面测试的方便，最好将Ethernet（以太网）设置为“桥接”方式，这样，宿主机器Windows XP可以当做虚拟机Red Hat Enterprise Linux 5系统的客户机进行测试。

在“桥接”方式下，要保证宿主机器Windows XP和虚拟机的Red Hat Enterprise Linux 5都拥有独立的IP地址。图1-68是通过命令方式查看宿主机器Windows XP的IP地址。

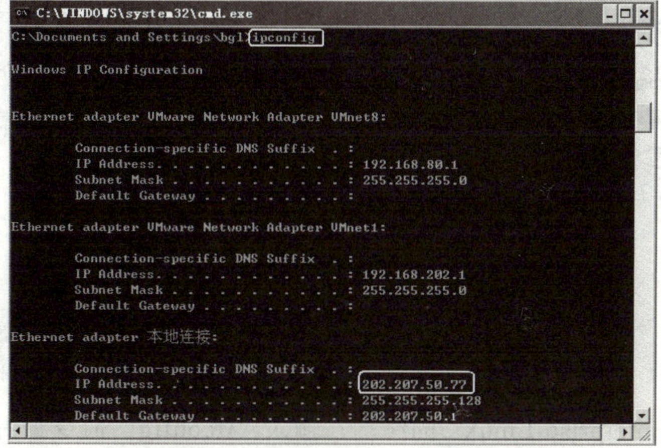

图1-68　查看Windows XP的IP地址

从图1-68中可以看到，宿主机器Windows XP的IP地址为202.207.50.77。

由于在安装Red Hat Enterprise Linux 5系统时没有指定IP地址，所以这里需要手动设置，选择“系统”→“管理”→“网络”选项，打开如图1-69所示的“网络配置”窗口。单击其中的“编辑”按钮，系统会弹出“以太网设备”窗口，如图1-70所示，分别设置IP地址、子网掩码和网关地址后，单击“确定”按钮。

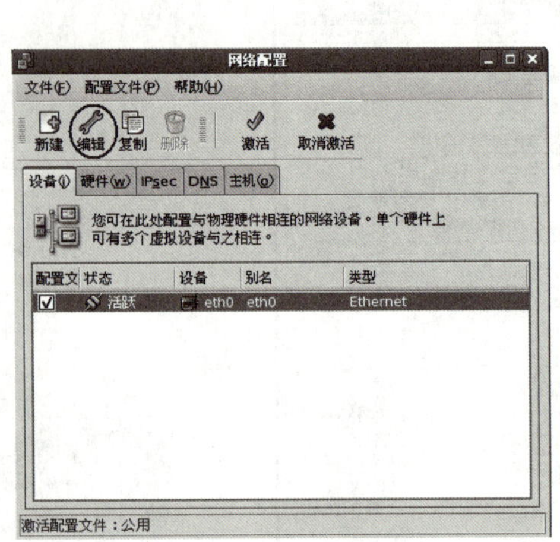

图1-69 “网络配置”窗口

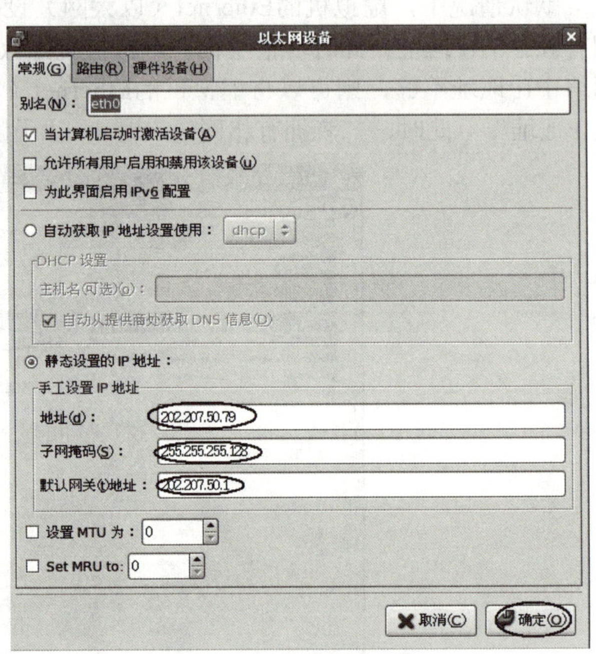

图1-70 “以太网设备”窗口

然后再设置DNS，如图1-71所示，分别设置主DNS，第二DNS服务器。

设置完成后，确认修改生效，然后重新激活，此时看到网络连接状态为“活跃”，说明配置成功，如图1-72所示。

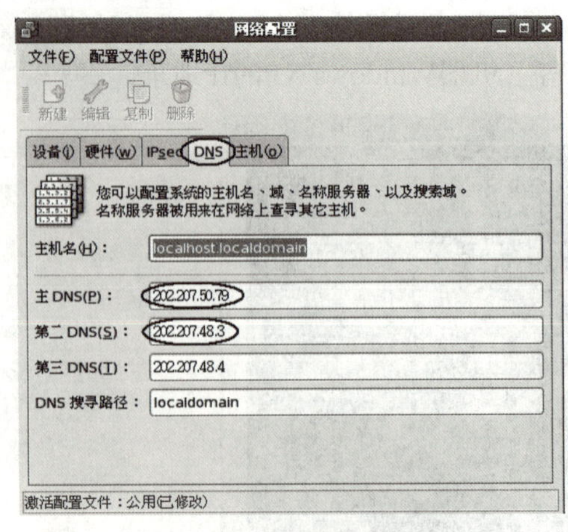

图1-71 DNS设置窗口

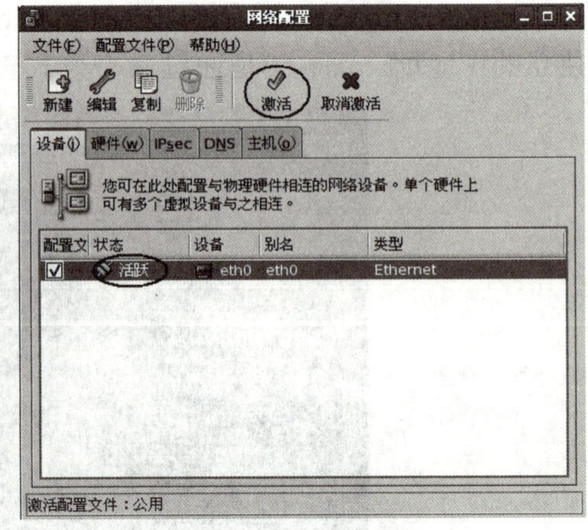

图1-72 激活网络

打开Red Hat Enterprise Linux 5的终端，输入“ifconfig”命令查看IP地址，如图1-73所示。

```
root@localhost:~
文件(F)  编辑(E)  查看(V)  终端(T)  标签(B)  帮助(H)
[root@localhost ~]# ifconfig
eth0      Link encap:Ethernet  HWaddr 00:0C:29:DA:2F:A4
          inet addr:202.207.50.79  Bcast:202.207.50.127  Mask:255.255.255.128
          inet6 addr: fe80::20c:29ff:feda:2fa4/64 Scope:Link
          UP BROADCAST RUNNING MULTICAST  MTU:1500  Metric:1
          RX packets:3255 errors:0 dropped:0 overruns:0 frame:0
          TX packets:220 errors:0 dropped:0 overruns:0 carrier:0
          collisions:0 txqueuelen:1000
          RX bytes:258123 (252.0 KiB)  TX bytes:20516 (20.0 KiB)
          Interrupt:169 Base address:0x2024

lo        Link encap:Local Loopback
          inet addr:127.0.0.1  Mask:255.0.0.0
          inet6 addr: ::1/128 Scope:Host
          UP LOOPBACK RUNNING  MTU:16436  Metric:1
          RX packets:2659 errors:0 dropped:0 overruns:0 frame:0
          TX packets:2659 errors:0 dropped:0 overruns:0 carrier:0
          collisions:0 txqueuelen:0
          RX bytes:3557925 (3.3 MiB)  TX bytes:3557925 (3.3 MiB)

[root@localhost ~]#
```

图1-73　查看IP地址窗口

从图1-73中可以看到，给Red Hat Enterprise Linux 5配置的IP地址202.207.50.79已经生效。

在Red Hat Enterprise Linux 5中Ping宿主机器Windows XP的IP地址，效果如图1-74所示。

```
root@localhost:~
文件(F)  编辑(E)  查看(V)  终端(T)  标签(B)  帮助(H)
[root@localhost ~]# ping 202.207.50.77
PING 202.207.50.77 (202.207.50.77) 56(84) bytes of data.
64 bytes from 202.207.50.77: icmp_seq=1 ttl=128 time=2.03 ms
64 bytes from 202.207.50.77: icmp_seq=2 ttl=128 time=0.897 ms

--- 202.207.50.77 ping statistics ---
2 packets transmitted, 2 received, 0% packet loss, time 1000ms
rtt min/avg/max/mdev = 0.897/1.466/2.035/0.569 ms
[root@localhost ~]#
```

图1-74　测试与Windows XP的连接状态

在宿主机器Windows XP中Ping虚拟机下的Red Hat Enterprise Linux 5，效果如图1-75所示。

```
C:\WINDOWS\system32\cmd.exe
C:\Documents and Settings\bgl>ping 202.207.50.79

Pinging 202.207.50.79 with 32 bytes of data:

Reply from 202.207.50.79: bytes=32 time<1ms TTL=64
Reply from 202.207.50.79: bytes=32 time<1ms TTL=64

Ping statistics for 202.207.50.79:
    Packets: Sent = 2, Received = 2, Lost = 0 (0% loss),
Approximate round trip times in milli-seconds:
    Minimum = 0ms, Maximum = 0ms, Average = 0ms
Control-C
^C
C:\Documents and Settings\bgl>_
```

图1-75　测试与Red Hat Enterprise Linux 5的连接状态

注意： 如果宿主机和虚拟机相互Ping不通，则应先关掉各自的防火墙。

第2章 服务器配置常见命令概述

在学习服务器配置之前，读者应对Linux常用命令有一定的了解。考虑到个别读者可能对Linux命令不太熟悉，甚至从未接触过Linux系统，所以在本章中，专门针对服务器配置过程中一些常见命令的用法做一个简单介绍。主要包括目录操作命令、文件操作命令、用户管理命令、软件包管理命令和其他命令五部分内容。

注意：以下命令均在Red Hat Enterprise Linux 5下调试通过。

2.1 目录操作命令

1．pwd

功能：显示当前工作目录。

pwd是print working directory的缩写，该命令用来显示当前的工作目录。

2．cd

功能：改变当前工作目录。

基本用法是“cd目录名”，表示进入指定的目录，使该目录成为当前目录。“cd..”表示进入上一级目录。在Linux中，若直接执行cd，而不跟任何参数或“～”参数，则表示进入当前用户对应的宿主目录；若“～”后面跟一用户名，则进入到该用户的宿主目录。

从图2-1中可以看出，从目录“/root”切换到其上级目录“/”下用的命令是“cd..”。

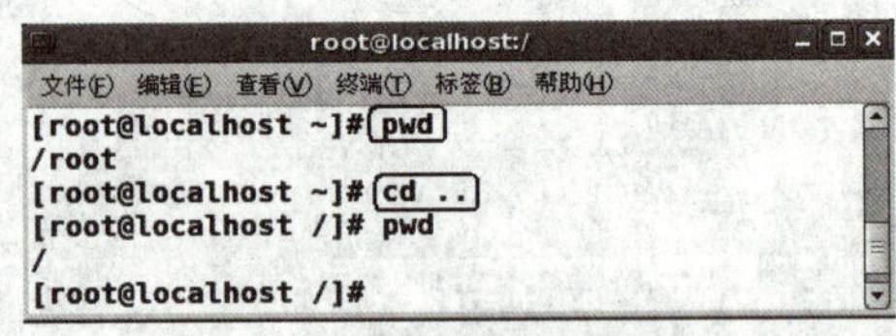

图2-1 pwd和cd命令测试效果

3．ll

功能：以长格式显示一个或多个目录下的内容（目录或文件）。

ll命令的功能等价于ls–l，即按长格式显示信息，包括文件类型、权限、大小、日期等详细信息。在图2-2中，用ll命令显示当前目录下的内容，其中，第1列表示文件类型，包括b（块设备文件）、c（字符设备文件）、f（普通文件）、l（符号链接）、d（目录）、p（管道）等，其中001.JPG的文件类型是普通文件；从第2～10列这9列表示该文件的访问权限，以3列为一组，共分成3组，分别代表所有者的权限，组内其他成员的权限和组外成员的权限。而对于一个文件或目录，其访问权限又包括r、w和x，分别表示读、写和执行3种。如果具有该种权限，则用相应字母表示，如果没有相关权限，则用“-”表示。在图2-2中，文件001.JPG的3个对象的权限分别为“rw-r-r-”，表示所有者具有读、写的权限，组内其他成员和组外成员的权限都是只读。接下来的1列表示该文件的硬链接数目，在图2-2中，001.JPG的硬链接数目为1，表示只有该文件自身，不存在额外的硬链接。再下来的两列表示该文件或目录的所有者以及所有组。从图2-2中看到，文件001.JPG的所有者和所有组都是root。下面一列的99828是用字节来表示的该文件长度。后面的01-27 15:38表示该文件的更新时间。最后一列表示文件名或目录名，这里的001.JPG是文件名。

```
root@localhost:/
文件(F) 编辑(E) 查看(V) 终端(T) 标签(B) 帮助(H)
[root@localhost /]# ll
总计 258
-rw-r--r--   1 root root 99828 01-27 15:38 001.JPG
drwxr-xr-x   2 root root  4096 09-04 12:37 bin
drwxr-xr-x   4 root root  1024 08-31 18:07 boot
drwxr-xr-x  12 root root  3940 01-27 11:43 dev
drwxr-xr-x 106 root root 12288 01-27 12:49 etc
drwxr-xr-x   2 root root  4096 2008-08-08 home
drwxr-xr-x  13 root root  4096 09-04 12:36 lib
drwx------   2 root root 16384 08-31 18:00 lost+found
drwxr-xr-x   3 root root  4096 01-27 11:44 media
drwxr-xr-x   2 root root     0 01-27 11:43 misc
drwxr-xr-x   3 root root  4096 09-02 03:08 mnt
drwxr-xr-x   2 root root     0 01-27 11:43 net
drwxr-xr-x   3 root root  4096 12-03 09:04 opt
dr-xr-xr-x 136 root root     0 01-27 11:01 proc
drwxr-x---  25 root root  4096 01-27 15:38 root
drwxr-xr-x   2 root root 12288 01-27 11:03 sbin
drwxr-xr-x   2 root root  4096 08-31 18:03 selinux
drwxr-xr-x   2 root root  4096 2008-08-08 srv
drwxr-xr-x  11 root root     0 01-27 11:01 sys
drwxr-xr-x   3 root root  4096 08-31 18:14 tftpboot
drwxrwxrwt  21 root root  4096 01-27 13:05 tmp
drwxr-xr-x  15 root root  4096 09-02 02:52 usr
drwxr-xr-x  26 root root  4096 08-31 18:21 var
[root@localhost /]#
```

图2-2　ll命令的测试效果

4. chmod

功能：修改文件或目录的权限。

一个文件或目录的权限包括r、w和x，分别表示读、写和执行3种。如果具有该种权限，则用相应字母表示，如果没有相关权限，则用“-”表示。对于一个文件或目录，它隶属于3种不同的对象，即所有者、组内其他成员和组外成员。在图2-3中，文件001.JPG的3个对象的权限分别为“rw-r-r-”，表示所有者具有读、写的权限，组内其他成员和组外成员的权限都是只读。在执行了命令“chmod 777 001.JPG”后，文件001.JPG的权限变成“-rwxrwxrwx”，即3个对象都具有了读、写和执行的权限。

```
root@localhost:/
文件(F) 编辑(E) 查看(V) 终端(T) 标签(B) 帮助(H)
[root@localhost /]# chmod 777 001.JPG
[root@localhost /]# ll
总计 258
-rwxrwxrwx   1 root root 99828 01-27 15:38 001.JPG
drwxr-xr-x   2 root root  4096 09-04 12:37 bin
drwxr-xr-x   4 root root  1024 08-31 18:07 boot
drwxr-xr-x  12 root root  3940 01-27 11:43 dev
drwxr-xr-x 106 root root 12288 01-27 12:49 etc
drwxr-xr-x   2 root root  4096 2008-08-08 home
drwxr-xr-x  13 root root  4096 09-04 12:36 lib
drwx------   2 root root 16384 08-31 18:00 lost+found
drwxr-xr-x   3 root root  4096 01-27 11:44 media
drwxr-xr-x   2 root root     0 01-27 11:43 misc
drwxr-xr-x   3 root root  4096 09-02 03:08 mnt
drwxr-xr-x   2 root root     0 01-27 11:43 net
drwxr-xr-x   3 root root  4096 12-03 09:04 opt
dr-xr-xr-x 136 root root     0 01-27 11:01 proc
drwxr-x---  25 root root  4096 01-27 15:38 root
drwxr-xr-x   2 root root 12288 01-27 11:03 sbin
drwxr-xr-x   2 root root  4096 08-31 18:03 selinux
drwxr-xr-x   2 root root  4096 2008-08-08 srv
drwxr-xr-x  11 root root     0 01-27 11:01 sys
drwxr-xr-x   3 root root  4096 08-31 18:14 tftpboot
drwxrwxrwt  21 root root  4096 01-27 13:05 tmp
drwxr-xr-x  15 root root  4096 09-02 02:52 usr
drwxr-xr-x  26 root root  4096 08-31 18:21 var
```

图2-3　chmod命令的测试效果

5. mkdir

功能：创建新目录。

该命令的用法为“mkdir新目录名”，即在当前目录下创建了一个新目录。在图2-4中，在当前目录下，分别用相对路径和绝对路径两种方式创建了子目录bbb和ccc。

图2-4 mkdir命令的测试效果

6. rmdir

功能：删除目录。

该命令的用法为“rmdir目录名”，即在当前目录下删除指定目录。注意：删除一个目录时，该目录必须是空目录。在图2-5中，在当前目录下，分别用相对路径和绝对路径两种方式删除了子目录bbb和ccc。

图2-5 rmdir命令的测试效果

2.2 文件操作命令

1. vi（或vim）

功能：激活文本编辑器。

如果不使用图形化桌面而又想读取并修改某个文本或配置文件，则可以使用vi（vee-eye）文本编辑器来完成。vi是一个简单的应用程序，它在shell提示符下打开，并允许查看、搜索和修改文本文件。几乎所有的UNIX和Linux系统都提供vi的某个版本。在Red Hat Enterprise Linux 5中提供的vim，可以认为是vi的增强版本。

如果想创建一个新文件，可以在命令行方式下输入“vim新文件名”，这样就可以打开一个vi编辑器窗口，并自动以新文件名创建一个空白文件。例如在图2-6中，当输入“vim 123.txt”后，则Linux系统在启动了vi编辑器的同时，还创建了一个空文件123.txt。

图2-6 用vim命令建立文件

vi编辑器有两种使用方式：命令方式和插入方式。默认情况下为命令方式，在此方式下，可以输入一些基本命令，如存盘命令“:wq”，放弃存盘直接退出命令“:q!”。插入方式在vi编辑器的下方显示“插入”，在此状态下，用户可以随意录入字符。

注意：由命令方式切换到插入方式需要按<Insert>键；由插入方式切换到命令方式需要按<Esc>键。图2-7为在插入方式下录入了一些信息。

图2-8为在命令方式下录入“:wq”命令存盘退出。

图2-7 vi编辑器的插入方式

图2-8 vi编辑器的命令方式

如果直接在终端窗口中输入“vi”或“vim”，也可以打开一个新的文本文件，当在插入方式下录完内容后，需要在命令方式下输入“:wq文件名”来存盘退出。

2. cat或more

功能：查看文件内容。

cat命令常用于查看内容不多的文本文件，如果文件内容过多，则会因为滚动太快而无法阅读。more命令可以实现分屏显示文件内容，按任意键后，系统会自动显示下一屏的内容，到达文件末尾后，命令执行即结束，如图2-9所示。

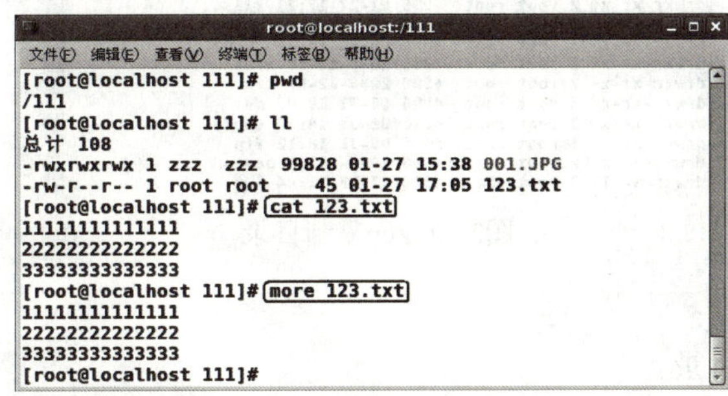

图2-9 cat和more命令效果

3. cp

功能：复制文件。

cp是copy的缩写，可用于目录或文件的复制。利用cp命令复制目录时，需要加参数

“-r”，以实现将源目录下的文件和子目录一并复制到目标目录中。在图2-10中，执行命令“cp 123.txt 321.txt”，将当前目录下的123.txt复制成另外一个相同内容的文件321.txt。

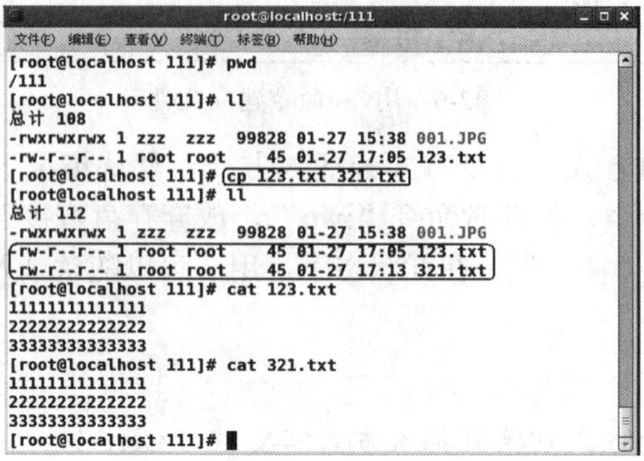

```
[root@localhost 111]# pwd
/111
[root@localhost 111]# ll
总计 108
-rwxrwxrwx 1 zzz  zzz  99828 01-27 15:38 001.JPG
-rw-r--r-- 1 root root    45 01-27 17:05 123.txt
[root@localhost 111]# cp 123.txt 321.txt
[root@localhost 111]# ll
总计 112
-rwxrwxrwx 1 zzz  zzz  99828 01-27 15:38 001.JPG
-rw-r--r-- 1 root root    45 01-27 17:05 123.txt
-rw-r--r-- 1 root root    45 01-27 17:13 321.txt
[root@localhost 111]# cat 123.txt
11111111111111
22222222222222
33333333333333
[root@localhost 111]# cat 321.txt
11111111111111
22222222222222
33333333333333
[root@localhost 111]#
```

图2-10　cp改名复制

在图2-11的实例中，将当前目录下的文件123.txt复制到目标目录“/”下。

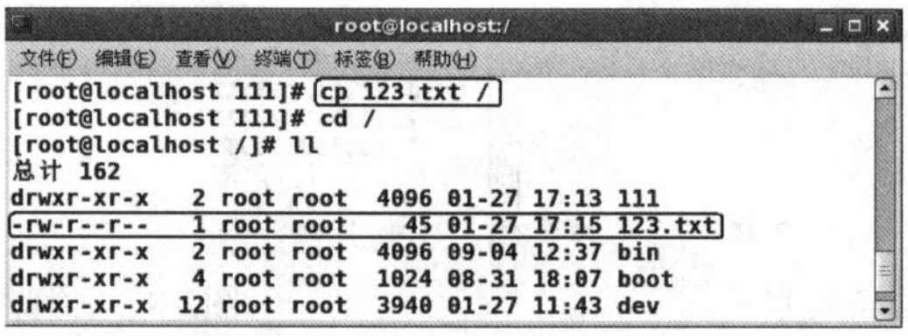

```
[root@localhost 111]# cp 123.txt /
[root@localhost 111]# cd /
[root@localhost /]# ll
总计 162
drwxr-xr-x   2 root root  4096 01-27 17:13 111
-rw-r--r--   1 root root    45 01-27 17:15 123.txt
drwxr-xr-x   2 root root  4096 09-04 12:37 bin
drwxr-xr-x   4 root root  1024 08-31 18:07 boot
drwxr-xr-x  12 root root  3940 01-27 11:43 dev
```

图2-11　cp同名复制

默认情况下，cp命令会直接覆盖已存在的目标文件，若要求显示覆盖提示，可使用“-i”参数。

利用cp命令复制目录时，参数选项可使用“-r”，以实现将源目录下的文件和子目录一并复制到目标目录中，如图2-12所示。

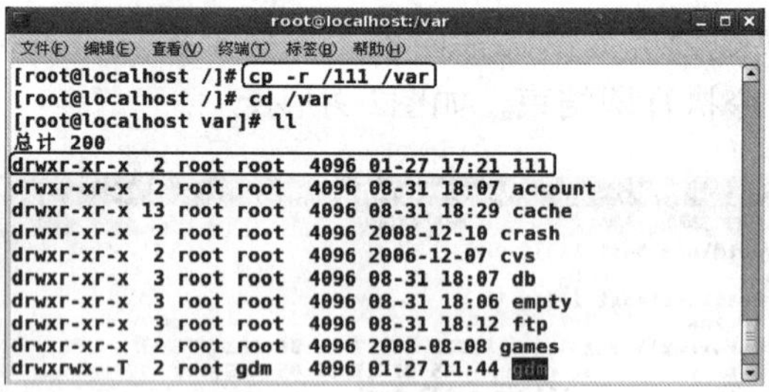

```
[root@localhost /]# cp -r /111 /var
[root@localhost /]# cd /var
[root@localhost var]# ll
总计 200
drwxr-xr-x  2 root root  4096 01-27 17:21 111
drwxr-xr-x  2 root root  4096 08-31 18:07 account
drwxr-xr-x 13 root root  4096 08-31 18:29 cache
drwxr-xr-x  2 root root  4096 2008-12-10 crash
drwxr-xr-x  2 root root  4096 2006-12-07 cvs
drwxr-xr-x  3 root root  4096 08-31 18:07 db
drwxr-xr-x  3 root root  4096 08-31 18:06 empty
drwxr-xr-x  3 root root  4096 08-31 18:12 ftp
drwxr-xr-x  2 root root  4096 2008-08-08 games
drwxrwx--T  2 root gdm   4096 01-27 11:44 gdm
```

图2-12　cp复制目录

4. rm

功能：删除文件或目录。

在Linux系统中，文件一旦被删除，就无法再挽回了，因此删除操作一定要小心，为此可在执行该命令时，选用“-i”参数，以使系统在删除之前，显示删除确认询问。目前新版的Linux都定义了“rm -i”命令的别名为rm，因此执行时，“-i”参数就可以省略了。若不需要提示，则使用“-f（force）”选项，此时将直接删除文件或目录，而不显示任何警告信息，使用时应倍加小心。图2-13是用rm命令删除指定文件，可以看到，在删除之前需要确认。

```
root@localhost:/111
文件(F) 编辑(E) 查看(V) 终端(T) 标签(B) 帮助(H)
[root@localhost 111]# pwd
/111
[root@localhost 111]# ll
总计 112
-rwxrwxrwx 1 zzz  zzz  99828 01-27 15:38 001.JPG
-rw-r--r-- 1 root root    45 01-27 17:05 123.txt
-rw-r--r-- 1 root root    45 01-27 17:13 321.txt
[root@localhost 111]# rm 321.txt
rm: 是否删除 一般文件 "321.txt"? y
[root@localhost 111]# ll
总计 108
-rwxrwxrwx 1 zzz  zzz  99828 01-27 15:38 001.JPG
-rw-r--r-- 1 root root    45 01-27 17:05 123.txt
[root@localhost 111]#
```

图2-13　删除文件

rm命令本身主要用于删除文件，若要用来删除目录，则必须带-r的参数，否则该命令的执行将失败，带上-r参数后，该命令将删除指定目录及其目录下的所有文件和子目录，如图2-14所示。执行过程中，会逐一询问是否要删除某文件，若要系统不逐一询问，而直接删除，需要再加上-f参数，此时的命令为“rm -rf 222”。

```
root@localhost:/111
文件(F) 编辑(E) 查看(V) 终端(T) 标签(B) 帮助(H)
[root@localhost 111]# pwd
/111
[root@localhost 111]# ll
总计 108
-rwxrwxrwx 1 zzz  zzz  99828 01-27 15:38 001.JPG
-rw-r--r-- 1 root root    45 01-27 17:05 123.txt
[root@localhost 111]# mkdir 222
[root@localhost 111]# ll
总计 112
-rwxrwxrwx 1 zzz  zzz  99828 01-27 15:38 001.JPG
-rw-r--r-- 1 root root    45 01-27 17:05 123.txt
drwxr-xr-x 2 root root  4096 01-27 17:28 222
[root@localhost 111]# rm -rf 222
rm: 是否删除 目录 "222"? y
[root@localhost 111]# ll
总计 108
-rwxrwxrwx 1 zzz  zzz  99828 01-27 15:38 001.JPG
-rw-r--r-- 1 root root    45 01-27 17:05 123.txt
[root@localhost 111]#
```

图2-14　删除目录

由于命令将直接删除整棵子目录树，以root身份执行带-rf参数的rm命令时，一定要特别小心。rmdir虽然也可删除目录，但要求被删除的目录必须是空目录。

5．mv

功能：移动或重命名目录或文件。

在图2-15所示的例子中，命令“mv 123.txt /111/222”将当前目录下的文本文件123.txt移动到了目标目录“/111/222”中。若在目标目录中已存在同名文件，则会自动覆盖，除非使用-i选项。

```
root@localhost:/111/222
文件(F) 编辑(E) 查看(V) 终端(T) 标签(B) 帮助(H)
[root@localhost 111]# pwd
/111
[root@localhost 111]# ll
总计 108
-rwxrwxrwx 1 zzz  zzz  99828 01-27 15:38 001.JPG
-rw-r--r-- 1 root root    45 01-27 17:05 123.txt
[root@localhost 111]# mkdir 222
[root@localhost 111]# mv 123.txt /111/222
[root@localhost 111]# ll
总计 108
-rwxrwxrwx 1 zzz  zzz  99828 01-27 15:38 001.JPG
drwxr-xr-x 2 root root  4096 01-27 18:57 222
[root@localhost 111]# cd 222
[root@localhost 222]# ll
总计 4
-rw-r--r-- 1 root root 45 01-27 17:05 123.txt
[root@localhost 222]#
```

图2-15　mv移动文件

mv命令也可以移动整个目录。在图2-16中，执行“mv 222 333”，由于目标目录333不存在，所以该命令相当于重命名，即将222目录更名为333。而执行“mv 333 444”，由于目标目录444已存在，所以系统会将333目录及其下的全部内容移到444目录中。

```
root@localhost:/111/444
文件(F) 编辑(E) 查看(V) 终端(T) 标签(B) 帮助(H)
[root@localhost 111]# pwd
/111
[root@localhost 111]# ll
总计 108
-rwxrwxrwx 1 zzz  zzz   99828 01-27 15:38 001.JPG
drwxr-xr-x 2 root root  4096 01-27 18:57 222
[root@localhost 111]# mv 222 333
[root@localhost 111]# ll
总计 108
-rwxrwxrwx 1 zzz  zzz   99828 01-27 15:38 001.JPG
drwxr-xr-x 2 root root  4096 01-27 18:57 333
[root@localhost 111]# mkdir 444
[root@localhost 111]# ll
总计 112
-rwxrwxrwx 1 zzz  zzz   99828 01-27 15:38 001.JPG
drwxr-xr-x 2 root root  4096 01-27 18:57 333
drwxr-xr-x 2 root root  4096 01-27 19:00 444
[root@localhost 111]# mv 333 444
[root@localhost 111]# ll
总计 108
-rwxrwxrwx 1 zzz  zzz   99828 01-27 15:38 001.JPG
drwxr-xr-x 3 root root  4096 01-27 19:00 444
[root@localhost 111]# cd 444
[root@localhost 444]# ll
总计 4
drwxr-xr-x 2 root root 4096 01-27 18:57 333
[root@localhost 444]#
```

图2-16　mv移动目录

6. ln

功能：创建链接文件。

在Linux系统中，链接是指将已存在的文件或目录链接到位置或名字更便捷的文件或目录中。当需要在不同的目录中用到相同的某个文件时，不需要在每一个目录下都放一个该文件，这样会重复占用磁盘空间，也不便于同步管理。因此，可在某个固定的目录中放置该文件，然后在其他需要该文件的目录中，利用ln命令创建一个指向该文件的链接（link）即可，所生成的文件即为链接文件或称符号链接文件。

在Linux系统中，链接的方式有硬链接（hard link）和软链接（soft link）两种。

（1）软链接

使用软链接，系统将会生成一个很小的链接文件，该文件的内容是要链接到的文件的路径。原文件删除后，软链接文件也就失去了作用，删除软链接文件，对原文件无任何影响。类似于Windows系统的快捷方式。软链接可以跨越各种文件系统和挂载的设备。

创建软链接，是用带-s（symbolic link）选项的ln命令。在图2-17所示的例子中，执行命令“ln -s 123.txt 321.txt”后，就为文本文件123.txt创建了一个软链接文件321.txt。如果用more命令查看321.txt的内容，会发现就是123.txt的内容。由于321.txt是一个软链接文件，所以其文件属性第1列是“l”，表示是一个软链接文件。

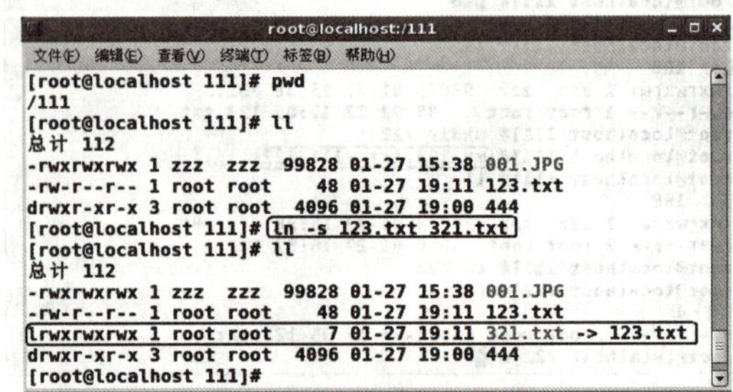

```
root@localhost:/111
文件(F) 编辑(E) 查看(V) 终端(T) 标签(B) 帮助(H)
[root@localhost 111]# pwd
/111
[root@localhost 111]# ll
总计 112
-rwxrwxrwx 1 zzz  zzz   99828 01-27 15:38 001.JPG
-rw-r--r-- 1 root root     48 01-27 19:11 123.txt
drwxr-xr-x 3 root root   4096 01-27 19:00 444
[root@localhost 111]# ln -s 123.txt 321.txt
[root@localhost 111]# ll
总计 112
-rwxrwxrwx 1 zzz  zzz   99828 01-27 15:38 001.JPG
-rw-r--r-- 1 root root     48 01-27 19:11 123.txt
lrwxrwxrwx 1 root root      7 01-27 19:11 321.txt -> 123.txt
drwxr-xr-x 3 root root   4096 01-27 19:00 444
[root@localhost 111]#
```

图2-17　创建软链接

（2）硬链接

通过索引节点进行的链接就是硬链接。允许一个文件拥有多个有效路径名，用户可以为重要文件建立硬链接，以防止误删。只有删除所有链接之后，文件才会被真正删除。硬链接无法跨越不同的文件系统、分区和挂载的设备，只能在原文件所在的同一磁盘的同一分区上创建硬链接，而且硬链接只针对文件，不能用于目录。

在Linux系统中，不管磁盘分区中保存的文件是什么类型，都有一个编号，作为存取文件的索引。该编号称为索引节点号（Inode Index）。存在多个文件名指向同一索引节点的情况。

在图2-18所示的例子中，用ln命令为文本文件123.txt创建了一个硬链接文件hardlink.txt，然后用“ll -i”命令以长格式显示文件并显示inode值，从结果中可以看到，123.txt和其硬链接文件hardlink.txt的索引节点号是一样的。

```
root@localhost:/111
文件(F) 编辑(E) 查看(V) 终端(T) 标签(B) 帮助(H)
[root@localhost 111]# ln  123.txt hardlink.txt
[root@localhost 111]# ll
总计 116
-rwxrwxrwx 1 zzz  zzz  99828 01-27 15:38 001.JPG
-rw-r--r-- 2 root root    48 01-27 19:11 123.txt
lrwxrwxrwx 1 root root     7 01-27 19:11 321.txt -> 123.txt
drwxr-xr-x 3 root root  4096 01-27 19:00 444
-rw-r--r-- 2 root root    48 01-27 19:11 hardlink.txt
[root@localhost 111]# ll -i
总计 116
 98312 -rwxrwxrwx 1 zzz  zzz  99828 01-27 15:38 001.JPG
753829 -rw-r--r-- 2 root root    48 01-27 19:11 123.txt
753828 lrwxrwxrwx 1 root root     7 01-27 19:11 321.txt -> 12
3.txt
753827 drwxr-xr-x 3 root root  4096 01-27 19:00 444
753829 -rw-r--r-- 2 root root    48 01-27 19:11 hardlink.txt
[root@localhost 111]# 
```

图2-18 创建硬链接

在图2-19所示的例子中先用rm命令将文本文件123.txt删除，再用ll命令查看，发现其软链接和硬链接文件均存在，如果查看硬链接文件，会发现内容正常，索引节点号和原先一致。这说明硬链接文件和原文件可以看成是原物理文件的两个不同名称，但文件内容以及索引节点号一致。而查看软链接文件，会发现内容无法显示，因为其链接的源文件已被删除。

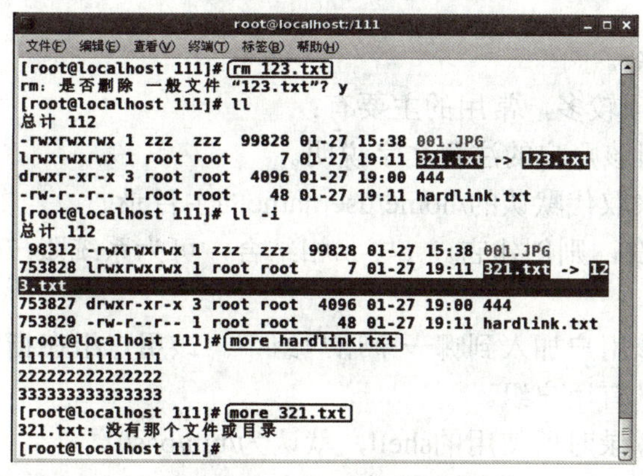

```
root@localhost:/111
文件(F) 编辑(E) 查看(V) 终端(T) 标签(B) 帮助(H)
[root@localhost 111]# rm 123.txt
rm: 是否删除 一般文件 “123.txt”? y
[root@localhost 111]# ll
总计 112
-rwxrwxrwx 1 zzz  zzz  99828 01-27 15:38 001.JPG
lrwxrwxrwx 1 root root     7 01-27 19:11 321.txt -> 123.txt
drwxr-xr-x 3 root root  4096 01-27 19:00 444
-rw-r--r-- 1 root root    48 01-27 19:11 hardlink.txt
[root@localhost 111]# ll -i
总计 112
 98312 -rwxrwxrwx 1 zzz  zzz  99828 01-27 15:38 001.JPG
753828 lrwxrwxrwx 1 root root     7 01-27 19:11 321.txt -> 12
3.txt
753827 drwxr-xr-x 3 root root  4096 01-27 19:00 444
753829 -rw-r--r-- 1 root root    48 01-27 19:11 hardlink.txt
[root@localhost 111]# more hardlink.txt
111111111111111
222222222222222
333333333333333
[root@localhost 111]# more 321.txt
321.txt: 没有那个文件或目录
[root@localhost 111]#
```

图2-19 删除链接

7. find

功能：查找文件。

在图2-20所示的例子中，首先用“find -name hardlink.txt”命令在当前目录下查找指定文件“hardlink.txt”，然后用“find -name “*.bak””命令在当前目录下查找后缀为“.bak”的文件，最后用命令“find / -name hardlink.txt”在指定目录“/”下查询指定文件hardlink.txt。

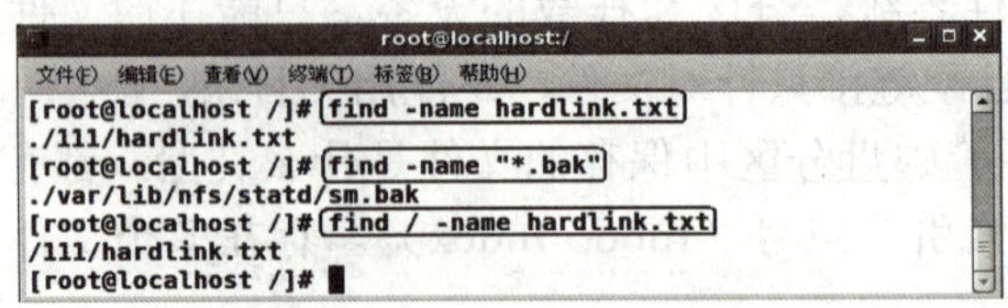

```
[root@localhost /]# find -name hardlink.txt
./111/hardlink.txt
[root@localhost /]# find -name "*.bak"
./var/lib/nfs/statd/sm.bak
[root@localhost /]# find / -name hardlink.txt
/111/hardlink.txt
[root@localhost /]#
```

图2-20　查找文件

8. grep

功能：查询文件内容。

grep命令用于在指定的文件中查找并显示含有指定字符串的行。在图2-21所示的例子中，用grep命令在指定文件hardlink.txt中查询包含字符串222的行信息。

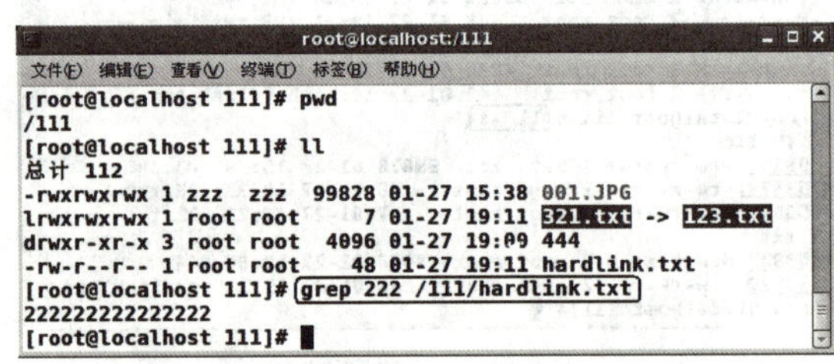

```
[root@localhost 111]# pwd
/111
[root@localhost 111]# ll
总计 112
-rwxrwxrwx 1 zzz  zzz   99828 01-27 15:38 001.JPG
lrwxrwxrwx 1 root root      7 01-27 19:11 321.txt -> 123.txt
drwxr-xr-x 3 root root   4096 01-27 19:09 444
-rw-r--r-- 1 root root     48 01-27 19:11 hardlink.txt
[root@localhost 111]# grep 222 /111/hardlink.txt
222222222222222
[root@localhost 111]#
```

图2-21　查找文件内容

2.3　用户管理命令

1. useradd

功能：添加用户命令。

该命令后的参数选项较多，常用的主要有：

-c注释 //用于设置对该账户的注释文字说明。

-d主目录 //指定用来取代默认的/home/username的主目录。

-m //若主目录不存在，则创建它。-r与-m相结合，可为系统账户创建主目录。

-M //不创建主目录。

-g用户组 //指定将该用户加入到哪一个用户组中。该用户组在指定时必须已存在。

-n //不为用户创建私有用户组。

-s shell //指定用户登录时所使用的shell，默认为/bin/bash。

-r //创建一个用户ID小于500的系统账户，默认不创建对应的主目录。

-u用户ID //手动指定用户ID值，该值必须大于499。

在图2-22中，先用“useradd aaa”命令添加一个名为aaa的账户，但不指定用户组。然后用“tail -1 /etc/passwd”命令显示系统账户文件的最后一行，发现账户aaa创建成功，宿主目录“/home/aaa”自动建立，并且设置该用户的shell为默认值“/bin/bash”。再用“tail

-2/etc/group”命令显示系统组文件的最后两行内容，从图2-22中可以看到，虽然事先没有创建组aaa，但系统在创建账户aaa的同时就会自动创建一个同名的私有用户组。若不需要创建该私有用户组，可以选用-n参数。

图2-22　添加账户aaa

在图2-23的例子中，创建了账户bbb，并指定了宿主目录为“/var/bbb”，shell为“/sbin/nologin”。

图2-23　添加账户bbb

2. passwd

功能：为指定账户设置密码。

在图2-24中，输入命令“passwd aaa”为账户aaa设置密码，前后两次键入的密码要一致。

图2-24　为账户aaa设置密码

3. userdel

功能：删除指定账户。

-r //若带上该参数，则在删除该账户的同时，一并删除该账户所对应的主目录。

在图2-25中，用“userdel -r bbb”命令将账户bbb及其宿主目录一并删除。

图2-25　删除账户bbb

4. groupadd

功能：创建用户组。

-r //若带上该参数，则创建系统用户组，该类用户组的GID值小于500；若没有“-r”参数，则创建普通用户组，其GID值大于500。

在图2-26中，先创建了一个普通用户组ccc，可以看到其GID值为501；然后又创建了一个系统用户组，其GID值为104。

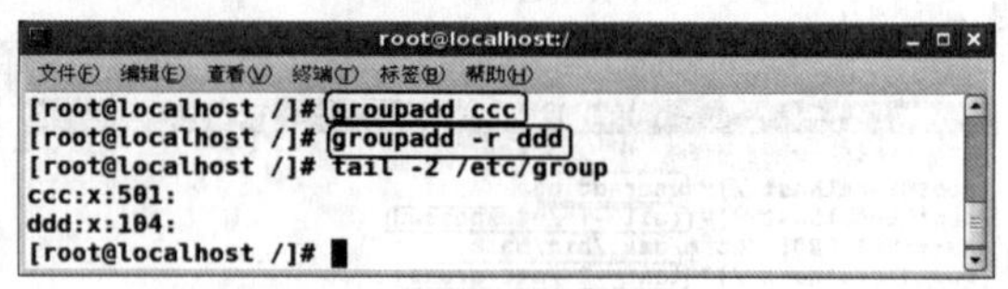

图2-26　创建用户组

5. groupdel

功能：删除用户组。

在图2-27中，分别用“groupdel”命令将刚刚创建的用户组ccc和ddd删除。在删除用户组时，被删除的用户组不能是某个账户的私有用户组，否则将无法删除，若要删除，则应先删除引用该私有用户组的账户，然后再删除该用户组。

图2-27　删除用户组

6. gpasswd -a

功能：添加用户到指定用户组。

在图2-28中，首先用“useradd”命令添加账户xxx，由于没有使用“-n”参数，所以系统在创建账户xxx的同时会自动创建一个同名的私有用户组，也叫xxx。然后用“groupadd”命令创建一个用户组yyy。接下来用“gpasswd -a”指令将xxx用户添加到指定组yyy中，最后用“groups”命令查看xxx账户隶属的组，从图2-28所示的结果可以看出，账户xxx同时属于xxx和yyy用户组。

图2-28　添加用户到指定组

7. gpasswd -d

功能：从指定用户组中移除某用户。

在图2-29中，用“gpasswd -d”指令将xxx用户从指定组yyy中移除。

图2-29　从指定组中移除某用户

一般来说，添加用户到组和从组中移除某用户，都由超级用户root来完成。

8. chown

功能：修改文件或目录的所有者和所有组。

在图2-30中，用“ll”命令查看文件001.JPG的所有者和所有组均为root。

注意：前一个root是所有者，后一个root是所有组。然后用“chown”命令将其所有者和所有组均改为刚刚创建的zzz。

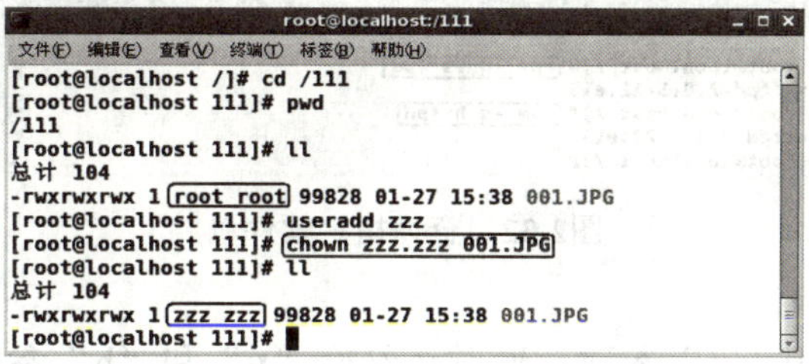

```
[root@localhost /]# cd /111
[root@localhost 111]# pwd
/111
[root@localhost 111]# ll
总计 104
-rwxrwxrwx 1 root root 99828 01-27 15:38 001.JPG
[root@localhost 111]# useradd zzz
[root@localhost 111]# chown zzz.zzz 001.JPG
[root@localhost 111]# ll
总计 104
-rwxrwxrwx 1 zzz zzz 99828 01-27 15:38 001.JPG
[root@localhost 111]#
```

图2-30　修改文件的所有者和所有组

2.4　软件包管理命令

rpm命令

功能：管理RPM软件包命令。

RPM（Redhat package manager）是由Red Hat公司提出的一种软件包管理标准，可用于软件包的安装、查询、更新升级、校验、卸载已安装的软件包，以及生成“.rpm”格式的软件包等，其功能均是通过rpm命令结合使用不同的命令参数来实现的。由于功能十分强大，RPM已成为目前Linux各发行版本中应用最广泛的软件包管理格式之一。

RPM软件包的名称具有特定的格式，其格式为：

软件名称-版本号（包括主版本号和次版本号）．软件运行的硬件平台.rpm。

比如，Telnet服务器程序的软件包名称为telnet-server-0.17-26.i386.rpm，其中的telnet-server为软件名称，0.17-25为软件的版本号，i386是软件的硬件平台，最后的.rpm是文件的扩展名，代表文件是rpm类型的软件包。

RPM软件包中的文件以压缩格式存储，并拥有一个定制的二进制头文件，其中包括有关于本软件包和内容的相关信息，便于对软件包进行查询。

Red Hat Linux使用rpm命令实现对RPM软件包的维护和管理，由于rpm命令十分强大，因此，rpm命令的参数选项也特别多，通过在Shell命令行中键入rpm命令，可查看其用法提示，其中详细列出了该命令的全部参数选项，这里介绍几个最常见的参数选项。当命令中同时选用多个参数时，这些参数可以合并在一起表达。

（1）查询RPM软件包

查询RPM软件包使用“-q”参数，如要查询包含某关键字的软件包是否已安装，可结合管道操作符和grep命令实现。在图2-31中，用“rpm -qa |grep ftp”命令查询包含指定关键字ftp的RPM包的名称。

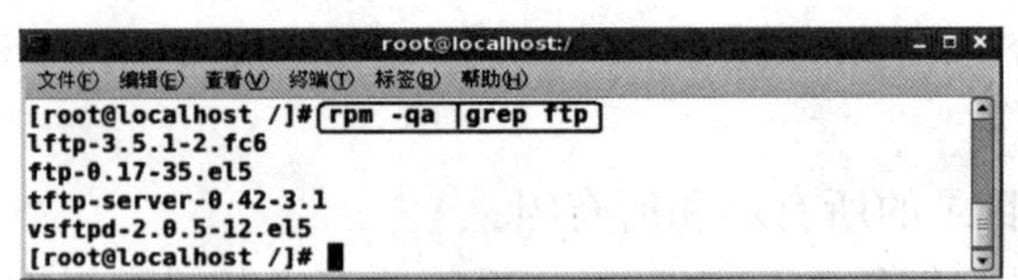

图2-31　查询包含指定关键字的软件包

如果要查询指定的软件包是否安装，则直接使用“rpm -q软件包名称列表”即可。如图2-32中，分别用“rpm -q”命令查询vsftpd和httpd软件包是否安装，如果已安装，则系统会显示出其版本号，否则不显示任何信息。

图2-32　查询指定软件包

（2）安装RPM软件包

安装RPM软件包使用“-i”参数，通常还结合“v”和“h”参数。其中“v”参数代表verbose，使用该参数在安装过程中将显示比较详细的安装信息；“h”参数代表hash，在安装过程中将通过显示一系列“#”来表示安装的进度。因此安装RPM软件包的通常用法为“rpm -ivh 软件包全路径名”。在图2-33所示的例子中，首先查询系统中没有安装vsftpd的软件包，并且在当前目录下有所需的“vsftpd-2.0.5-12.el5.i386.rpm”包，所以直接用命令“rpm -ivh vsftpd-2.0.5-12.el5.i386.rpm”进行安装，在安装过程中，显示安装进度。当安装完毕后再次查询，发现系统已提示确实安装了。

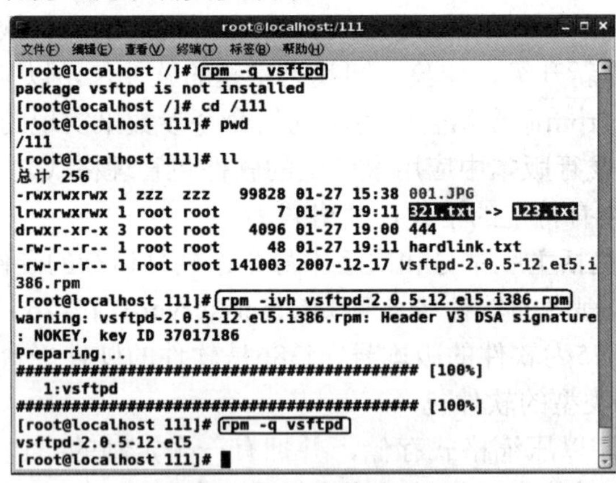

图2-33　安装指定软件包

（3）删除RPM软件包

删除RPM软件包使用“-e”参数，命令格式为“rpm -e软件包名”。在图2-34中，用“rpm -e”命令将vsftpd软件包删除。

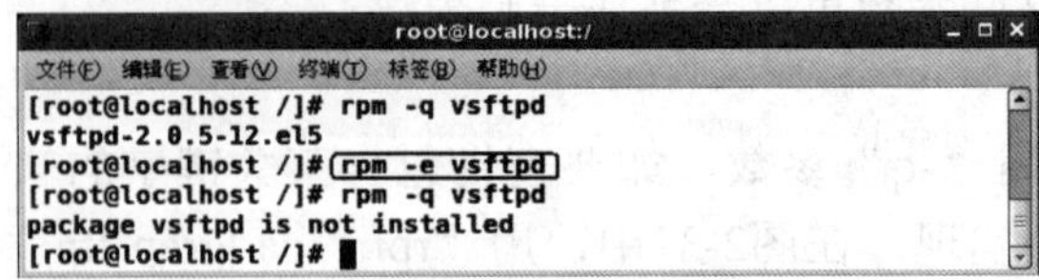

图2-34　删除指定软件包

（4）升级RPM软件包

若要将某软件包升级为较高版本的软件包，此时可采用升级安装方式。升级安装使用-U参数来实现，该参数的功能是先卸载旧版，然后再安装新版。为了详细地显示安装过程，通常也结合v和h参数使用，其用法为“rpm -Uvh软件包文件全路径名”。若指定的RPM软件包并未安装，则系统直接进行安装。

Red Hat Enterprise Linux 5提供了一个图形化的RPM软件包管理工具，即软件包管理者，单击“应用程序”→“添加/删除应用程序”选项，打开如图2-35所示的“软件包管理者”窗口，在这里可对系统已安装的软件包进行管理。

另外，Red Hat Enterprise Linux 5还提供了一个软件包更新工具，可选择“应用程序”→“系统工具”→“软件包更新工具”选项打开“软件更新注册”窗口，如图2-36所示，通过注册之后，就可以进行软件更新了。

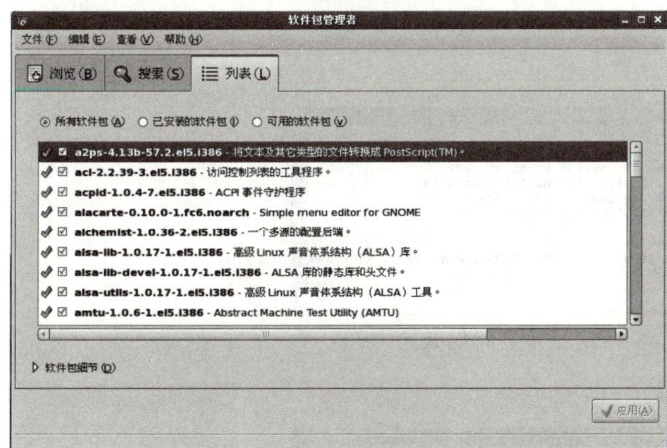

图2-35 “软件包管理者”窗口

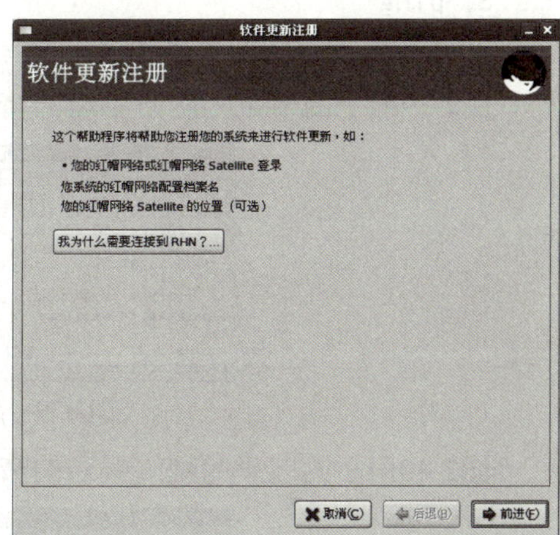

图2-36 “软件更新注册”窗口

2.5　其他命令

1．who

功能：询问当前用户。

who命令可列出当前每一个处在系统中的用户的登录名、终端名和登录进入时间，并按终端标志的字母顺序排序。从图2-37中可以看出，登录到系统的用户只有root。

图2-37　who命令效果

2．ifconfig

功能：查看本机的IP地址。

从图2-38中可以看出，本机的IP地址为202.207.50.79。

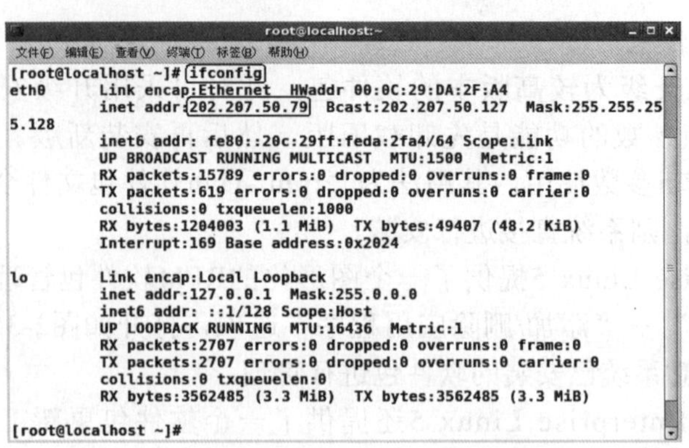

图2-38　ifconfig命令效果

3. ping

功能：测试网络是否畅通。

图2-39所示的效果为网络不通的情形。

```
root@localhost:~
文件(F) 编辑(E) 查看(V) 终端(T) 标签(B) 帮助(H)
[root@localhost ~]# ping 202.207.50.99
PING 202.207.50.99 (202.207.50.99) 56(84) bytes of data.
From 202.207.50.79 icmp_seq=1 Destination Host Unreachable
From 202.207.50.79 icmp_seq=2 Destination Host Unreachable
From 202.207.50.79 icmp_seq=3 Destination Host Unreachable

--- 202.207.50.99 ping statistics ---
4 packets transmitted, 0 received, +3 errors, 100% packet loss, time 300
3ms
, pipe 3
[root@localhost ~]#
```

图2-39　ping命令测试不通时的效果

图2-40所示的效果为网络畅通的情形。

```
root@localhost:~
文件(F) 编辑(E) 查看(V) 终端(T) 标签(B) 帮助(H)
[root@localhost ~]# ping 202.207.50.1
PING 202.207.50.1 (202.207.50.1) 56(84) bytes of data.
64 bytes from 202.207.50.1: icmp_seq=1 ttl=255 time=0.797 ms
64 bytes from 202.207.50.1: icmp_seq=2 ttl=255 time=0.481 ms
64 bytes from 202.207.50.1: icmp_seq=3 ttl=255 time=0.756 ms

--- 202.207.50.1 ping statistics ---
3 packets transmitted, 3 received, 0% packet loss, time 2001ms
rtt min/avg/max/mdev = 0.481/0.678/0.797/0.140 ms
[root@localhost ~]#
```

图2-40　ping命令测试畅通时的效果

4. clear

功能：清屏。图2-41和图2-42分别为执行clear命令前和执行clear命令后的效果。

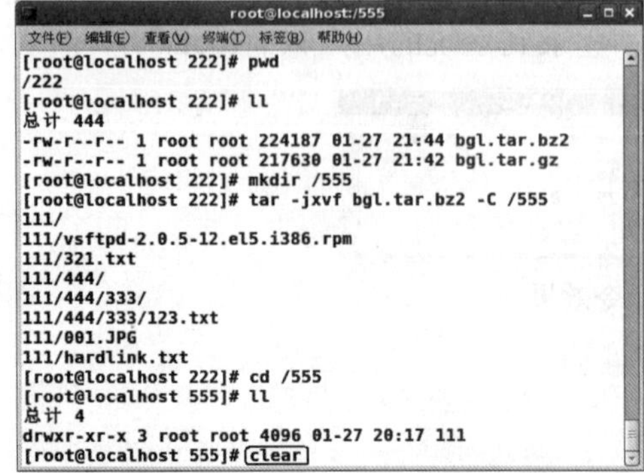

图2-41　执行clear命令前

图2-42　执行clear命令后

第3章 DNS服务器

DNS在互联网中占有极其重要的地位，每台主机都必须通过它来查询目的主机的IP地址，进而才可以相互通信。本章讲述DNS的原理和在Red Hat Enterprise Linux 5.3下BIND服务器的配置。

3.1 DNS服务器简介

3.1.1 DNS原理简介

DNS（Domain Name System，域名系统）是互联网的一项核心服务，可以作为将域名和IP地址互相映射的一个分布式数据库，能够使用户很方便地访问互联网，而不用去记住能够被机器直接读取的数字IP地址。

DNS作为一种组织域层次结构和网络服务的命名系统，主要用于命名TCP/IP网络（如Internet）中含有DNS域名到各种数据类型（如IP地址）的映射。通过DNS，用户可以使用友好的名称查找计算机和服务在网络上的位置。当用户在应用程序中输入DNS域名时，DNS服务可以将此名称解析为与该名称相关的其他信息。例如，在TCP/IP网络中，计算机只以数字形式的IP地址在网络上与其他计算机通信，但是数字IP地址不方便用户记忆。DNS的出现提供了一种方法，将用户计算机或服务名称映射为数字地址，使用户能够使用简单的名称（如www.imau.edu.cn）来定位诸如网络上的Web服务器或邮件服务器。

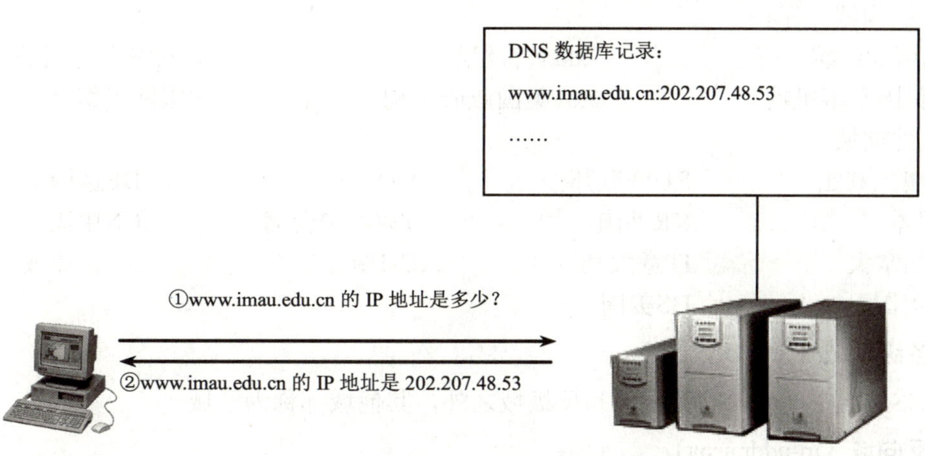

图3-1 DNS用途

3.1.2 选择使用DNS

在一个TCP/IP架构的网络环境中，DNS是一个非常重要且使用频繁的系统。其主要功能就是将易于记忆的Domain Name（如www.imau.edu.cn）与不容易记忆的IP Address（如202.207.48.53）进行转换。而上面执行DNS服务的这台网络主机，就被称为DNS服务器。一般情况下，人们都认为DNS只是将Domain Name转换成IP Address，然后再用查询到的IP Address去链接（即“正向解析”）所请求的服务。事实上，将IP Address转换成Domain Name的功能也是经常使用到的，当用户登录到一台Linux工作站时，工作站就会去做反向查询，找出用户是从哪个地方连线进来的（即“反向解析”）。

3.1.3 DNS域名空间的分层结构

在域名系统中，每台计算机的域名是由一系列用点分开的字母和数字组成的。FQDN（Full Qualified Domain Name，全部有资格的域名）在互联网的DNS域名空间中，是其层次结构的基本单位，任何一个域最多属于一个上级域，但可以有多个或没有下级域。在同一个域下不能有相同的域名或主机名，但在不同的域下则可以有相同的域名或主机名。

1．根域（Root Domain）

在DNS域名空间中，根域只有一个，它没有上级域，以原点“.”表示。全世界的IP地址和DNS域名空间都是由位于美国的InterNIC（Internet Network Information Center，互联网信息管理中心）负责管理或授权管理的。目前全世界有13台根域服务器，这些根域服务器也位于美国，并由InterNIC管理。在根域服务器中并没有保存全世界的互联网网址，其中只保存着顶级域的“DNS服务器—IP地址”的对应数据。

2．顶级域（Top-Level Domain, TLD）

在根域之下的第一级域便是顶级域，它以根域为上级域，其数目有限而不能轻易变动。顶级域是由InterNIC统一管理的。在FQDN中，各级域之间都以原点“.”分隔，顶级域位于最右边。

常用的地理域和机构域有：

（1）机构域

.com商业组织	.edu教育组织	.net网络支持组织
.mil美国军事机构	.gov美国政府机构	.int国际组织

（2）地理域

.AU澳大利亚	.RU俄联邦	.FR法国	.DE德国
.JP日本	.KR韩国	.TW中国台湾	.CN中国
.CA加拿大	.IT意大利	.CH瑞士	.SG新加坡
.UK英国	.US美国		

3．各级子域（Sub Domain）

在DNS域名空间中，除了根域和顶级域之外，其他域都称为子域。

4．反向域（in-addr.arpa）

为了完成反向域解析过程，需要使用另外一个概念，即反向域。

3.1.4　DNS域名服务器的类型

一般情况下，DNS服务器有如下三种类型：

1．主服务器

每个区域有唯一的主服务器，其中包含了授权提供服务指定区域的数据库文件的主拷贝，还包含了所有子域和主机名的资源记录。

2．附加的辅助服务器

辅助服务器为它的区域从该区域中的主DNS服务器上获取数据。

3．附加的Caching-only服务器

与主服务器不同的是，Caching-only服务器不与任何DNS区域相关联，而且不包含任何活跃的数据库文件。一个Caching-only服务器开始时没有任何关于DNS域结构的信息，它必须依赖于其他DNS服务器得到这方面的信息。每次Caching-only服务器将该信息存储到它的名字缓存（Name Cache）中，当另外的请求需要得到这方面的信息时，该Caching-only服务器就直接从高速缓存中取出答案并予返回。一段时间之后，该Caching-only服务器就包含了大部分常见的请求信息。

为使DNS服务得到实现，必须存在一个主DNS服务器，而附加的辅助服务器则不是必须的。一般建立辅助服务器有下面两个好处：

（1）冗余

当主DNS服务器出现故障时，辅助DNS服务器可以承担起服务的功能。为达到最大限度的容错，主DNS服务器与作为备份的辅助DNS服务器要做到尽可能的独立。

（2）减负

当网络较大且服务较繁忙时，可以用辅助DNS服务器来减轻对主DNS服务器的负担。

以下除有说明外，DNS服务器均指主DNS服务器。

3.1.5　域名解析过程

计算机在网络上进行通信时只能识别如“202.207.48.53”之类的IP地址，而不能认识域名。但是，当打开浏览器，在地址栏中输入域名后，就能看到所需要的页面，这是因为DNS服务器自动把域名“翻译”成了相应的IP地址，然后调出IP地址所对应的网页，DNS的解析过程如图3-2所示。

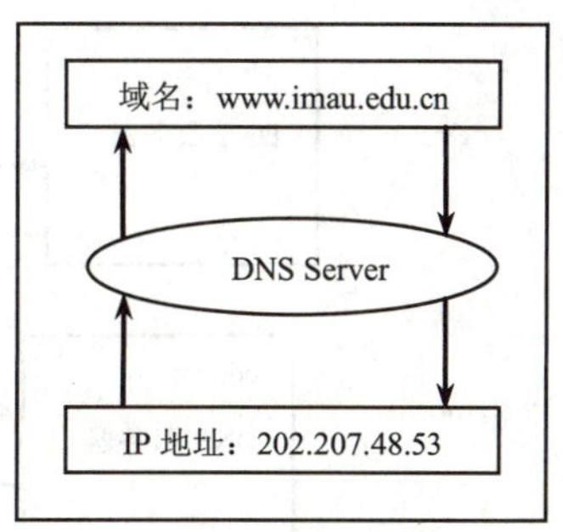

图3-2　DNS用途

DNS是典型的客户机/服务器（C/S）模式结构，其查询过程如下：首先请求程序通过客户端解释器（Client-Resolver）向服务器端（Server）发出查询请求，等待由服务器端数据库（Server-Database）给出应答，并解释Server给出的答案，然后把所得信息传给提出请求的程序。

下面利用一个范例，来说明DNS域名解析的完整流程，假设客户端利用浏览器尝试连接www.imau.edu.cn，以启动该网页。DNS解析过程如图3-3所示。

1）本机解读器发送递归查询的请求到本地的域名服务器，以请求解析主机名称为www.imau.edu.cn的IP地址信息。

2）本地域名服务器如果无法由本身的数据库解析此域名，那它将会对此主机名称进行解析，也就是将原本的主机名称分解为“www”“imau”“edu”和“cn”4个部分，并且以自右向左的顺序逐步解析。本地的域名服务器会从本身缓存文件中找出根域网“.”的域名服务器地址，然后请求根域网的域名服务器代为解析“www.imau.edu.cn”的主机名称。

3）根域网“.”的域名服务器无法解析“www.imau.edu.cn”的主机名称，但它可以解析“cn”部分。因此它会响应本地域名服务器的一份列表，在此列表中包含许多负责管理“cn”域名区的服务器IP地址。

4）本地域名服务器发送一个重复查询的请求到负责管理“cn”域名区的服务器，并请求代为解析“www.imau.edu.cn”的主机名称。

5）负责管理“cn”域名区的域名服务器无法解析“www.imau.edu.cn”的主机名称，但可以解析“edu.cn”的部分。因此它会响应本地域名服务器的一份列表，在此列表中包含许多负责管理“edu.cn”域名区的服务器IP地址。

6）本地域名服务器发送一个重复查询请求到负责管理“edu.cn”域名区的服务器，并请求代为解析“www.imau.edu.cn”的主机名称。

7）“edu.cn”域名区的服务器可以解析“imau.edu.cn”的部分。因此它会响应本地域名服务器的一份列表，在此列表中包含许多负责管理“imau.edu.cn”域名区的服务器IP地址。

8）本地域名服务器发送一个重复查询的请求到负责管理“imau.edu.cn”域名区的服务器，并请求代为解析“www.imau.edu.cn”的主机名称。

9）“imau.edu.cn”域名区的服务器可以解析“www.imau.edu.cn”的主机名称，并会将解析后的主机IP地址传回本地的域名服务器。

10）最后本地的域名服务器可以满足来自客户端的重复查询，并将解析出的IP地址传回客户端。

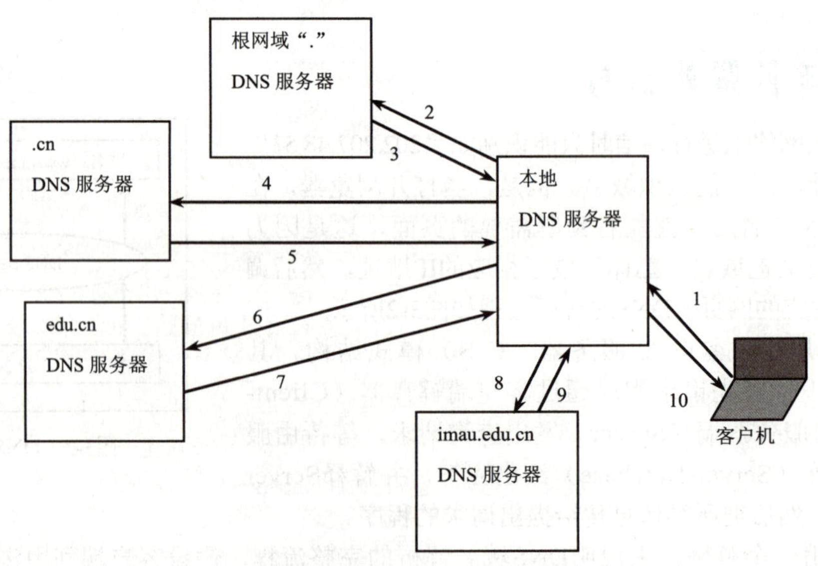

图3-3　DNS域名解析的完整流程

3.2 DNS服务器软件包的安装

3.2.1 DNS服务器的相关软件包

Red Hat Enterprise Linux 5中的DNS服务器是通过Bind软件来实现的，在安装系统过程中选择“DNS Server”选项卡安装如下软件包：

- bind-*：DNS名称服务器软件。
- bind-devel-*：DNS开发工具，不是必需的。
- bind-utils-*：dig，host一级nslookup等DNS测试工具。
- caching-nameserver-*：缓存DNS服务器的基本配置文件，包括样本/etc/named.conf和/var/named/localhost.zone文件。
- system-config-bind-*：Red Hat Enterprise Linux 5的GUI DNS 配置工具。

其中“caching-nameserver-*”包需要手动安装。

查看系统中是否安装了bind软件包的命令为：“rpm-qa | grep bind”，如果显示如图3-4所示的内容，说明bind软件包已经安装；否则，可在Red Hat Enterprise Linux 5安装盘的Server目录下找到DNS服务的RPM安装包（包括多个文件），使用“rpm-ivh”命令进行安装。

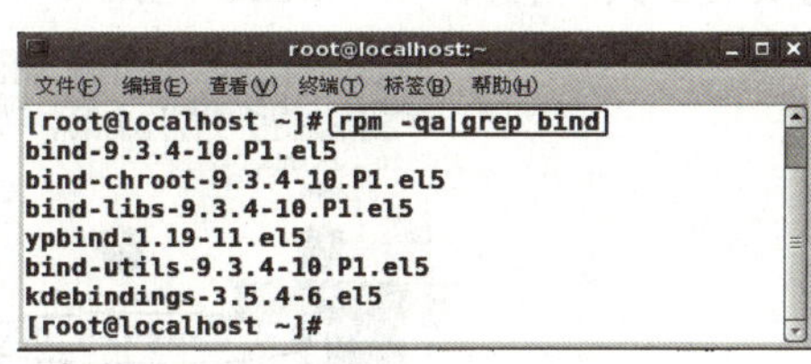

图3-4 查看bind软件包

3.2.2 安装“caching-nameserver-*”软件包

DNS服务器的基本配置文件包“caching-nameserver-*”必须手动安装。在桌面上打开“DVD-ROM”，如图3-5所示。

图3-5 打开“DVD-ROM”

在弹出的窗口中打开“Server”文件夹，如图3-6所示。

图3-6　打开“Server”文件夹

找到“caching-nameserver-*”软件包，右键单击它并在弹出的快捷菜单中选择“用‘软件包安装工具’打开”，如图3-7所示。

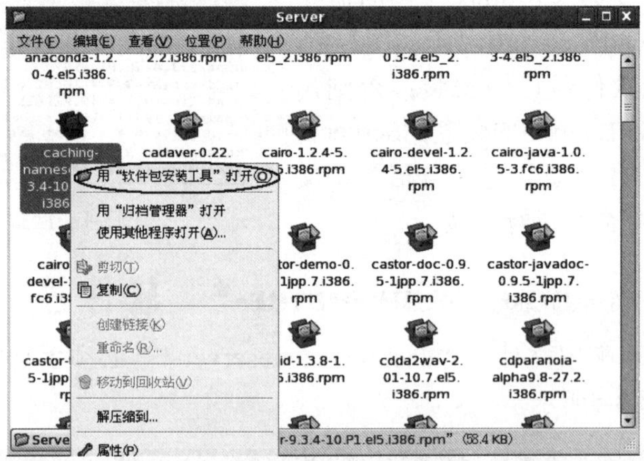

图3-7　“caching-nameserver-*”软件包

紧接着会弹出一个确认窗口，单击“应用”按钮后，在弹出的小窗口中选择“无论如何都安装”，如图3-8所示。

图3-8　确认安装窗口

“caching-nameserver-*”软件包安装好后，配置DNS服务器所需要的软件包就已经全部安装完毕了，下面开始具体讲解配置DNS服务器。

3.3　DNS服务器配置实例

宿主机器Windows XP的IP地址为：202.207.50.77；虚拟机VMware下的Red Hat Enterprise Linux 5的IP地址为：202.207.50.79。将Red Hat Enterprise Linux 5架设为DNS服务器，域名为dns.bgl.net，并为宿主机器Windows XP提供域名www.bgl.net。

准备工作：

在宿主机器Windows XP下打开命令提示符窗口，输入“ipconfig”命令，查看宿主机器的IP（202.207.50.77）。

在虚拟机VMware下的Red Hat Enterprise Linux 5中，激活终端窗口，然后输入“ifconfig”命令查看虚拟机IP（202.207.50.79）。

DNS的主要配置文件包括：

- /etc/named.conf　　//DNS服务器的全局配置文件。
- /etc/named.rfc1912.zones　　//DNS服务器的区域配置文件。
- /var/named/named.local　　//用于本地回环地址解析的反向解析文件。
- /var/named/localhost.zone　//用于本地回环地址解析的正向解析文件。
- /var/named/domainname.zone //用户建立的本地主机区域数据库文件。

Red Hat Enterprise Linux 5中的DNS默认使用了chroot方式（增强DNS服务器安全性），将named进程运行在/var/nemad/chroot目录中，全局配置文件和区域配置文件保存在/var/named/chroot/etc目录中，区域数据库文件保存在/var/named/chroot/var/named目录中，并在/var/named目录中建立区域数据库文件的符号链接。

1．修改主配置文件

Red Hat Enterprise Linux 5中DNS服务器的主配置文件有两个，一个是全局配置文件/var/named/chroot/etc/named.caching-namedserver.conf；一个是区域配置文件/var/named/chroot/etc/named.rfc1912.zones。

首先将/var/named/chroot/etc目录下的named.caching-namedserver.conf文件改名为named.conf，如图3-9所示。

```
root@localhost:/var/named/chroot/etc
文件(F) 编辑(E) 查看(V) 终端(T) 标签(B) 帮助(H)
[root@localhost etc]# cd /var/named/chroot/etc
[root@localhost etc]# ll
总计 32
-rw-r--r-- 1 root root    405 09-01 19:39 localtime
-rw-r----- 1 root named 1195 2009-01-06 named.caching-namedserver.conf
-rw-r----- 1 root named  955 2009-01-06 named.rfc1912.zones
-rw-r----- 1 root named  113 09-01 19:43 rndc.key
[root@localhost etc]# mv named.caching-nameserver.conf named.conf
[root@localhost etc]# ll
总计 32
-rw-r--r-- 1 root root    405 09-01 19:39 localtime
-rw-r----- 1 root named 1195 2009-01-06 named.conf
-rw-r----- 1 root named  955 2009-01-06 named.rfc1912.zones
-rw-r----- 1 root named  113 09-01 19:43 rndc.key
[root@localhost etc]#
```

图3-9　重命名全局配置文件

然后用vi编辑器打开全局配置文件named.conf，修改内容如图3-10所示，用方框圈起来的是做了修改的地方。

```
root@localhost:/var/named/chroot/etc
文件(F) 编辑(E) 查看(V) 终端(T) 标签(B) 帮助(H)
// to create named.conf - edits to this file will be lost on
// caching-nameserver package upgrade.
//
options {
        listen-on port 53 { any; };
        listen-on-v6 port 53 { ::1; };
        directory       "/var/named";
        dump-file       "/var/named/data/cache_dump.db";
        statistics-file "/var/named/data/named_stats.txt";
        memstatistics-file "/var/named/data/named_mem_stats.txt";

        // Those options should be used carefully because they disabl
e port
        // randomization
        // query-source    port 53;
        // query-source-v6 port 53;

        allow-query     { any; };
};
logging {
        channel default_debug {
                file "data/named.run";
                severity dynamic;
        };
};
view localhost_resolver {
        match-clients           { any; };
        match-destinations      { any; };
        recursion yes;
        include "/etc/named.rfc1912.zones";
-- INSERT --
```

图3-10　修改全局配置文件

上面的改动实际上就是把对本机（127.0.0.1）的设置放开到对任何机器（any），修改完毕后保存退出（按<Esc>键后输入“:wq”）。

用vi编辑器编辑区域配置文件named.rfc1912.zones，在文件的末尾添加正反解析部分，内容如图3-11所示。即指定当进行正向域名解析时，查找的用户自定义正向解析文件是“zheng”；当进行反向域名解析时，查找的用户自定义反向解析文件是“fan”。

```
root@localhost:/var/named/chroot/etc
文件(F) 编辑(E) 查看(V) 终端(T) 标签(B) 帮助(H)
zone "255.in-addr.arpa" IN {
        type master;
        file "named.broadcast";
        allow-update { none; };
};

zone "0.in-addr.arpa" IN {
        type master;
        file "named.zero";
        allow-update { none; };
};
zone "bgl.net" IN {
        type master;
        file "zheng";
};
zone "50.207.202.in-addr.arpa" IN {
        type master;
        file "fan";
};
-- 插入 --                                  57,3          底端
```

图3-11　修改区域配置文件

保存退出。

2．创建用户自定义正反解析文件

先将路径切换到/var/named/chroot/var/named下，分别在系统提供的正反解析文件的样本文件“localhost.zone”和“named.local”的基础上复制生成用户自定义正反解析文件，名称要与区域配置文件“named.rfc1912.zones”中定义的相同，分别为“zheng”和“fan”，并对内容进行简单修改。

首先切换目录，查看样本文件，如图3-12所示。

```
root@localhost:/var/named/chroot/var/named
文件(F) 编辑(E) 查看(V) 终端(T) 标签(B) 帮助(H)
[root@localhost named]# cd /var/named/chroot/var/named
[root@localhost named]# pwd
/var/named/chroot/var/named
[root@localhost named]# ll
总计 72
drwxrwx--- 2 named named 4096 09-01 20:24 data
-rw-r----- 1 root  named  198 2009-01-06 localdomain.zone
-rw-r----- 1 root  named  195 2009-01-06 localhost.zone
-rw-r----- 1 root  named  427 2009-01-06 named.broadcast
-rw-r----- 1 root  named 1892 2009-01-06 named.ca
-rw-r----- 1 root  named  424 2009-01-06 named.ip6.local
-rw-r----- 1 root  named  426 2009-01-06 named.local
-rw-r----- 1 root  named  427 2009-01-06 named.zero
drwxrwx--- 2 named named 4096 2004-07-27 slaves
[root@localhost named]#
```

图3-12 /var/named/chroot/var/named 目录

复制样本文件过程如图3-13所示。

```
root@localhost:/var/named/chroot/var/named
文件(F) 编辑(E) 查看(V) 终端(T) 标签(B) 帮助(H)
-rw-r----- 1 root  named  427 2009-01-06 named.broadcast
-rw-r----- 1 root  named 1892 2009-01-06 named.ca
-rw-r----- 1 root  named  424 2009-01-06 named.ip6.local
-rw-r----- 1 root  named  426 2009-01-06 named.local
-rw-r----- 1 root  named  427 2009-01-06 named.zero
drwxrwx--- 2 named named 4096 2004-07-27 slaves
[root@localhost named]# cp localhost.zone zheng
[root@localhost named]# cp named.local fan
[root@localhost named]# ll
总计 88
drwxrwx--- 2 named named 4096 09-01 20:24 data
-rw-r----- 1 root  root   426 09-02 10:57 fan
-rw-r----- 1 root  named  198 2009-01-06 localdomain.zone
-rw-r----- 1 root  named  195 2009-01-06 localhost.zone
-rw-r----- 1 root  named  427 2009-01-06 named.broadcast
-rw-r----- 1 root  named 1892 2009-01-06 named.ca
-rw-r----- 1 root  named  424 2009-01-06 named.ip6.local
-rw-r----- 1 root  named  426 2009-01-06 named.local
-rw-r----- 1 root  named  427 2009-01-06 named.zero
drwxrwx--- 2 named named 4096 2004-07-27 slaves
-rw-r----- 1 root  root   195 09-02 10:57 zheng
[root@localhost named]#
```

图3-13 复制样本文件

修改用户自定义正向解析文件“zheng”，如图3-14所示。这里将域名服务器的域名设置成了“dns.bgl.net”，又在文件末尾添加了两条正向解析记录，将域名“dns.bgl.net”映射到了IP为202.207.50.79的机器上，即Red Hat Enterprise Linux 5系统；将域名“www.bgl.net”映射到了IP为 202.207.50.77的机器上，即宿主机Windows XP系统。

修改反向解析文件“fan”，如图3-15所示。与用户自定义正向解析文件一样，先设置了DNS服务器的域名dns.bgl.net，然后在文件的末尾添加了两条反向解析记录，将IP地址“202.207.50.79”映射为域名“dns.bgl.net”；将IP地址“202.207.50.77”映射为域名“www.bgl.net”，和前面的用户自定义正向解析文件“zheng”中是一致的。

```
root@localhost:/var/named/chroot/var/named
文件(F) 编辑(E) 查看(V) 终端(T) 标签(B) 帮助(H)
$TTL    86400
@               IN SOA  dns.bgl.net.        root (
                                    42              ; serial (d. adams)
                                    3H              ; refresh
                                    15M             ; retry
                                    1W              ; expiry
                                    1D )            ; minimum

                IN NS           dns.bgl.net.
                IN A            127.0.0.1
                IN AAAA         ::1
dns             IN A            202.207.50.79
www             IN A            202.207.50.77
~
-- INSERT --
```

图3-14　修改后的正向解析文件

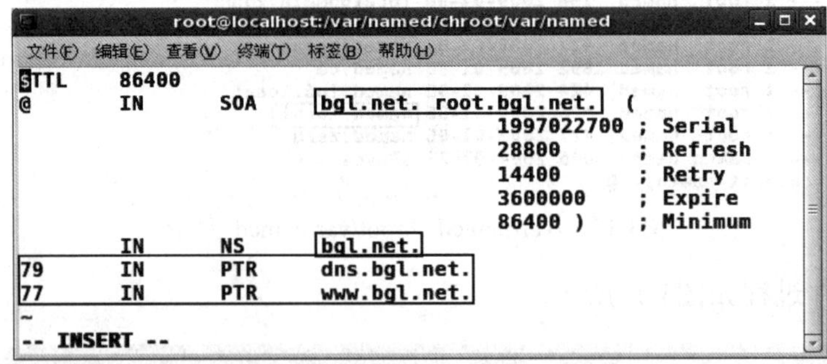

```
root@localhost:/var/named/chroot/var/named
文件(F) 编辑(E) 查看(V) 终端(T) 标签(B) 帮助(H)
$TTL    86400
@       IN      SOA     bgl.net. root.bgl.net.  (
                                1997022700 ; Serial
                                28800      ; Refresh
                                14400      ; Retry
                                3600000    ; Expire
                                86400 )    ; Minimum
        IN      NS      bgl.net.
79      IN      PTR     dns.bgl.net.
77      IN      PTR     www.bgl.net.
~
-- INSERT --
```

图3-15　修改后的反向解析文件

3．为用户自定义正反解析文件建立符号链接文件

在/var/named目录下建立/var/named/chroot/var/named/下的“zheng“和”fan”的链接，做链接之前的目录内容如图3-16所示。

```
root@localhost:/var/named
文件(F) 编辑(E) 查看(V) 终端(T) 标签(B) 帮助(H)
[root@localhost named]# cd /var/named
[root@localhost named]# ll
总计 52
drwxr-x--- 6 root  named 4096 09-01 20:21 chroot
drwxrwx--- 2 named named 4096 2009-01-06 data
lrwxrwxrwx 1 root  named   45 09-02 10:25 localdomain.zone -> /var/named/chroot/
/var/named/localdomain.zone
lrwxrwxrwx 1 root  named   43 09-02 10:25 localhost.zone -> /var/named/chroot//v
ar/named/localhost.zone
lrwxrwxrwx 1 root  named   44 09-02 10:25 named.broadcast -> /var/named/chroot//
var/named/named.broadcast
lrwxrwxrwx 1 root  named   37 09-02 10:25 named.ca -> /var/named/chroot//var/nam
ed/named.ca
lrwxrwxrwx 1 root  named   44 09-02 10:25 named.ip6.local -> /var/named/chroot//
var/named/named.ip6.local
lrwxrwxrwx 1 root  named   40 09-02 10:25 named.local -> /var/named/chroot//var/
named/named.local
lrwxrwxrwx 1 root  named   39 09-02 10:25 named.zero -> /var/named/chroot//var/n
amed/named.zero
drwxrwx--- 2 named named 4096 2009-01-06 slaves
[root@localhost named]#
```

图3-16　链接前的/var/named目录

做链接的过程及/var/named目录链接后的状态如图3-17所示。

```
root@localhost:/var/named
文件(F) 编辑(E) 查看(V) 终端(T) 标签(B) 帮助(H)
[root@localhost named]# ln -s /var/named/chroot/var/named/zheng zheng
[root@localhost named]# ln -s /var/named/chroot/var/named/fan fan
[root@localhost named]# ll
总计 60
drwxr-x--- 6 root  named 4096 09-01 20:21 chroot
drwxrwx--- 2 named named 4096 2009-01-06 data
lrwxrwxrwx 1 root  root    31 09-02 11:08 fan -> /var/named/chroot/var/named/fan
lrwxrwxrwx 1 root  named   45 09-02 10:25 localdomain.zone -> /var/named/chroot/
/var/named/localdomain.zone
lrwxrwxrwx 1 root  named   43 09-02 10:25 localhost.zone -> /var/named/chroot//v
ar/named/localhost.zone
lrwxrwxrwx 1 root  named   44 09-02 10:25 named.broadcast -> /var/named/chroot//
var/named/named.broadcast
lrwxrwxrwx 1 root  named   37 09-02 10:25 named.ca -> /var/named/chroot//var/nam
ed/named.ca
lrwxrwxrwx 1 root  named   44 09-02 10:25 named.ip6.local -> /var/named/chroot//
var/named/named.ip6.local
lrwxrwxrwx 1 root  named   40 09-02 10:25 named.local -> /var/named/chroot//var/
named/named.local
lrwxrwxrwx 1 root  named   39 09-02 10:25 named.zero -> /var/named/chroot//var/n
amed/named.zero
drwxrwx--- 2 named named 4096 2009-01-06 slaves
lrwxrwxrwx 1 root  root    33 09-02 11:08 zheng -> /var/named/chroot/var/named/z
heng
[root@localhost named]#
```

图3-17 链接后的/var/named目录

4. 修改正反向解析文件的所有者和所有组

用“chown”命令修改/var/named/chroot/var/named/目录下文件的所有者和所有组，效果如图3-18所示。

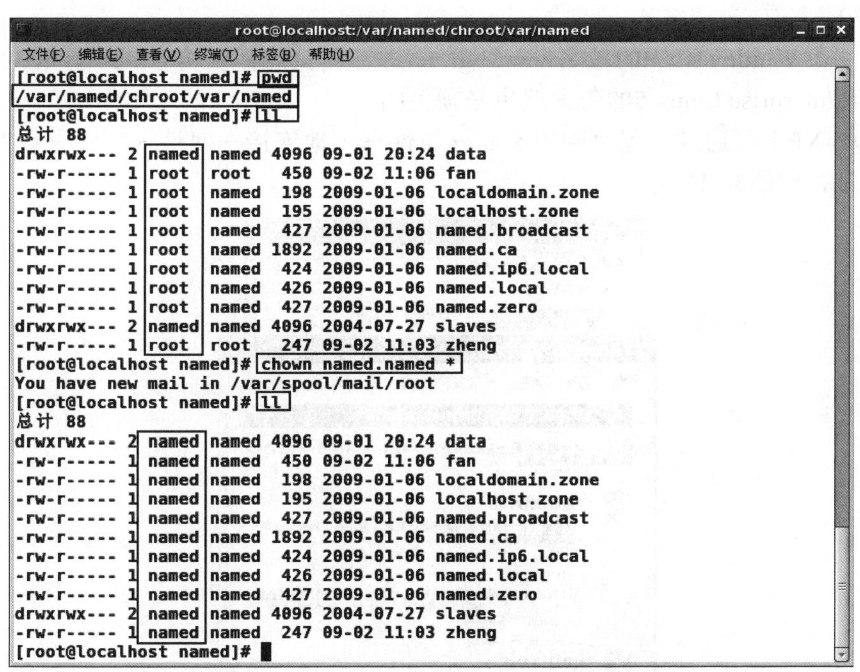

图3-18 修改正反向解析文件的所有者和所有组

5. 修改DNS服务器的IP地址

用vi编辑器修改DNS客户端配置文件/etc/resolv.conf，修改内容如图3-19所示，即将首选的DNS服务器设置成Red Hat Enterprise Linux 5系统（IP地址为202.207.50.79）。

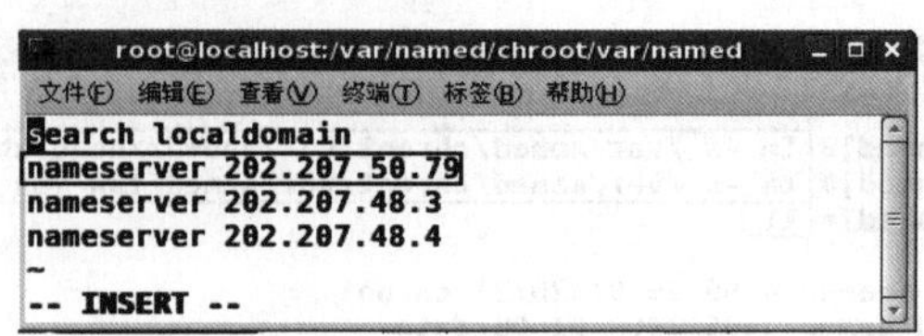

图3-19　修改后的/etc/resolv.conf文件

6. 启动服务并测试

用“service named start”命令启动DNS服务，然后用“ping”命令进行测试，效果如图3-20所示。

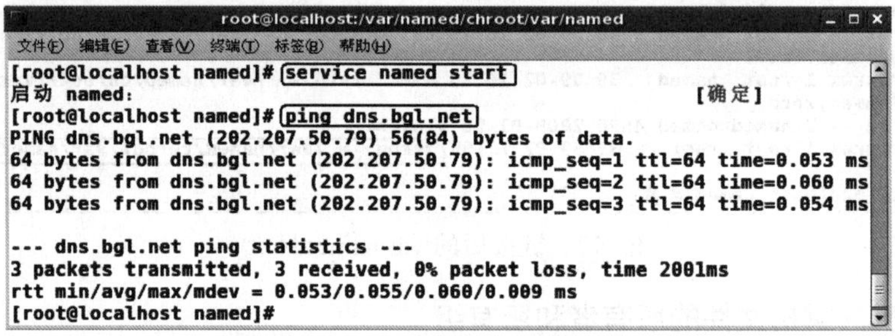

```
[root@localhost named]# service named start
启动 named:                                                [确定]
[root@localhost named]# ping dns.bgl.net
PING dns.bgl.net (202.207.50.79) 56(84) bytes of data.
64 bytes from dns.bgl.net (202.207.50.79): icmp_seq=1 ttl=64 time=0.053 ms
64 bytes from dns.bgl.net (202.207.50.79): icmp_seq=2 ttl=64 time=0.060 ms
64 bytes from dns.bgl.net (202.207.50.79): icmp_seq=3 ttl=64 time=0.054 ms

--- dns.bgl.net ping statistics ---
3 packets transmitted, 3 received, 0% packet loss, time 2001ms
rtt min/avg/max/mdev = 0.053/0.055/0.060/0.009 ms
[root@localhost named]#
```

图3-20　启动服务并测试

从图3-20中可以看到，启动DNS服务后，ping域名dns.bgl.net可以顺利解析为202.207.50.79。

对宿主机器Windows XP的域名www.bgl.net进行测试前需要将Windows XP的防火墙关闭，Red Hat Enterprise Linux 5的防火墙也必须关闭。

Windows XP下可通过设置“网上邻居→属性→本地连接→属性→高级→设置→关闭”来关闭防火墙，如图3-21所示。

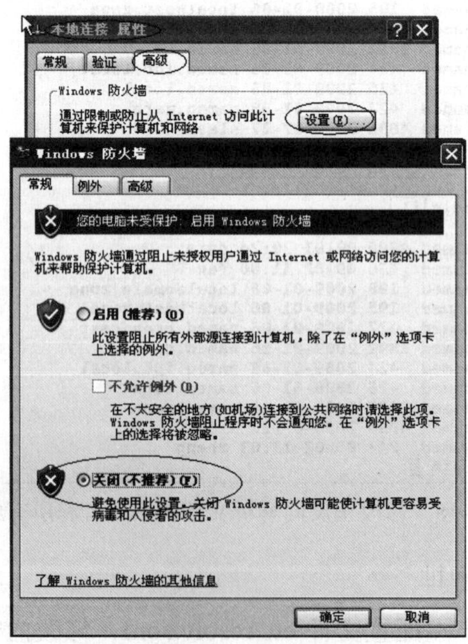

图3-21　关闭Windows XP的防火墙

Red Hat Enterprise Linux 5下关闭防火墙需要在终端窗口中输入“setup”命令，在弹出的窗口中选择“防火墙配置”，并在安全级别中设置为“禁用”，如图3-22所示。

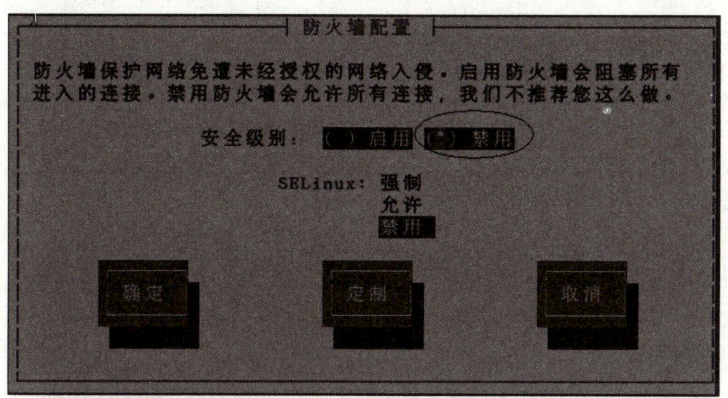

图3-22　关闭Red Hat Enterprise Linux 5的防火墙

然后在终端窗口中用“ping”命令测试宿主机器Windows XP的域名“www.bgl.net”，即可畅通，如图3-23所示。

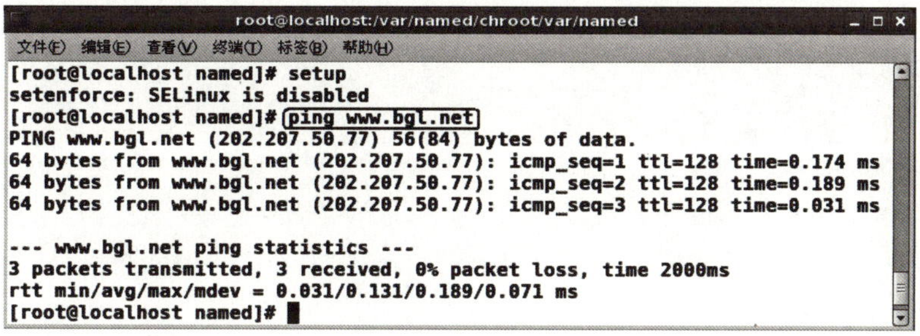

```
root@localhost:/var/named/chroot/var/named
文件(F) 编辑(E) 查看(V) 终端(T) 标签(B) 帮助(H)
[root@localhost named]# setup
setenforce: SELinux is disabled
[root@localhost named]# ping www.bgl.net
PING www.bgl.net (202.207.50.77) 56(84) bytes of data.
64 bytes from www.bgl.net (202.207.50.77): icmp_seq=1 ttl=128 time=0.174 ms
64 bytes from www.bgl.net (202.207.50.77): icmp_seq=2 ttl=128 time=0.189 ms
64 bytes from www.bgl.net (202.207.50.77): icmp_seq=3 ttl=128 time=0.031 ms

--- www.bgl.net ping statistics ---
3 packets transmitted, 3 received, 0% packet loss, time 2000ms
rtt min/avg/max/mdev = 0.031/0.131/0.189/0.071 ms
[root@localhost named]#
```

图3-23　测试域名www.bgl.net

当然也可以在宿主机器Windows XP下测试域名“dns.bgl.net”和“www.bgl.net”，但要注意先把“TCP/IP协议”中的DNS服务器指定为虚拟机下Red Hat Enterprise Linux 5的IP“202.207.50.79”，如图3-24所示。

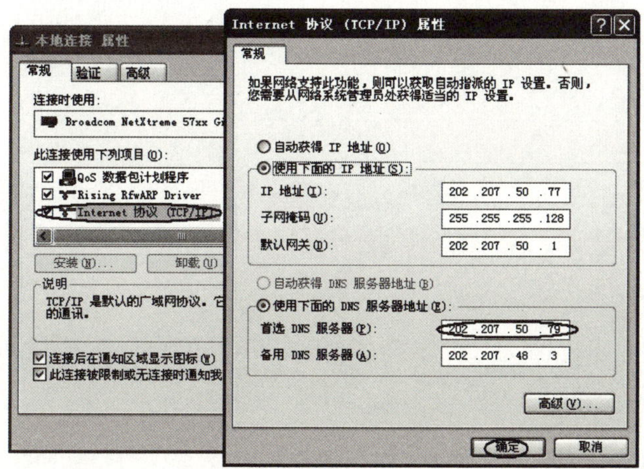

图3-24　设置DNS服务器

打开宿主机器Windows XP下的命令提示符窗口，用“ping”命令测试域名“dns.bgl.net”和“www.bgl.net”，效果如图3-25所示。

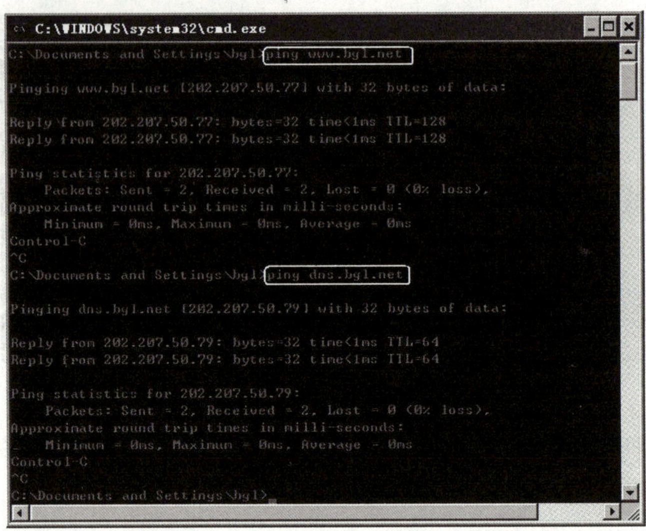

图3-25　在宿主机器Windows XP上测试

第4章　WWW服务器

互联网上最流行的服务莫过于WWW服务了，本章主要介绍WWW服务中最常见的Apache服务器。通过对本章的学习，读者能够在Red Hat Enterprise Linux 5下熟练安装和配置Apache，并可通过多种方式对Web服务器进行管理。

4.1　Apache与Web服务器简介

4.1.1　Apache服务器简介

Apache源于美国国家计算机安全协会（NCSA）的HTTP服务器，本来它只用于小型或试验的互联网网络，后来逐步扩充到各种UNIX系统中，尤其对Linux的支持相当完美。

在所有的Web服务器中，Apache有一定的优势。Apache以其强大的功能、优秀的性能一直成为建设网站首选的Web服务器。目前绝大多数的高科技实验室、大学以及众多的公司都采用Apache服务器。

Apache的特点是简单、速度快、性能稳定，并可做代理服务器来使用，可以支持SSL技术，支持多个虚拟主机。经过多次修改，已成为世界上最流行的Web服务器软件之一，它可以运行在几乎所有的广泛使用的计算机平台上。

Apache服务器有以下特性：

- 支持基于IP和基于域名的虚拟主机。
- 拥有简单而强有力的基于文件的配置过程。
- 支持通用网关接口。
- 集成Perl处理模块和代理服务器模块。
- 支持实时监视服务器状态和定制服务器日志。
- 支持多种方式的HTTP认证。
- 支持服务器端口包含指令（SSI）及安全Socket层（SSL）。
- 支持最新的HTTP/1.1通信协议。

4.1.2　Web服务器简介

Web服务是互联网最主要的服务之一，即人们平常说的WWW服务。Web服务器是在网络中为实现信息发布、资料查询、数据处理、视频欣赏等多项应用而搭建的服务平台，它使得成千上万的用户通过简单的图形界面就可以访问站点，获得最新的信息和各种服务。

Web的核心技术是超文本标记语言HTML和超文本传输协议HTTP。Web浏览器和服务器通过HTTP协议来建立链接、传输信息和终止链接。Web浏览器将请求发送到Web服务器，服务器响应这种请求，将其所请求的页面或文档传给Web浏览器，浏览器获得Web页面并显示出来。

在最初的互联网上，网页是静止的，所谓静止就是指Web服务器只是简单地把存储的HTML文本文件及其引用的图形文件发送给浏览器。只有在网页编辑人员使用文件处理器和图形编辑器对它们进行修改后，它们才会发生改变。直到出现CGI、ISAPI、ASP、JSP和.NET等动态网站技术，Web服务器才可向浏览器发送动态变化的内容。常见的Web数据库查询、用户登记等都要用到动态网站技术。

4.2 Apache服务器相关配置简介

Web服务是目前Internet应用最流行、最受欢迎的服务之一。Linux平台使用最广泛的Web服务器是Apache，它是目前性能最优秀、最稳定的Web服务器之一。这里以Apache 2.2.3为例介绍Apache服务器的安装与配置方法。

4.2.1 安装Apache服务器软件包

对Apache服务器的安装，可以采用RPM软件包安装和源代码安装两种方式，另外也可以在Linux的图形界面，利用软件包管理器来自动安装。

RPM软件包将配置文件和实用程序安装在固定位置，不需要编译；源代码安装需要先配置、编译，然后再安装，但可选择要安装的模块和安装路径。这里选用了RPM软件包的安装方式。

Red Hat Enterprise Linux 5安装光盘自带Apache服务器的RPM软件包，其版本为2.2.3，如果在安装Linux时已选择安装Apache，则可以直接配置使用。另外，也可到官方网站（http://www.apache.org或http://updates.redhat.com）下载最新的Apache软件包。

查看系统中是否安装了Apache软件包的命令为：“rpm-q httpd”，显示内容如图4-1所示。

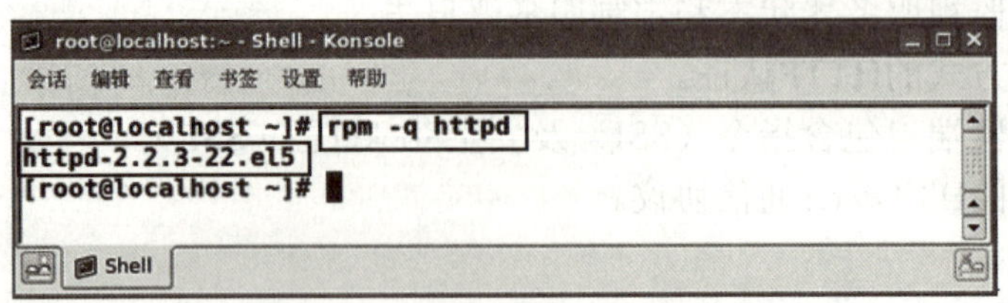

图4-1 查看Apache软件包信息

从图4-1中可以看出，系统中已经安装了版本为2.2.3-22.el5的Apache软件包。

如果没有显示任何信息，说明系统中并未安装相关软件包，则需手动安装。方法如下：

- 首先切换目录到/media/RHEL-5.3 i386 DVD/Server下。
- 运行命令：“cp httpd-2.2.3-22.el5.i386.rpm/tmp”，复制Apache软件包到/tmp目录下。
- 再将目录切换到“/tmp”下运行命令：“rpm -ivh httpd-2.2.3-22.el5.i386.rpm”进行解压安装，过程如图4-2所示。

```
root@localhost:/tmp - Shell - Konsole
会话 编辑 查看 书签 设置 帮助
[root@localhost tmp]# rpm -ivh httpd-2.2.3-22.el5.i386.rpm
warning: httpd-2.2.3-22.el5.i386.rpm: Header V3 DSA signature: NOKE
Y, key ID 37017186
Preparing...
########################################### [100%]
        package httpd-2.2.3-22.el5.i386 is already installed
[root@localhost tmp]#
Shell
```

图4-2　安装Apache软件包

4.2.2　Apache软件包的安装位置

直接采用RPM软件包来安装Apache服务器，软件包会将Apache服务器的配置文件、日志文件和应用程序安装在固定的目录下。

- /etc/httpd/conf/httpd.conf　　//Apache服务器的配置文件
- /etc/rc.d/init.d/httpd　　//Apache服务器的启动脚本文件
- /var/www/html/　　//Apache服务器默认的Web站点根目录
- /usr/bin/　　//Apache软件包提供的可执行程序安装在该目录下
- /etc/httpd/logs/　　//Apache服务器的日志文件（access_log和error_log）

4.2.3　启动和关闭Apache服务器

ApacheRPM软件包安装后会自动在/etc/rc.d/init.d/目录下创建Apache服务器的启动脚本httpd，可使用以下方法来对Apache服务进行管理。

- 启动Apache服务器：service httpd start。
- 重启Apache服务器：service httpd restart。
- 重新装载httpd.conf配置文件的内容，让修改在不重启服务器进程的情况下立即生效：service httpd reload。
- 停止Apache服务器：service httpd stop。

图4-3为启动Apache服务器的效果。

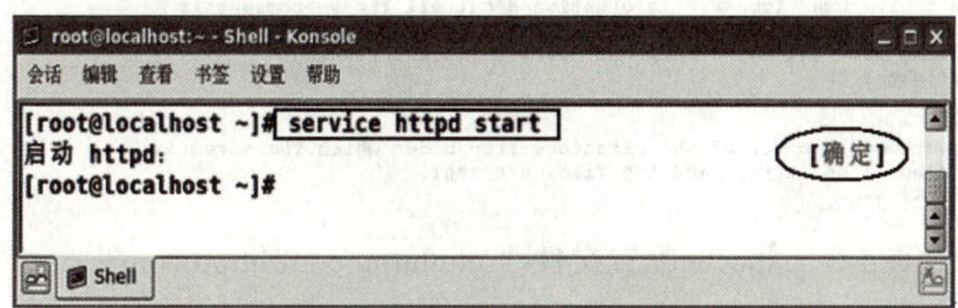

图4-3　启动Apache服务器

4.2.4 测试Apache服务器

Apache Web服务器启动成功后，在Red Hat Enterprise Linux 5的Mozilla Firefox浏览器中，键入http://127.0.0.1（或http://localhost）或者是本机IP地址，即可以看到Apache默认站点的内容了，如图4-4所示。

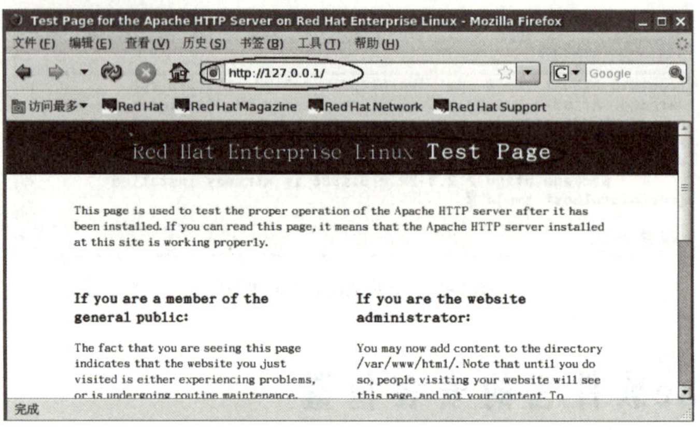

图4-4　测试Apache服务器

4.2.5 Apache配置文件简介

Apache配置文件"/etc/httpd/conf/httpd.conf"是包含了若干指令的纯文本文件，在Apache启动时，会自动读取配置文件中的内容，并根据配置指令影响Apache服务器的运行。配置文件改变后，只有在下次启动或重新启动后才会生效，几乎大部分的设置都需要通过修改该配置文件来完成。"/etc/httpd/conf/httpd.conf"文件的内容非常多，但大部分是注释内容，整个配置文件分为3个部分：全局环境（Global Environment）、主服务配置（'Main' Server Configuration）和虚拟主机（Virtual Hosts），图4-5为用vi编辑器打开该文件后的效果。

```
root@localhost:/var/www/html
文件(F) 编辑(E) 查看(V) 终端(T) 标签(B) 帮助(H)
# of the server's control files begin with "/" (or "drive:/" for Win32), the
# server will use that explicit path.  If the filenames do *not* begin
# with "/", the value of ServerRoot is prepended -- so "logs/foo.log"
# with ServerRoot set to "/etc/httpd" will be interpreted by the
# server as "/etc/httpd/logs/foo.log".
#

### Section 1: Global Environment
#
# The directives in this section affect the overall operation of Apache,
# such as the number of concurrent requests it can handle or where it
# can find its configuration files.
#

#
# Don't give away too much information about all the subcomponents
# we are running.  Comment out this line if you don't mind remote sites
# finding out what major optional modules you are running
ServerTokens OS

#
# ServerRoot: The top of the directory tree under which the server's
# configuration, error, and log files are kept.
-- INSERT --
```

图4-5　Apache配置文件"/etc/httpd/conf/httpd.conf"

常规参数含义如下：

ServerRoot：用来设置Apache的配置文件、错误文件和日志文件的存放目录，并且该目录是整个目录树的根节点。如果下面的字段设置中出现相对路径，那么就是相对这个路径，默认情况下根路径为“/etc/httpd”，可根据需要进行修改（注意：ServerRoot后面设置的路径不能以反斜杠分隔）。

Timeout：用于设置接收和发送数据时的超时设置。默认时间单位是秒。如果超过限定的时间，客户端仍然无法接上服务器，则以短线处理。默认时间为120s，可根据需要修改。

MaxClients：包含在<IfModule prefork.c> <IfModule>容器当中的“MaxClients”字段用于设置同一时刻内最大的客户端访问数量，默认为256，对于小型的网站来说已经够用了，如果是大型的网站，可以根据需要修改。

ServerAdmin：设置WWW服务器的管理员的电子邮件地址，如果客户端在访问服务器时出现错误，就把错误信息返回给客户端的浏览器，为了让Web使用者和管理员取得联系，在这个网页中通常包含有管理员的E-mail地址。

ServerName：可以设置服务器的主机名称，默认情况下是不需要指定这个参数的，为了方便Apache服务器可以识别自身的信息，就需要设置此参数了。服务器将自动通过名字解析过程来获得自己的名字，但如果服务器的名字解析有问题，或者没有正式的DNS名字，也可以在这里指定IP地址，必须注意的是，如果ServerName设置不正确，服务器是不能正常启动的。

DocumentRoot：设置服务器对外发布的超文本文档存放的路径，默认情况下，所有的请求由该目录的文件进行应答。虽然客户程序请求的URL会映射为这个目录下的网页文件，但是也可以利用符号链接和别名来指向到其他位置。

DirectoryIndex：打开网站时所显示的页面是该网站的首页或叫主页。本字段用来设置默认文档类型。当用户使用浏览器访问服务器时，一般在URL中只给出一个目录名，却没有指定文档的名字，所以需要设置Apache服务器自动返回的文档类型。文档类型可以设置多个，它是按顺序进行搜索的，当然也可以指定多个文件名，同样是在这个目录下按顺序搜索。如果所有指定的文件都找不到，Apache默认的首页名称为“index.html”。

AddDefaultCharset：设置服务器的编码。默认情况下服务器编码采用UTF-8。而汉字的编码一般是GB2312，国家强制标准是GB18030。把本字段注释掉表示不使用任何编码，浏览器会自动检测当前网页所采用的编码，然后自动进行调整。对于多语言网站来说最好注释掉本字段。

4.3　Apache服务器配置实例

本节通过两个典型实例来学习Apache服务器在实际应用中的具体配置过程。

4.3.1　基于单站点的自定义主页文件的配置与发布

假设当前用作Apache服务器的Red Hat Enterprise Linux 5系统的IP地址为“202.207.50.79”，并且已经在DNS服务器中给此IP成功注册域名“www.bgl.net”，下面要为该Apache服务器创建

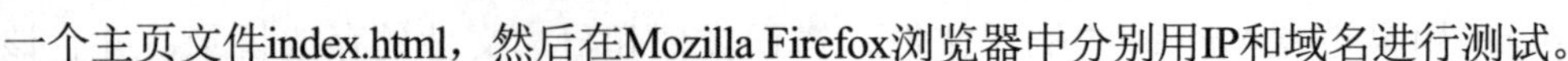

一个主页文件index.html，然后在Mozilla Firefox浏览器中分别用IP和域名进行测试。

1. 创建主页文件“index.html”

将目录切换到Web服务器的站点根目录“/var/www/html”下，用vi编辑器创建主页文件“index.html”，如图4-6所示。

主页文件“index.html”内容如图4-7所示。

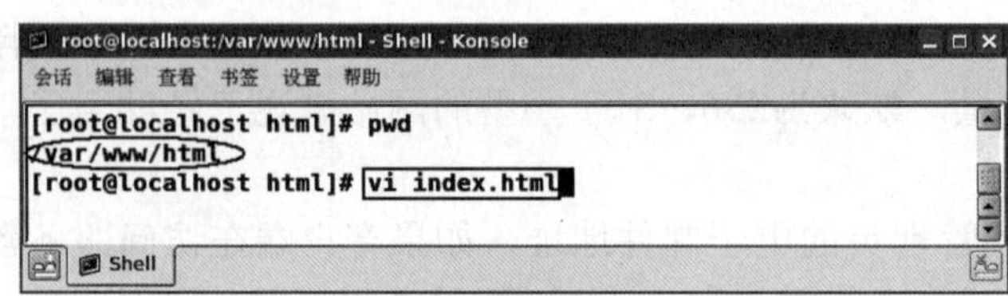

图4-6 创建主页文件“index.html”

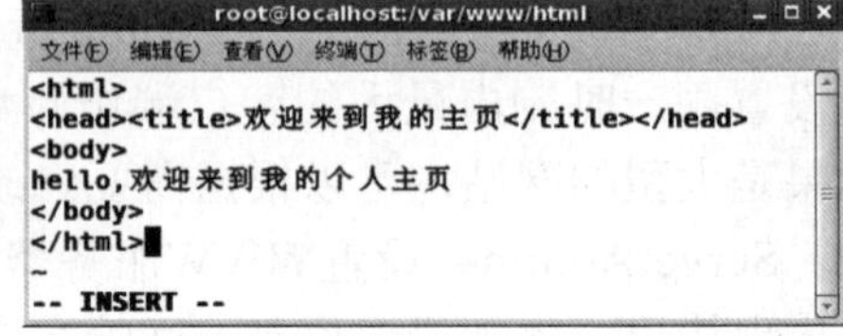

图4-7 编辑主页文件“index.html”

页面文件创建好后，保存退出。

2. 修改配置文件“/etc/httpd/conf/httpd.conf”

由于本例较为简单，配置文件“/etc/httpd/conf/httpd.conf”中的参数设置按照默认值即可，无需修改。

3. 重启Apache服务器

在终端窗口中输入“service httpd restart”命令重新启动Apache服务器，如图4-8所示。

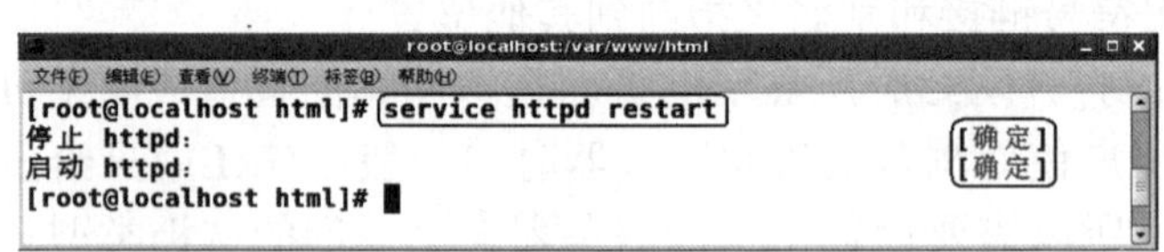

图4-8 重启Apache服务器

4. 测试Apache服务器

打开Mozilla Firefox浏览器并在地址栏中输入Apache服务器的IP地址“202.207.50.79”，可以看到自己创建的网页已成功发布，如图4-9所示。

由于已将Apache服务器的IP地址“202.207.50.79”映射为域名“www.bgl.net”，所以同样可以通过域名来测试Apache服务器，效果如图4-10所示。

图4-9 通过IP地址测试Apache服务器

图4-10 通过域名测试Apache服务器

上面的测试均是在服务器端（即VMware虚拟机下的Red Hat Enterprise Linux 5系统中）进行的，但作为一个应用在互联网上的服务器，必须通过客户端的测试才能证明其工作正常。在这里选择用宿主机器Windows XP作为客户端对Apache服务器进行测试。

在宿主机器Windows XP中单击“开始”菜单下的“运行”，然后输入命令“cmd”进入命令行方式，通过“ping 202.207.50.79”和“ping www.bgl.net”命令分别测试Apache服务器（即VMware虚拟机下的Red Hat Enterprise Linux 5）的IP和域名是否畅通，如果畅通则可以作为客户端进行测试，否则说明Windows XP的DNS服务器设置错误，需要重新将其指定为有效的DNS服务器（即能为Apache服务器提供域名“www.bgl.net”）。图4-11为畅通的效果。

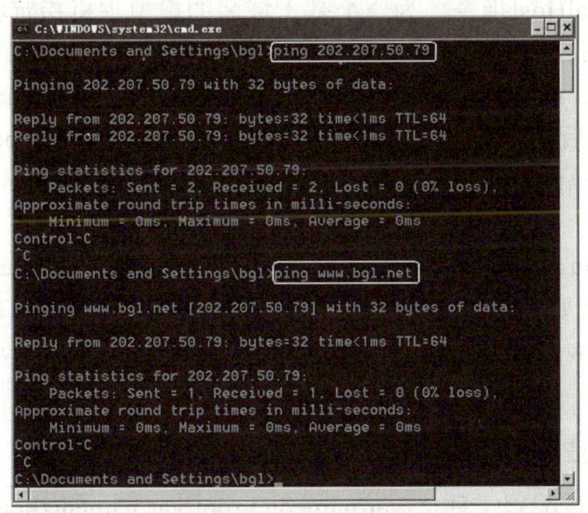

图4-11　在客户端测试Apache服务器的IP和域名

在宿主机器Windows XP的IE地址栏中输入要测试的Apache服务器的IP地址“202.207.50.79”，效果如图4-12所示。

在宿主机器Windows XP的IE地址栏中输入Apache服务器的域名“www.bgl.net”，效果如图4-13所示。

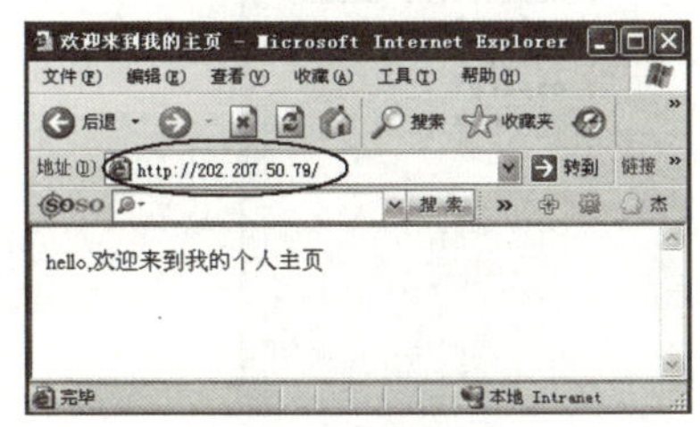

图4-12　在客户端通过IP测试Apache服务器

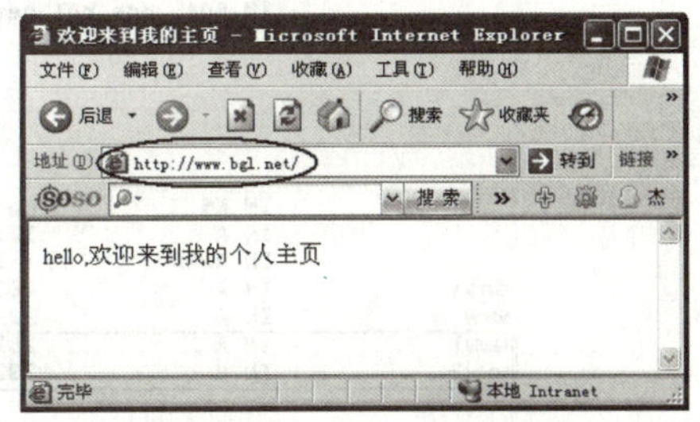

图4-13　在客户端通过域名测试Apache服务器

4.3.2　基于多站点的虚拟主机的配置与发布

虚拟主机（VirtualHost）是指在一台主机上运行的多个Web站点，每个站点均有自己独立的域名，虚拟主机对用户是透明的，就好像每个站点都在独立的主机上运行一样。

虚拟主机有两种：如果每个Web站点拥有不同的IP地址，则称为基于IP的虚拟主机；

若每个站点的IP地址相同，但域名不用，则称为基于主机名的虚拟主机。

在实际应用中，由于IP地址资源不足，所以通常采取后一种方案，而要建立基于主机名的虚拟主机，需要具备多个可以正确解析的域名，这便需要DNS服务器的支持。

这里只介绍基于主机名的虚拟主机的配置方法，步骤如下：

1）在DNS服务器中为每个虚拟主机所使用的域名进行注册，让其能解析到服务器所使用的IP地址。

2）在Apache配置文件/etc/httpd/conf/httpd.conf中，使用Listen指令，指定要监听的地址和端口。Web服务器一般使用标准的80号端口，因此可配置为Listen 80。

3）使用NameVirtualHost指令，为一个基于域名的虚拟主机指定将使用哪个IP地址和端口来接受请求。格式为：NameVirtualHost 地址[：端口]。

4）使用<VirtualHost>容器指令定义每一个虚拟主机。<VirtualHost>容器的参数必须与NameVirtualHost后面所使用的参数保持一致。在<VirtualHost>容器中至少应指定ServerName和DocumentRoot，另外可选的配置还有ServerAdmin、Directory、Index、ErrorLog等。

假设当前用作Apache服务器的Red Hat Enterprise Linux 5系统的IP地址为“202.207.50.79”，现要创建两个基于域名的虚拟主机，使用端口为80，其域名分别为“www1.bgl.net”和“www2.blg.net”，站点根目录分别为“/var/www/www1”和“/var/www/www2”。

1. 在DNS服务器上注册所需的域名

在DNS服务器的区域配置文件“/var/named/chroot/var/named/zheng”（即用户自定义正向解析文件）中添加所需要的两个域名“www1.bgl.net”和“www2.bgl.net”，并将它们同时映射为Apache服务器的IP地址“202.207.50.79”，如图4-14所示。具体方法参照“第3章 DNS服务器”的相关内容。

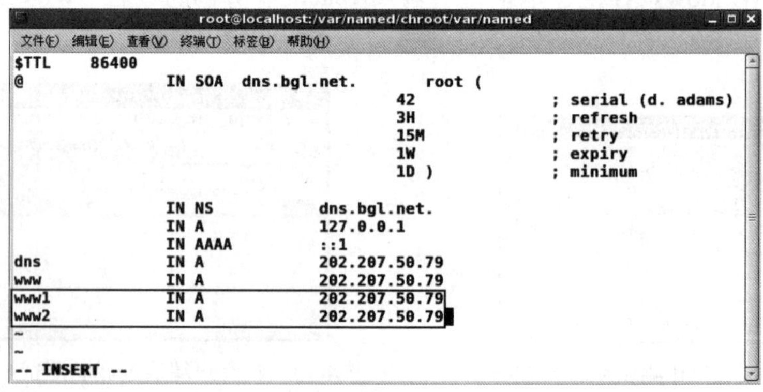

图4-14 用户自定义正向解析文件

修改DNS服务器的用户自定义反向解析文件“/var/named/chroot/var/named/fan”，内容如图4-15所示。

其他部分参考“第3章DNS服务器”的相关内容即可。设置完成后，重启DNS服务器，在终端窗口中分别测试刚刚注册的两个域名是否生效，如图4-16所示。

```
root@localhost:/var/named/chroot/var/named
文件(F) 编辑(E) 查看(V) 终端(T) 标签(B) 帮助(H)
$TTL    86400
@       IN      SOA     bgl.net. root.bgl.net.  (
                                  1997022700 ; Serial
                                  28800      ; Refresh
                                  14400      ; Retry
                                  3600000    ; Expire
                                  86400 )    ; Minimum
        IN      NS      bgl.net.
79      IN      PTR     dns.bgl.net.
79      IN      PTR     www.bgl.net.
79      IN      PTR     www1.bgl.net.
79      IN      PTR     www2.bgl.net.
~
-- INSERT --
```

图4-15　用户自定义反向解析文件

```
root@localhost:/var/named/chroot/var/named
文件(F) 编辑(E) 查看(V) 终端(T) 标签(B) 帮助(H)
[root@localhost named]# service named restart
停止 named:                                                [确定]
启动 named:                                                [确定]
[root@localhost named]# ping www1.bgl.net
PING www1.bgl.net (202.207.50.79) 56(84) bytes of data.
64 bytes from dns.bgl.net (202.207.50.79): icmp_seq=1 ttl=64 time=0.326 ms
64 bytes from dns.bgl.net (202.207.50.79): icmp_seq=2 ttl=64 time=0.239 ms

--- www1.bgl.net ping statistics ---
2 packets transmitted, 2 received, 0% packet loss, time 1000ms
rtt min/avg/max/mdev = 0.239/0.282/0.326/0.046 ms
[root@localhost named]# ping www2.bgl.net
PING www2.bgl.net (202.207.50.79) 56(84) bytes of data.
64 bytes from www2.bgl.net (202.207.50.79): icmp_seq=1 ttl=64 time=0.032 ms
64 bytes from www2.bgl.net (202.207.50.79): icmp_seq=2 ttl=64 time=0.062 ms

--- www2.bgl.net ping statistics ---
2 packets transmitted, 2 received, 0% packet loss, time 999ms
rtt min/avg/max/mdev = 0.032/0.047/0.062/0.015 ms
[root@localhost named]#
```

图4-16　测试新域名

2．为虚拟主机创建站点根目录

分别为两个虚拟站点建立站点，创建其站点根目录“/var/www/www1”和“/var/www/www2”，如图4-17所示。

```
root@localhost:/var/www
文件(F) 编辑(E) 查看(V) 终端(T) 标签(B) 帮助(H)
[root@localhost www]# pwd
/var/www
[root@localhost www]# ll
总计 32
drwxr-xr-x 2 abc       ftp  4096 09-18 10:01 abc
drwxr-xr-x 2 root      root 4096 2008-11-12 cgi-bin
drwxr-xr-x 3 root      root 4096 01-28 08:13 error
drwxr-xr-x 2 root      root 4096 01-28 08:20 html
drwxr-xr-x 3 root      root 4096 01-28 08:13 icons
drwxr-xr-x 2 webalizer root 4096 01-28 08:12 usage
[root@localhost www]# mkdir www1
[root@localhost www]# mkdir www2
[root@localhost www]# ll
总计 40
drwxr-xr-x 2 abc       ftp  4096 09-18 10:01 abc
drwxr-xr-x 2 root      root 4096 2008-11-12 cgi-bin
drwxr-xr-x 3 root      root 4096 01-28 08:13 error
drwxr-xr-x 2 root      root 4096 01-28 08:20 html
drwxr-xr-x 3 root      root 4096 01-28 08:13 icons
drwxr-xr-x 2 webalizer root 4096 01-28 08:12 usage
drwxr-xr-x 2 root      root 4096 01-28 08:42 www1
drwxr-xr-x 2 root      root 4096 01-28 08:42 www2
[root@localhost www]#
```

图4-17　创建站点根目录

3．为虚拟主机创建主页文件

将目录切换到虚拟主机“www1.bgl.net”的站点根目录“/var/www/www1”下，用“vi

index.html”命令创建该站点的主页文件；同理，创建虚拟主机“www2.bgl.net”的主页文件，如图4-18所示。

图4-18 创建主页文件

虚拟主机“www1.bgl.net”的主页文件内容如图4-19所示。

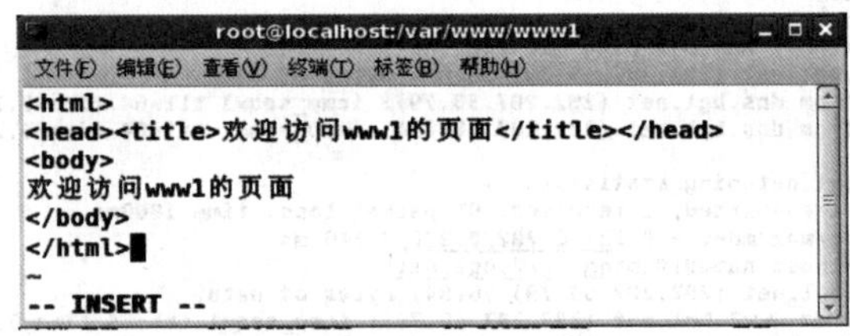

图4-19 “www1.bgl.net”的主页文件

虚拟主机“www2.bgl.net”的主页文件内容如图4-20所示。

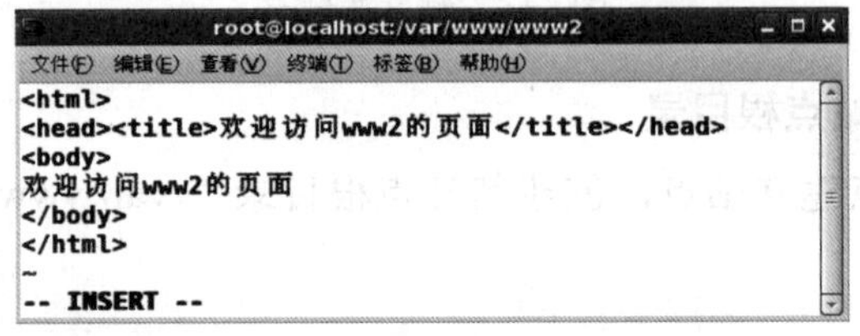

图4-20 “www2.bgl.net”的主页文件

4. 修改Apache服务器的主配置文件“/etc/httpd/conf/httpd.conf”

先将目录切换到Apache服务器的主配置文件所在的目录“/etc/httpd/conf/”，然后用vi编辑器修改配置文件“httpd.conf”，如图4-21所示。

图4-21 用vi编辑器修改Apache服务器的主配置文件

在“httpd.conf”文件的末尾添加如图4-22所示的内容，先用“NameVirtualHost”指令指定虚拟主机的IP地址，然后添加两个“〈VirtualHost〉”容器指令，分别指定两个基于域名的虚拟主机，并设置它们的站点根目录和域名等信息。

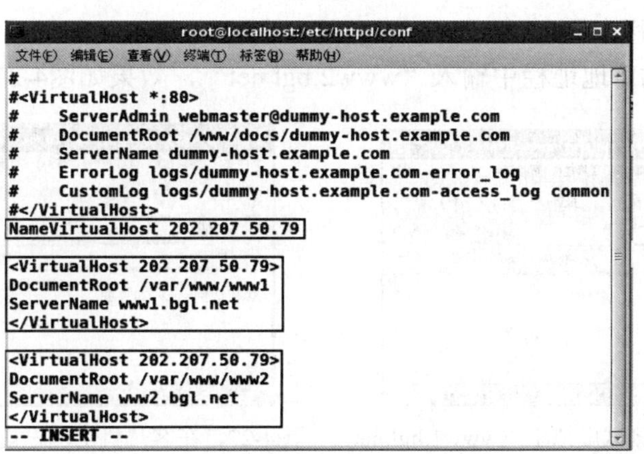

图4-22　Apache服务器的主配置文件

5. 重启Apache服务器

用“service httpd restart”命令重启Apache服务器，使修改生效，如图4-23所示。

图4-23　重启Apache服务器

6. 测试虚拟主机

在本机上测试：打开“Mozilla Firefox”浏览器，然后在地址栏中输入“www1.bgl.net”，显示效果如图4-24所示。

图4-24　在本机测试虚拟主机www1.bgl.net

在地址栏中输入“www2.bgl.net”，显示效果如图4-25所示。

图4-25　在本机测试虚拟主机www2.bgl.net

在客户机上测试：利用宿主机器Windows XP作为客户机进行测试，打开Windows XP

的IE浏览器，在地址栏中输入“www1.bgl.net”，效果如图4-26所示。

在Windows XP的IE地址栏中输入“www2.bgl.net”，效果如图4-27所示。

图4-26　在客户机上测试虚拟主机www1.bgl.net

图4-27　在客户机上测试虚拟主机www2.bgl.net

测试时注意要将宿主机器Windows XP和虚拟机下的Red Hat Enterprise Linux 5的防火墙关闭。

第 5 章　FTP服务器

FTP服务是互联网上的常见服务之一，本章主要介绍FTP服务器的工作原理、工作模式和基本应用，并且重点讲解在Red Hat Enterprise Linux 5 下VsFTP服务器的架构。

5.1　FTP服务器简介

一般来说，用户联网的首要目的就是实现信息共享，文件传输是信息共享非常重要的内容之一。Internet上早期实现传输文件，并不是一件容易的事。我们知道Internet是一个非常复杂的计算机环境，有PC机、工作站、大型机等。这些计算机可能运行在不同的操作系统下，有运行UNIX的服务器，也有运行DOS、Windows的PC机和运行MacOS的苹果机等。而各种操作系统之间的文件交流问题，需要建立一个统一的文件传输协议，这就是所谓的FTP。基于不同的操作系统有不同的FTP应用程序，而所有这些应用程序都遵守同一种协议，这样用户就可以把自己的文件传送给别人，或者从其他的用户环境中获得文件。

5.1.1　FTP简介

FTP即文件传输协议，全称是File Transfer Protocol。顾名思义，它是专门用来传输文件的协议。它支持的FTP功能是网络中最重要，用途最广泛的服务之一。用户可以连接到服务器上下载文件，也可以将自己的文件上传到FTP服务器中。以下载文件为例，当启动FTP服务从远程计算机复制文件时，事实上启动了两个程序：一个本地计算机上的FTP客户程序，它向FTP服务器提出复制文件的请求；另一个是启动在远程计算机上的FTP服务器程序，它响应用户的请求并把指定的文件传送到客户机上。

FTP可将文件从网络上的一台计算机传送到另一台计算机。其突出的优点是可在不同类型的计算机之间传送文件和交换文件，比如在Windows和UNIX、Linux系统上均可传送。它实现了服务器和客户机之间的文件传输和资源再分配，是普遍采用的资源共享方式之一。FTP服务管理简单，且具备双向传输功能。

FTP是TCP/IP的一种具体应用，它工作在OSI模型的第七层，TCP模型的第四层，即应用层。它使用TCP协议传输而不是UDP协议，这样，FTP客户端在和服务器建立连接之前就有一个“三次握手”的过程。它的意义在于客户端与服务器之间的连接是可靠的，而且是面向连接的，为数据的传输提供了可靠的保证。另外，FTP服务还有一个非常重要的特点是：它可以独立于平台。也就是说，在UNIX，Linux，Windows等操作系统中都可以实现FTP的客户端和服务器，相互之间可以跨平台进行文件传送。

5.1.2 FTP工作原理

FTP的工作方式采用客户/服务器模式。客户端和服务器使用TCP进行连接。为建立连接，客户端和服务器都必须各自打开一个TCP端口。FTP服务器预置两个端口：控制端口（端口21）和数据端口（端口20）。控制端口为客户端和服务器之间交换命令和应答提供通信的通道；而数据端口只用来交换数据。其中端口21用来发送和接收FTP的控制消息，一旦建立FTP会话，端口21的连接在整个会话期间就始终保持打开状态；端口20用来发送和接收FTP数据，只有在传输数据时才打开，一旦传输结束就断开。

FTP使用TCP作为传输时的通信协议，因此它可以提供较可靠的面向连接的传输。FTP服务器和客户端计算机数据交换的过程如下：

1）FTP客户端使用Three-Way Handshake与FTP服务器建立TCP交谈。

2）FTP服务器利用TCP 21连接端口发送和接收控制信息，这个连接端口主要是用来倾听FTP客户端的连接请求，在交谈建立后，这个连接端口会在交谈时全程启动。

3）FTP服务器端另外使用TCP 20 连接端口发送和接收FTP文件（ASCII或二进制文件），这个连接端口会在文件传输完立即关闭。

4）FTP客户端在向FTP服务器提出连接请求时会动态指定一个连接端口号码，通常这些客户端指定的连接端口号码是1024～65535，因为0～1023端口（称Well-known Port Number）已由IANA（Internet Assigned Number Authority）预先指定给通信协议或其他的服务使用。

5）当FTP交谈建立后，客户端会启动一个连接端口以连接到服务器上的TCP 21连接端口。

6）当文件开始传输时，客户端会启动另一个连接端口以连接到服务器的TCP 20连接端口，而且每一次文件传输时，客户端都会启动另一个新的连接端口以发送文件。

5.1.3 FTP的两种操作模式

根据FTP数据连接建立方法，可将FTP客户端对服务器的访问分为两种模式：主动模式又称标准模式（Active Mode）和被动模式（Passive Mode）。

一般情况下使用主动模式，由FTP客户端发起到FTP服务器的控制连接，FTP服务器接收到数据请求命令后，再由FTP服务器发起客户端的连接。具体地讲，客户机首先向服务器的端口21（命令通道）发送一个TCP连接请求，然后执行login、dir等各种命令。一旦用户请求服务器发送数据，FTP服务器就用其20端口（数据通道）向客户的数据端口发起连接。主动模式实际上是一种客户端管理，FTP客户端可以在控制连接上给FTP服务器发送port命令，要求服务器使用port命令指定的TCP端口来建立从服务器上TCP端口21到客户端的数据连接。

如果使用被动模式，将由FTP客户端发起控制和数据连接。被动模式一般用Web浏览器连接FTP服务器。另外，从网络安全的角度看，被动模式比主动模式安全。被动模式实际上是一种服务器管理，FTP客户端发出PASV命令后，FTP服务器通过一个用作数据传输（连接）的服务器动态端口进行响应，当客户端发出数据连接命令后，FTP服务器便立即使用动态端口连接客户端。

FTP服务器端或FTP客户端都可设置这两种模式。基于IIS的FTP服务同时支持主动模式和被动模式两种连接，但是究竟采用何种模式，取决于客户端指定的方法。

5.1.4 FTP体系结构

FTP是一种C/S（客户端/服务器）的通信协议，因此在两台主机间传递文件时，其中一台必须运行FTP客户端程序，如IE6.0或FTP指令。而文件传递时有两种形式：

1）下载（Downloading/Getting）：文件由服务器发送到客户端。

2）上传（Uploading/Putting）：文件由客户端发送到服务器。

5.1.5 FTP服务的相关软件及登录形式

1. FTP服务的相关软件

在Linux 下实现FTP服务的软件很多，其中比较有名的有WU-FTPD、ProFTPD、VsFTPD和Pure-FTPD等。VsFTPD是UNIX类操作系统上运行服务器的名字，是Red Hat Enterprise Linux 5内置的FTP服务器，可以运行在Linux、BSD、Solaris以及HP-UX等上面。它具有非常高的安全性需求、带宽限制、良好的可伸缩性、创建虚拟用户的可能性、IPV6支持、中等偏上的性能、分配虚拟IP的可能性等其他FTP服务器不具备的功能。所以有“秀外慧中”的美称。

通常，FTP访问服务器时需要经过验证，只有经过了FTP服务器的相关验证，用户才能进行访问和传输文件等操作。

2. VsFTPD提供了以下3种登录形式

（1）anonymous（匿名账号）

anonymous（匿名账号）是应用得最广泛的一种FTP服务器登录。如果用户在FTP服务器上没有账号，那么用户可以以anonymous为用户名，以自己的电子邮件地址为密码进行登录。当匿名用户登录FTP服务器后，其登录目录为匿名FTP服务器的根目录/var/ftp。为了减轻FTP服务器的负载，一般情况下，应关闭匿名账户的上传功能。

（2）real（真实账户）

real（真实账户）也称为本地账号，就是以真实的用户名和密码进行登录，但前提条件是用户在FTP服务器上拥有自己的账号。用真实账号登录后，其登录的目录为用户自己的目录，该目录在系统建立账号时就已经创建，例如，在Red Hat Linux 9系统中建立一个名称为xxk的用户，那么它的默认目录就是/home/xxk。真实用户可以访问整个目录结构，从而对系统安全构成极大的威胁，所以，应尽量避免用户使用真实账号来访问FTP服务器。

（3）guest（虚拟账号）

如果用户在FTP服务器上拥有一个账号，但此账号只能用于文件传输服务，那么该账号就是guest（虚拟账号）。guest是真实账号的一种形式，它们的不同之处在于guest登录

FTP服务器后，不能访问除宿主目录以外的内容。

5.1.6 常用的匿名FTP

匿名FTP是这样一种机制，用户可通过它连接到远程主机上，并从其下载文件，而无须成为其注册用户。

当远程主机提供匿名FTP服务时，会指定某些目录向公众开放，允许匿名存取。系统中的其余目录则处于隐匿状态。作为一种安全措施，大多数匿名FTP主机都允许用户从其下载文件，而不允许用户向其上传文件。也就是说，用户可将匿名FTP主机上的所有文件复制到自己的机器上，但不能将自己机器上的任何一个文件复制至匿名FTP主机上。即使有些匿名FTP主机确实允许用户上传文件，用户也只能将文件上传至某一指定上传目录中。随后，系统管理员会去检查这些文件，他会将这些文件移至另一个公共下载目录中，供其他用户下载。利用这种方式，远程主机的用户得到了保护，避免了某些人上传有问题的文件，如带病毒的文件。

5.2 安装和配置FTP服务器

FTP服务器利用文件传输协议实现文件的上传与下载服务。Red Hat Enterprise Linux 5自带VsFTPD服务软件包，其名称为vsftp-2.0.5-10.el5.i386.rpm，可在Red Hat Enterprise Linux 5安装光盘中找到安装包。VsFTP（very security FTP）意为非常安全的FTP服务器，vsftpd是VsFTP服务器的一个守护进程，用于具体实现FTP服务器的功能。

5.2.1 安装VsFTPD软件包

1．检查并安装VsFTPD软件包

在终端窗口输入：“rpm -qa | grep vsftpd”命令检查系统是否安装了VsFTPD软件包，如图5-1所示。

图5-1 检查系统是否安装了VsFTPD软件包

从图5-1中可以看出，系统已经安装了版本号为2.0.5-12.el5的VsFTPD软件包。如果没有安装，可以在安装光盘的Server目录下找到vsftpd-2.0.5-12.el5.i386.rpm的安装包文件，然后用命令“rpm -ivh vsftpd-2.0.5-12.el5.i386.rpm”进行安装。

VsFTPD在安装时会自动创建FTP系统用户组ftp和属于该组的FTP系统用户ftp，该用户的主目录为/var/ftp，默认作为FTP服务器的匿名账户。执行命令“vi /etc/passwd”，可以看到ftp账户的基本信息，如图5-2所示。可以看到，ftp账户的用户ID号是14，组ID号是50，宿主目录为“/var/ftp”，登录后的shell为“/sbin/nologin”。

图5-2　检查ftp账户的基本信息

当然，也可以用命令“vi /etc/group”查看ftp组的信息，如图5-3所示。

图5-3　检查ftp组的基本信息

2. 设置VsFTPD服务的自启动

默认情况下，该服务并未启动，可采用以下命令来检查其启动状态：“chkconfig --list vsftpd”，如图5-4所示。

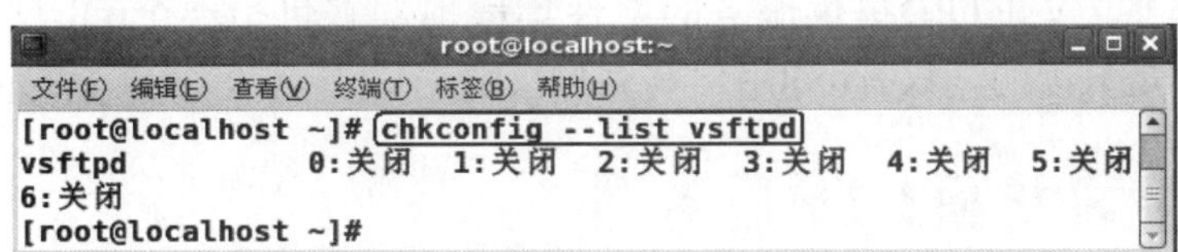

图5-4　查看VsFTPD服务的启动状态

若要设置该服务在3和5运行级别时自动启动，则设置命令为：“chkconfig --level 35 vsftpd on”，如图5-5所示。

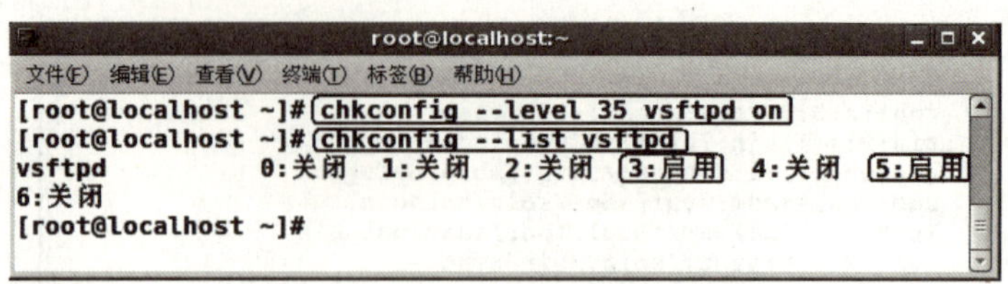

图5-5 设置VsFTPD服务的自启动

3．VsFTPD服务的启动脚本

VsFTPD服务器在/etc/rc.d/init.d目录下，有一个名为vsftpd的服务启动脚本，利用该脚本，可实现vsftpd服务器的启动、重启、状态查询、停止等操作。

1）启动： /etc/rc.d/init.d/vsftpd start或service vsftpd start

2）停止： /etc/rc.d/init.d/vsftpd stop或service vsftpd stop

3）重启： /etc/rc.d/init.d/vsftpd restart或service vsftpd restart

4）查询： /etc/rc.d/init.d/vsftpd status或service vsftpd status

具体操作如图5-6所示。

图5-6 VsFTPD服务的启动与停止

4．VsFTPD配置文件简介

1）/etc/vsftpd/vsftpd.conf。 //VsFTPD的主配置文件。另外还有加强VsFTPD服务器用户认证的/etc/pam.d/vsftpd。

2）/etc/vsftpd.ftpusers。 //禁止访问VsFTPD的用户列表文件。凡是该文件中包含的账户，都不能访问VsFTPD服务。一般出于安全性考虑，常把root、bin和daemon等系统账户都写入该文件中。

3）/etc/vsftpd.user_list。 //VsFTPD的用户列表文件。该文件中包含的用户可能是拒绝访问VsFTPD服务的，也可能是允许访问的，主要取决于VsFTPD的主配置文件/etc/vsftpd/vsftpd.conf中的userlist_deny参数是否设置为“Yes”（默认值）或者“No”。

4）/var/ftp。 //VsFTPD提供服务的文件集散地，它包括一个pub目录。在默认配置下，所有目录都是只读的，只有root用户具有写权限。

5.2.2 连接和访问FTP服务器

1．匿名账户访问FTP服务器

VsFTPD服务器安装并启动服务后，按其默认配置，就可以正常工作了。VsFTPD默认的匿名用户账户为ftp，密码也为ftp，且默认允许匿名用户登录，登录后所在的FTP站点根目录为“/var/ftp”目录。匿名登录操作如图5-7所示。

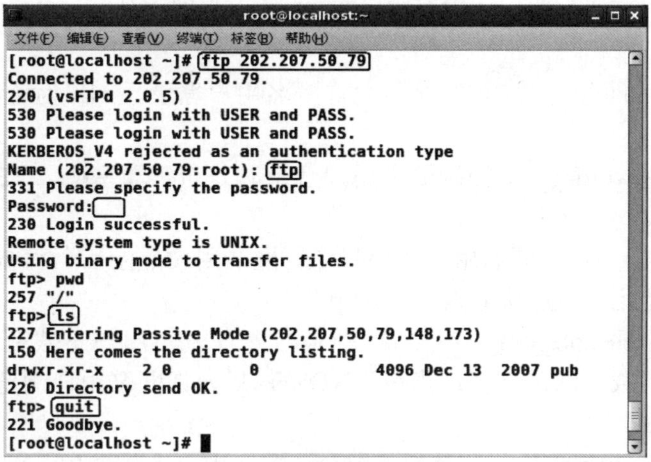

```
root@localhost:~
文件(F) 编辑(E) 查看(V) 终端(T) 标签(B) 帮助(H)
[root@localhost ~]# ftp 202.207.50.79
Connected to 202.207.50.79.
220 (vsFTPd 2.0.5)
530 Please login with USER and PASS.
530 Please login with USER and PASS.
KERBEROS_V4 rejected as an authentication type
Name (202.207.50.79:root): ftp
331 Please specify the password.
Password:
230 Login successful.
Remote system type is UNIX.
Using binary mode to transfer files.
ftp> pwd
257 "/"
ftp> ls
227 Entering Passive Mode (202,207,50,79,148,173)
150 Here comes the directory listing.
drwxr-xr-x    2 0        0            4096 Dec 13  2007 pub
226 Directory send OK.
ftp> quit
221 Goodbye.
[root@localhost ~]#
```

图5-7　匿名登录FTP站点

FTP登录成功后，将出现FTP的命令行提示符ftp>，可以在这里键入FTP命令实现相关的操作，常见的命令如下：

- ls　　　　　　//查看当前目录的文件列表
- pwd　　　　　//查看当前目录
- mkdir　　　　//建立目录
- rm　　　　　　//删除目录
- get或mget　　//下载文件
- put或mput　　//上传文件
- cd或lcd　　　//切换服务器端或本地的目录
- quit或exit　　//退出ftp登录

另外，在ftp>状态下键入?，可获得使用的ftp命令帮助。

需要注意的是，以匿名身份登录后是没有写权限和上传文件的权限的。另外，在进行匿名登录时既可用账户ftp登录也可用anonymous，如图5-8中就是以anonymous身份登录的。

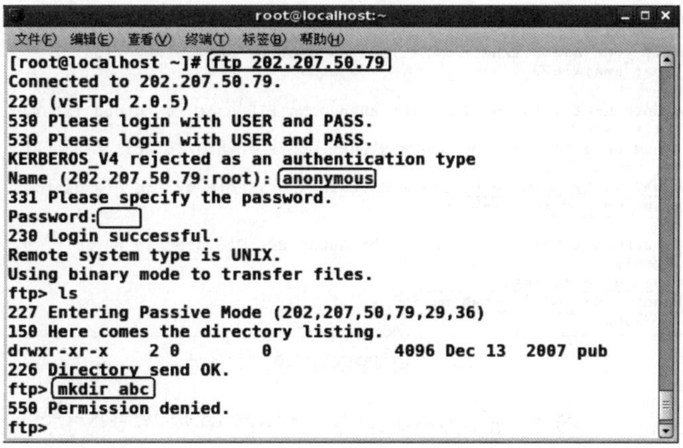

```
root@localhost:~
文件(F) 编辑(E) 查看(V) 终端(T) 标签(B) 帮助(H)
[root@localhost ~]# ftp 202.207.50.79
Connected to 202.207.50.79.
220 (vsFTPd 2.0.5)
530 Please login with USER and PASS.
530 Please login with USER and PASS.
KERBEROS_V4 rejected as an authentication type
Name (202.207.50.79:root): anonymous
331 Please specify the password.
Password:
230 Login successful.
Remote system type is UNIX.
Using binary mode to transfer files.
ftp> ls
227 Entering Passive Mode (202,207,50,79,29,36)
150 Here comes the directory listing.
drwxr-xr-x    2 0        0            4096 Dec 13  2007 pub
226 Directory send OK.
ftp> mkdir abc
550 Permission denied.
ftp>
```

图5-8　匿名anonymous登录FTP站点

注意，如果在本机上验证FTP服务正常，但在其他机器上验证失效，可将FTP服务器的防火墙关闭。

关于匿名账户的高级配置，还需要对VsFTPD的主配置文件/etc/vsftpd/vsftpd.conf 中的相关参数进行设置。

1）anonymous_enable　　//控制是否允许匿名用户登录。YES为允许，NO为不允许，默认值为YES。

2）no_anno_password　　//控制匿名用户登录时是否需要密码。YES为不需要，NO为需要，默认值为NO。

3）anon_root　　//设置匿名用户的根目录。匿名用户登录后，将被锁定到此目录下。主配置文件中默认无此项，默认值为“/var/ftp”。

4）anon_world_readable_only　　//控制是否允许匿名用户下载可阅读文档。当值为YES时，允许用户下载可阅读文档；当值为NO时，只允许匿名用户浏览整个服务器的文件系统。默认值为YES。

5）anon_upload_enable　　//控制是否允许匿名用户上传文件。YES为允许，NO为不允许，默认值为NO。除了这个参数外，还需要两个条件，即write_enable参数为YES，以及在文件系统上，FTP匿名用户对某个目录有写权限。

6）anon_mkdir_write_enable　　//控制是否允许匿名用户创建新目录。YES为允许，NO为不允许，默认值为NO。在文件系统上，FTP匿名用户必须对新目录的上层目录拥有写权限。

7）anon_other_write_enable　　//控制匿名用户是否拥有除了上传和新建目录之外的其他权限，如删除、更名等。YES为拥有，NO为不拥有，默认值为NO。

下面用vi编辑器打开VsFTPD的主配置文件“/etc/vsftpd/vsftpd.conf”来具体查看一下与匿名用户相关的几个重要参数，如图5-9所示。

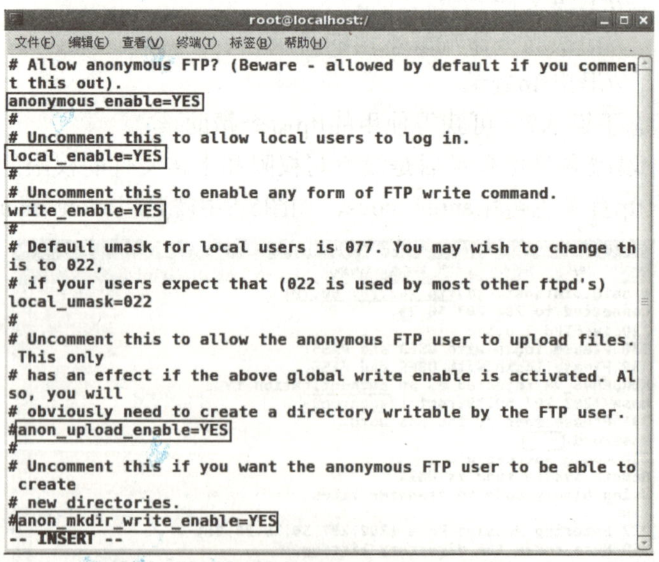

```
# Allow anonymous FTP? (Beware - allowed by default if you commen
t this out).
anonymous_enable=YES
#
# Uncomment this to allow local users to log in.
local_enable=YES
#
# Uncomment this to enable any form of FTP write command.
write_enable=YES
#
# Default umask for local users is 077. You may wish to change th
is to 022,
# if your users expect that (022 is used by most other ftpd's)
local_umask=022
#
# Uncomment this to allow the anonymous FTP user to upload files.
 This only
# has an effect if the above global write enable is activated. Al
so, you will
# obviously need to create a directory writable by the FTP user.
#anon_upload_enable=YES
#
# Uncomment this if you want the anonymous FTP user to be able to
 create
# new directories.
#anon_mkdir_write_enable=YES
-- INSERT --
```

图5-9　VsFTPD的主配置文件

在图5-9中可以看到，参数anonymous_enable的值设置为YES，即允许匿名用户访问。参数local_enable用来设置是否允许本地用户访问FTP服务器，默认值为YES，表示允许本地账户登录访问。参数write_enable是设置是否允许向FTP服务器进行各种写入操作，默认值为YES，表示允许。参数anon_upload_enable的值设置为YES，即允许匿名用户上传文件，但这里被注释掉了，并未生效。参数anon_mkdir_write_enable的值设置为YES，允许匿名用户创建新目录，此参数的默认值也被“#”号注释了。

2. 指定账户访问FTP服务器

对于有较高安全性的FTP服务器一般不允许匿名访问，更常见的方式是使用本地账户来登录和访问FTP服务器。所以，在使用和访问FTP服务器之前，应根据需要，先创建好所需的FTP账户。另外，作为FTP登录使用的账户，其Shell应设置为“/sbin/nologin”，以使用户账户只能用来登录FTP，而不能用来登录Linux系统。

补充：Shell是用户登录后所使用的一个命令行界面。输入的命令由Shell进行解释，并发送给Linux内核，由内核进行具体操作。Linux系统自带有许多种Shell，系统默认使用的是/bin/bash。若在配置文件中，该字段的值为空，则默认使用“/bin/sh”的Shell。查看/etc/目录下的shells文件，可以看到系统使用的全部Shell列表，如图5-10所示。

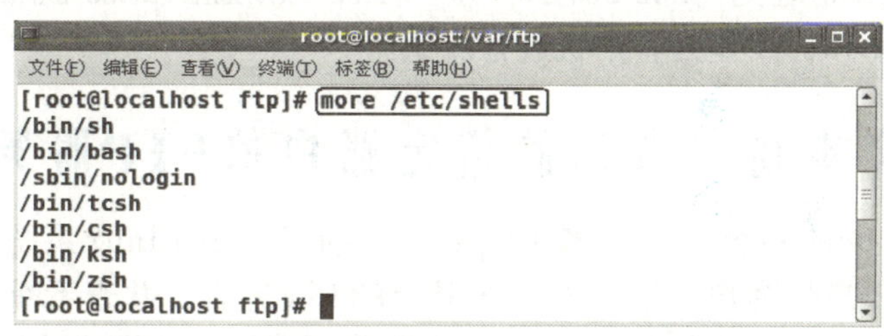

图5-10 默认的shells文件

可以根据不同的需要，将不同账户的Shell设置成不同的值，典型的设置如下：

1）若要使某个用户账户不能登录Linux，只需设置该用户所使用的Shell为/sbin/nologin即可，比如对于FTP账户，一般只能用来登录FTP服务器，而不能用来登录Linux操作系统。

2）若要让某用户没有telnet权限，则应设置该用户使用的Shell为/bin/true即可。

3）若要让某用户没有telnet和ftp登录权限，则应设置该用户使用的Shell为/bin/false。

在“/etc/shells”文件中，若没有“/bin/true”或“/bin/false”，则可以使用vi编辑器将其添加进去，如图5-11所示。

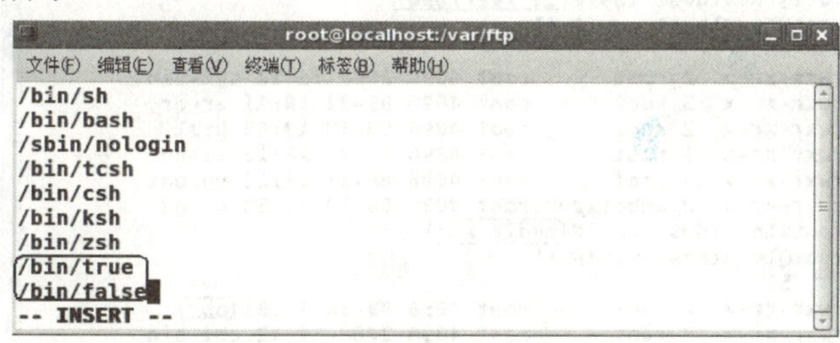

图5-11 修改后的shells文件

利用不同账户登录FTP服务器后，其FTP站点根目录不同这一特点，可将用户Web站点根目录与该用户的FTP站点根目录设置为相同。这样用户就可以利用FTP远程管理Web站点下的目录和文件，以实现对Web服务器的远程管理。

若要求各FTP用户登录后，其站点根目录均为同一个目录，比如，用于提供软件下载的FTP站点，此时可将各用户的主目录都设置为FTP站点的根目录即可。

3．登录和访问FTP服务器的方式

FTP服务器启动并创建好FTP账户后，登录和访问FTP服务器有两种方法：

1）在Linux的文本模式或Windows平台的MS-DOS方式下，利用“ftp服务器IP地址命令”，以文本方式通过ftp命令来连接和访问FTP服务器。

2）在浏览器中，利用ftp协议来访问FTP服务器，访问格式为：ftp：//用户名：用户密码@网站域名或ftp：//用户名@网站域名。

5.3 FTP服务器配置实例

宿主机器Windows XP的IP地址为：202.207.50.77；虚拟机VMware下的Red Hat Enterprise Linux 5的IP地址为：202.207.50.79。将Red Hat Enterprise Linux 5架设为FTP服务器，以宿主机器Windows XP作为客户机进行测试。

5.3.1 基于文本访问方式的指定账户的FTP服务器的配置

创建一个名为abc的系统用户，属于ftp组，不允许登录Linux系统，其主目录为/var/www/abc。利用该账户从客户机以文本方式登录FTP服务器，并查看登录目录及当前目录下的文件列表，接着新建一个名为downloads的目录，并将本地新建的123.txt文件（内容随意）上传到downloads目录中，并查看上传结果。分别从Windows和Linux客户端通过文本方式访问FTP服务器，并下载downloads目录下的123.txt文件到Windows的“E：\”以及Linux的“/”目录下。

1．创建用户和用户组

由于ftp组是已存在的组，因此不再需要创建，下面直接创建用户账户。创建账户abc之前，先要创建其宿主目录“/var/www/abc”，如图5-12所示。

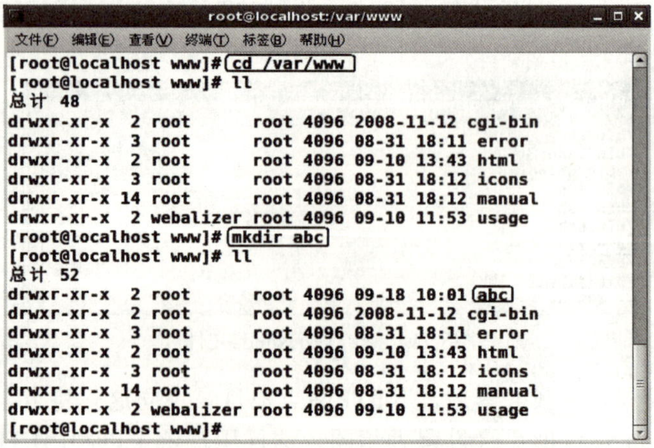

```
root@localhost:/var/www
文件(F) 编辑(E) 查看(V) 终端(T) 标签(B) 帮助(H)
[root@localhost www]# cd /var/www
[root@localhost www]# ll
总计 48
drwxr-xr-x  2 root      root 4096 2008-11-12 cgi-bin
drwxr-xr-x  3 root      root 4096 08-31 18:11 error
drwxr-xr-x  2 root      root 4096 09-10 13:43 html
drwxr-xr-x  3 root      root 4096 08-31 18:12 icons
drwxr-xr-x 14 root      root 4096 08-31 18:12 manual
drwxr-xr-x  2 webalizer root 4096 09-10 11:53 usage
[root@localhost www]# mkdir abc
[root@localhost www]# ll
总计 52
drwxr-xr-x  2 root      root 4096 09-18 10:01 abc
drwxr-xr-x  2 root      root 4096 2008-11-12 cgi-bin
drwxr-xr-x  3 root      root 4096 08-31 18:11 error
drwxr-xr-x  2 root      root 4096 09-10 13:43 html
drwxr-xr-x  3 root      root 4096 08-31 18:12 icons
drwxr-xr-x 14 root      root 4096 08-31 18:12 manual
drwxr-xr-x  2 webalizer root 4096 09-10 11:53 usage
[root@localhost www]#
```

图5-12　创建账户abc的宿主目录

接下来使用“useradd”命令创建指定账户abc，如图5-13所示。

“useradd”命令中的参数说明：

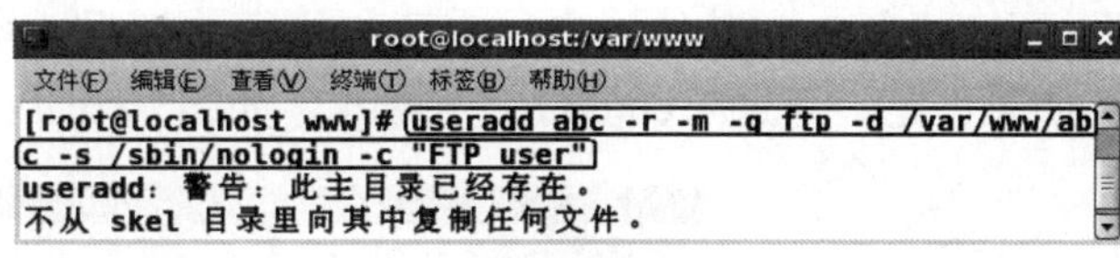

图5-13 创建账户

- -r为创建的用户ID<500。
- -m如果主目录不存在，为账户创建主目录。
- -g 用来指定组。
- -d 为创建指定目录取代/home/username。
- -s 为指定用户登录时使用的Shell。
- -c 为注释。

下面来为该用户设置密码，并查看账户记录，如图5-14所示。

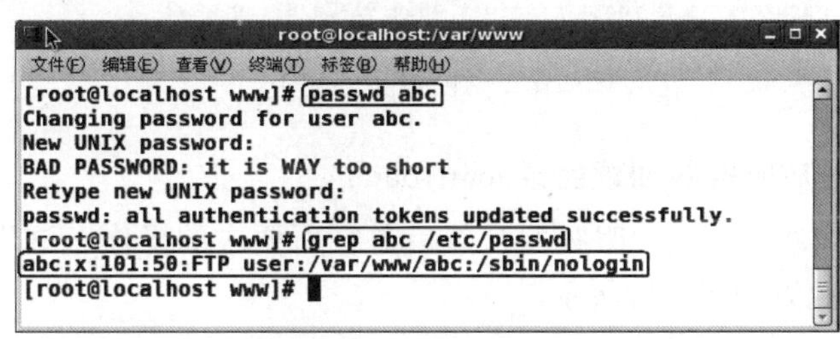

图5-14 设置账户密码

2．设置用户主目录的所有者，所属的组和权限

可以使用chown命令来使某个目录隶属于某个用户，用chgrp命令使某个目录隶属于某个组。

格式为：chown所属用户名 目录名

chgrp所属组名 目录名

当然，也可以用“chown 所有者。所有组目录名”来一次性地修改目录的所有者和所有组。在图5-15所示的例子中，用命令“chown abc.ftp /var/www/abc”将目录“/var/www/abc”的所有者和所有组从原来的root用户和root组修改为了abc用户和ftp组。

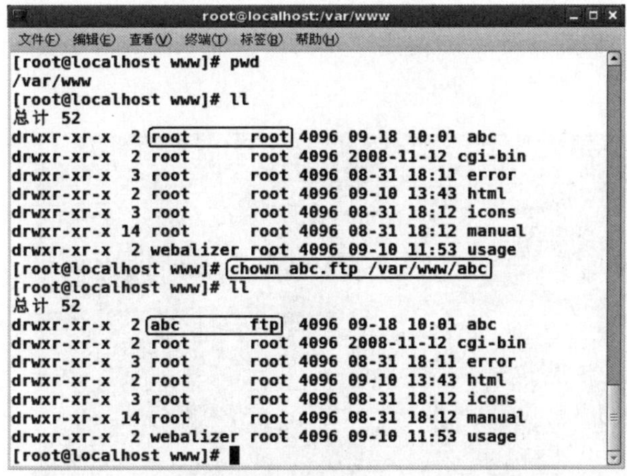

图5-15 修改目录的所有者和所有组

在这里，还要设置一下宿主目录的权限。即只允许本用户对其宿主目录具有最高权限

（读、写、执行），其他用户只有读和执行的权限。所以目录“/var/www/abc”的权限码为755，如果不是，可通过chmod命令修改，如图5-16所示。

```
root@localhost:/var/www
文件(F) 编辑(E) 查看(V) 终端(T) 标签(B) 帮助(H)
[root@localhost www]# pwd
/var/www
[root@localhost www]# chmod 755 /var/www/abc
[root@localhost www]# ll
总计 40
drwxr-xr-x 2 abc       ftp  4096 09-18 10:01 abc
drwxr-xr-x 2 root      root 4096 2008-11-12 cgi-bin
drwxr-xr-x 3 root      root 4096 01-28 08:13 error
drwxr-xr-x 2 root      root 4096 01-28 08:20 html
drwxr-xr-x 3 root      root 4096 01-28 08:13 icons
drwxr-xr-x 2 webalizer root 4096 01-28 08:12 usage
drwxr-xr-x 2 root      root 4096 01-28 08:50 www1
drwxr-xr-x 2 root      root 4096 01-28 08:50 www2
[root@localhost www]#
```

图5-16　修改目录的权限

3. 从客户机登录FTP服务器创建目录downloads

使用ftp命令从客户机登录FTP服务器，然后进行所要求的操作。这里以宿主机Windows XP作为客户机登录，效果如图5-17所示。

```
C:\WINDOWS\system32\cmd.exe - ftp 202.207.50.79

C:\Documents and Settings\bgl>ftp 202.207.50.79
Connected to 202.207.50.79.
220 (vsFTPd 2.0.5)
User (202.207.50.79:(none)): abc
331 Please specify the password.
Password:
230 Login successful.
ftp> pwd
257 "/var/www/abc"
ftp> ls
200 PORT command successful. Consider using PASV.
150 Here comes the directory listing.
226 Directory send OK.
ftp> _
```

图5-17　通过指定账户登录FTP服务器

从客户端登录到FTP服务器后，使用“mkdir”命令创建子目录downloads，如图5-18所示。

```
C:\WINDOWS\system32\cmd.exe - ftp 202.207.50.79
230 Login successful.
ftp> pwd
257 "/var/www/abc"
ftp> ls
200 PORT command successful. Consider using PASV.
150 Here comes the directory listing.
226 Directory send OK.
ftp> mkdir downloads
257 "/var/www/abc/downloads" created
ftp> ls
200 PORT command successful. Consider using PASV.
150 Here comes the directory listing.
downloads
226 Directory send OK.
ftp: 收到 11 字节，用时 0.00Seconds 11000.00Kbytes/sec
ftp> _
```

图5-18　创建子目录downloads

4. 从客户机登录FTP服务器上传文件

下面就要用put命令进行文件的上传了。这里要特别注意，如果源文件的路径有误，或是目标路径不存在，都会导致上传文件失败，所以最简单的办法就是在登录到FTP服务器进行文件上传之前，先将目录定位到欲上传文件所在的目录下，然后再登录FTP服务器，之后将目录定位到上传目标路径下，最后再用“put 上传文件名”的方式完成上传工作。

首先在本地的某个目录（如E：\aaa）下建立123.txt文件，如图5-19所示。

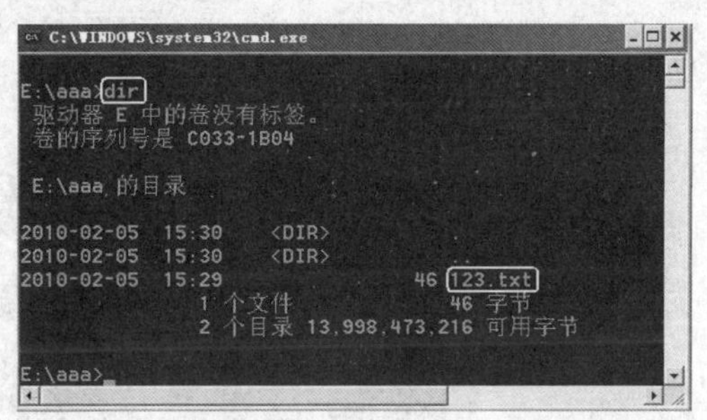

```
C:\WINDOWS\system32\cmd.exe

E:\aaa>dir
 驱动器 E 中的卷没有标签。
 卷的序列号是 C033-1B04

 E:\aaa 的目录

2010-02-05  15:30    <DIR>          .
2010-02-05  15:30    <DIR>          ..
2010-02-05  15:29                46 123.txt
               1 个文件             46 字节
               2 个目录 13,998,473,216 可用字节

E:\aaa>
```

图5-19　创建文件123.txt

然后通过账户abc登录到FTP服务器上，用“cd”命令切换到目标位置（/var/www/abc/downloads），最后用“put”命令进行文件上传，效果如图5-20所示。

```
C:\WINDOWS\system32\cmd.exe - ftp 202.207.50.79
E:\aaa>ftp 202.207.50.79
Connected to 202.207.50.79.
220 (vsFTPd 2.0.5)
User (202.207.50.79:(none)): abc
331 Please specify the password.
Password:
230 Login successful.
ftp> ls
200 PORT command successful. Consider using PASV.
150 Here comes the directory listing.
downloads
226 Directory send OK.
ftp: 收到 11 字节，用时 0.00Seconds 11000.00Kbytes/sec.
ftp> cd downloads
250 Directory successfully changed.
ftp> pwd
257 "/var/www/abc/downloads"
ftp> put 123.txt
200 PORT command successful. Consider using PASV.
150 Ok to send data.
226 File receive OK.
ftp: 发送 46 字节，用时 0.00Seconds 46000.00Kbytes/sec.
ftp> ls
200 PORT command successful. Consider using PASV.
150 Here comes the directory listing.
123.txt
226 Directory send OK.
ftp: 收到 9 字节，用时 0.00Seconds 9000.00Kbytes/sec.
ftp>
```

图5-20　上传文件

put用于传输单个文件，mput用于一次传输多个文件，支持“*”和“?”通配符。

5. 从Windows客户机登录FTP服务器下载文件

要将FTP服务器发布的文件下载到客户端的指定目录中，最简单且不容易出错的方式就是在登录FTP服务器之前，先将目录定位在目标位置（即要下载的目标目录），然后再登录FTP服务器，用get命令进行文件的下载。get用于下载单个文件，mget用于一次下载多个文件。

格式为：get远程文件名本地文件名

图5-21是通过Windows客户端登录FTP服务器下载指定文件123.txt的效果图。可以看到，在登录FTP服务器之前，已将目录定位到了下载的目标目录，即“E：\”，然后再登录FTP服务器下载目标文件123.txt。

图5-21　通过Windows客户端下载文件

图5-22是通过Linux客户端登录FTP服务器下载指定文件123.txt的效果图。可以看到，在登录FTP服务器之前，已将目录定位到了下载的目标目录，即“/”，然后再登录FTP服务器下载目标文件123.txt。

```
[root@localhost /]# ftp 202.207.50.79
Connected to 202.207.50.79.
220 (vsFTPd 2.0.5)
530 Please login with USER and PASS.
530 Please login with USER and PASS.
KERBEROS_V4 rejected as an authentication type
Name (202.207.50.79:root): abc
331 Please specify the password.
Password:
230 Login successful.
Remote system type is UNIX.
Using binary mode to transfer files.
ftp> pwd
257 "/var/www/abc"
ftp> ls
227 Entering Passive Mode (202,207,50,79,34,194)
150 Here comes the directory listing.
drwxr-xr-x    2 101      50           4096 Feb 05 04:02 downloads
226 Directory send OK.
ftp> cd downloads
250 Directory successfully changed.
ftp> ls
227 Entering Passive Mode (202,207,50,79,41,64)
150 Here comes the directory listing.
-rw-r--r--    1 101      50             46 Feb 05 04:02 123.txt
226 Directory send OK.
ftp> get 123.txt
local: 123.txt remote: 123.txt
227 Entering Passive Mode (202,207,50,79,194,102)
150 Opening BINARY mode data connection for 123.txt (46 bytes).
226 File send OK.
```

图5-22　通过Linux客户端下载文件

5.3.2 基于图形访问方式的指定账户的FTP服务器的配置

在5.3.1的基础上，给FTP服务器（202.207.50.79）注册域名ftp.bgl.net；然后在FTP服务器的发布目录（/var/www/abc）中创建一个文本文件qqq.txt，内容随意；分别从Windows和Linux客户端通过浏览器访问FTP服务器，并下载文件qqq.txt；然后再将本地的某个文件上传到服务器的downloads目录中。

1. 配置DNS服务器

首先配置DNS服务器，为IP地址202.207.50.79注册域名ftp.bgl.net，可参考“第3章　DNS服务器”。

图5-23是在Windows客户端测试域名ftp.bgl.net是否畅通。

```
C:\WINDOWS\system32\cmd.exe
E:\>ping ftp.bgl.net

Pinging ftp.bgl.net [202.207.50.79] with 32 bytes of data:

Reply from 202.207.50.79: bytes=32 time<1ms TTL=64
Reply from 202.207.50.79: bytes=32 time<1ms TTL=64

Ping statistics for 202.207.50.79:
    Packets: Sent = 2, Received = 2, Lost = 0 (0% loss),
Approximate round trip times in milli-seconds:
    Minimum = 0ms, Maximum = 0ms, Average = 0ms
Control-C
^C
E:\>
```

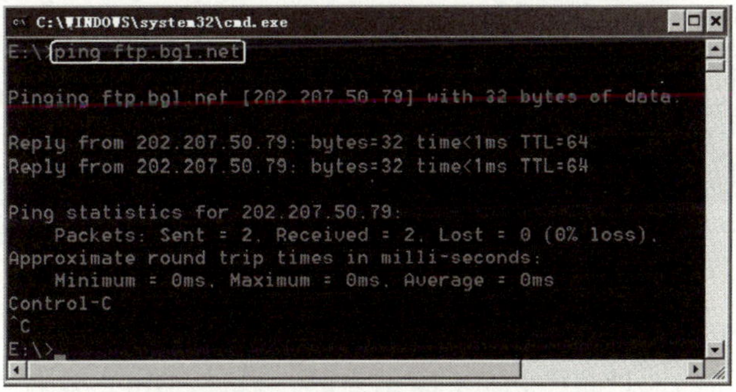

图5-23　在Windows客户端测试域名

图5-24是在Linux客户端测试域名ftp.bgl.net是否畅通。

```
root@localhost:~
文件(F) 编辑(E) 查看(V) 终端(T) 标签(B) 帮助(H)
[root@localhost ~]# ping ftp.bgl.net
PING ftp.bgl.net (202.207.50.79) 56(84) bytes of data.
64 bytes from www2.bgl.net (202.207.50.79): icmp_seq=1 ttl=64 time=0.929 ms
64 bytes from www2.bgl.net (202.207.50.79): icmp_seq=2 ttl=64 time=0.291 ms

--- ftp.bgl.net ping statistics ---
2 packets transmitted, 2 received, 0% packet loss, time 1000ms
rtt min/avg/max/mdev = 0.291/0.610/0.929/0.319 ms
[root@localhost ~]#
```

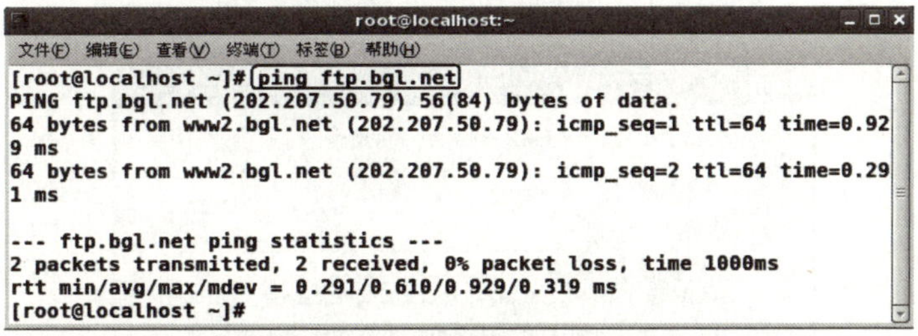

图5-24　在Linux客户端测试域名

2. 在FTP服务器端建立发布文件qqq.txt

在FTP服务器的发布目录/var/www/abc下建立文本文件qqq.txt，效果如图5-25所示。

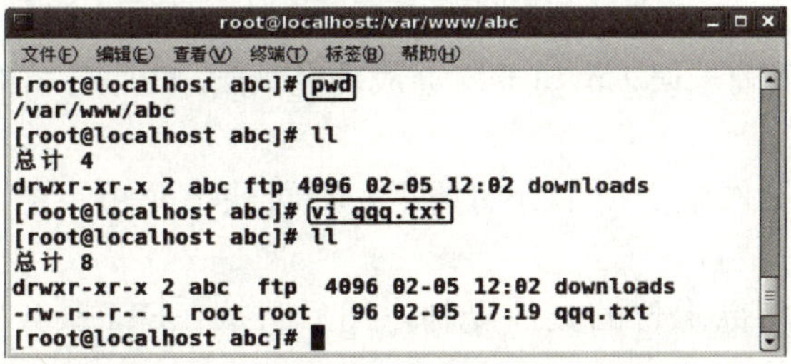

```
root@localhost:/var/www/abc
文件(F) 编辑(E) 查看(V) 终端(T) 标签(B) 帮助(H)
[root@localhost abc]# pwd
/var/www/abc
[root@localhost abc]# ll
总计 4
drwxr-xr-x 2 abc ftp 4096 02-05 12:02 downloads
[root@localhost abc]# vi qqq.txt
[root@localhost abc]# ll
总计 8
drwxr-xr-x 2 abc  ftp  4096 02-05 12:02 downloads
-rw-r--r-- 1 root root   96 02-05 17:19 qqq.txt
[root@localhost abc]#
```

图5-25　在发布目录下建立文件qqq.txt

3. 在Windows客户端通过浏览器登录FTP服务器测试

在Windows客户端打开IE浏览器，在地址栏中输入“ftp：//ftp.bgl.net”，然后回车，这时会发现FTP站点并未提示输入账户名和密码，而直接登录成功，如图5-26所示。这是因为匿名用户默认情况下是开启状态，所以如果直接登录，则认为是匿名登录，这样一来，只能登录到匿名用户的宿主目录，即/var/ftp下，而无法下载账户abc宿主目录/var/www/abc下的qqq.txt。

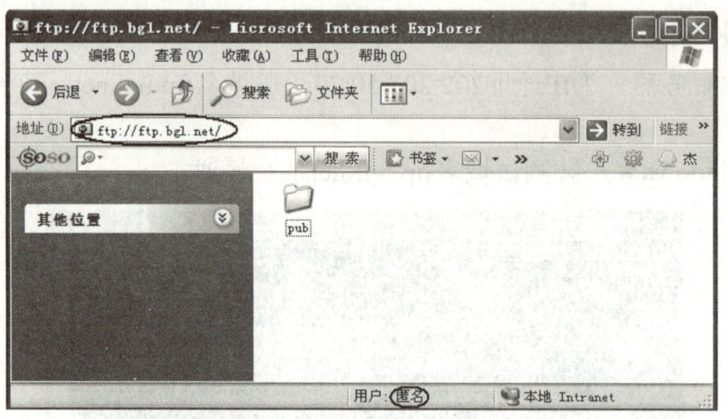

图5-26　匿名登录

上述问题解决方法有两种：

方法一： 在浏览器的地址栏中访问FTP站点时，通过“ftp：//用户名：用户密码@网站域名 或 ftp：//用户名@网站域名”的方式。

在IE浏览器的地址栏中输入“ftp：//abc@ftp.bgl.net”，系统会弹出如图5-27所示的登录对话框，输入账户名abc及其密码abc，然后单击“登录”按钮。

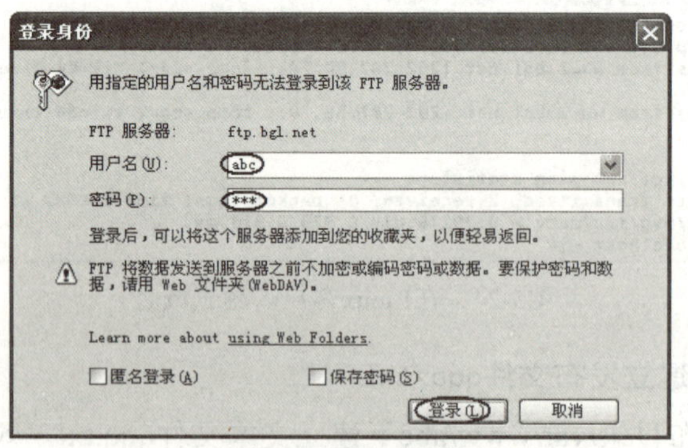

图5-27　通过指定账户登录FTP服务器

如果账户名和密码正确无误，浏览器就会成功登录到FTP服务器的指定目录/var/www/abc中，如图5-28所示。

下载文件qqq.txt的操作就变得十分简单了。通过快捷菜单下的复制、粘贴，可将文件qqq.txt粘贴到客户机任意位置。

上传文件只需要先将欲上传的文件复制，然后直接在FTP服务器窗口粘贴即可，如图5-29所示。

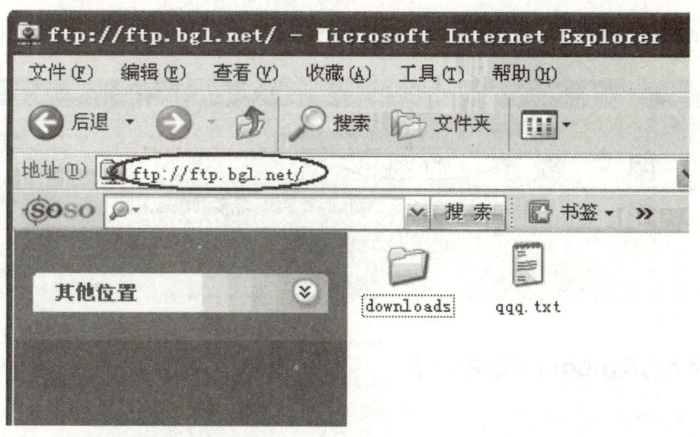

图5-28　在Windows客户端成功登录FTP服务器

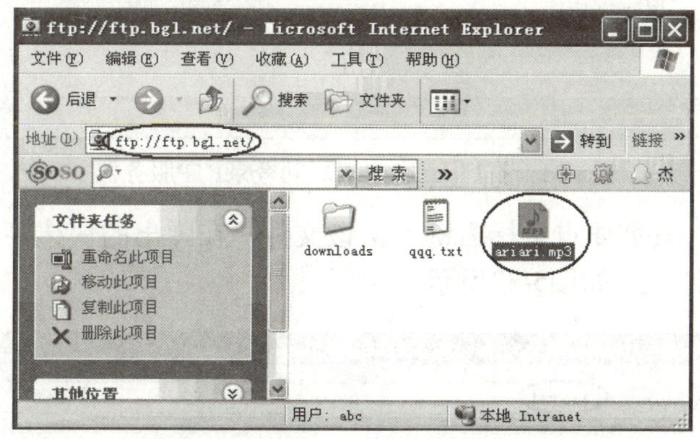

图5-29　在Windows客户端上传文件

方法二：禁用匿名账户，这在前面的章节中介绍过，只需要修改FTP服务器的主配置文件/etc/vsftpd/vsftpd.conf 中的anonymous_enable参数即可，将其由默认的YES（允许匿名账户登录）改为NO（不允许）。然后用“service vsftpd restart”命令重启FTP服务器。

这时，再登录FTP服务器，如果不输入账户名和密码，是无法登录成功的。只能通过合法的账户名方可登录。

4. 在Linux客户端通过浏览器登录FTP服务器测试

在Linux客户端浏览器的地址栏中输入“ftp：//ftp.bgl.net”，由于前面已经禁用了匿名账户，所以这里会自动弹出如图5-30所示的登录界面。

图5-30　在Linux客户端登录FTP服务器

当正确输入账户名和密码后，会显示如图5-31所示的登录成功界面。

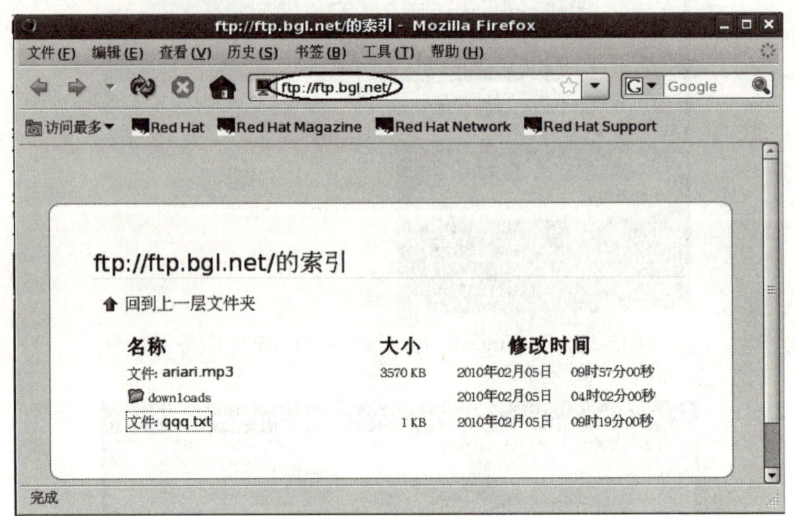

图5-31 在Linux客户端成功登录FTP服务器

下载文件qqq.txt，只需要点鼠标右键单击该文件，在弹出的快捷菜单中选择“链接另存为”就可以下载该文件了，如图5-32所示。

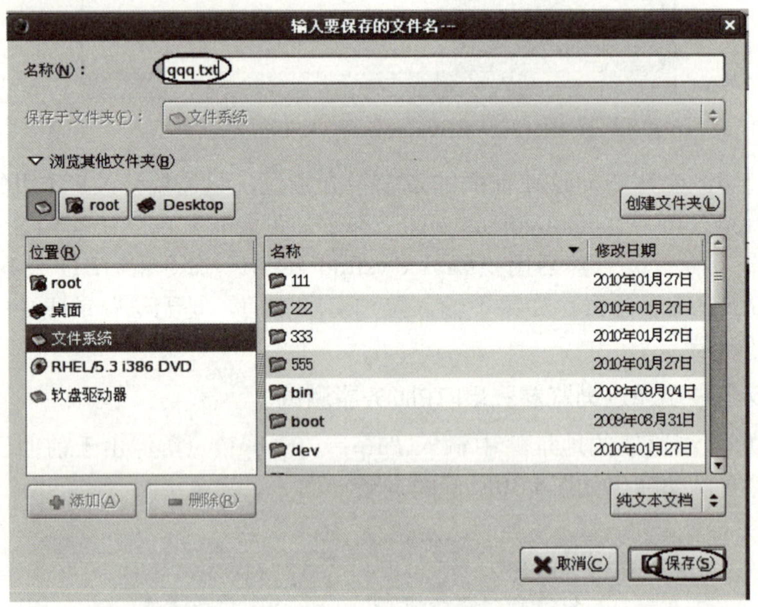

图5-32 在Linux客户端下载文件

如果想上传文件，在Linux客户端的浏览器中还无法实现，当然，可以利用FTP客户端软件来进行。

5.3.3 通过指定账户访问FTP服务器存在的安全隐患问题

细心的读者会发现，在通过命令行方式访问FTP服务器时，可以通过“cd”命令切换目录；在浏览器访问时由于提供了“向上一层”按钮，所以也存在相同的问题。这样就会给FTP服务器造成很大的安全隐患。比如，本来限定某账户只能对其宿主目录下的内容进行操作，但这时，如果登录账户可以随意切换目录的话，则可能对系统其他目录下的文件也进行相同权限的操作了，后果不堪设想。图5-33为切换目录的效果。

```
C:\WINDOWS\system32\cmd.exe - ftp ftp.bgl.net
E:\>ftp ftp.bgl.net
Connected to ftp.bgl.net.
220 (vsFTPd 2.0.5)
User (ftp.bgl.net:(none)): abc
331 Please specify the password.
Password:
230 Login successful.
ftp> pwd
257 "/var/www/abc"
ftp> cd /
250 Directory successfully changed.
ftp> pwd
257 "/"
ftp> dir
200 PORT command successful. Consider using PASV.
150 Here comes the directory listing.
drwxr-xr-x    3 0        0            4096 Jan 27 13:46 111
-rw-r--r--    1 0        0              46 Feb 05 09:11 123.txt
drwxr-xr-x    2 0        0            4096 Jan 27 14:48 222
drwxr-xr-x    3 0        0            4096 Jan 27 14:43 333
drwxr-xr-x    3 0        0            4096 Jan 27 14:49 555
-rw-r--r--    1 0        0          256000 Jan 27 13:35 bgl.tar
-rw-r--r--    1 0        0          224187 Jan 27 13:44 bgl.tar.bz2
-rw-r--r--    1 0        0          217630 Jan 27 13:42 bgl.tar.gz
drwxr-xr-x    2 0        0            4096 Sep 04 04:37 bin
drwxr-xr-x    4 0        0            1024 Aug 31 10:07 boot
drwxr-xr-x   12 0        0            3940 Jan 27 03:43 dev
```

图5-33　FTP服务器存在的目录安全漏洞

上述问题的解决方法如下：

只需要修改FTP服务器的主配置文件/etc/vsftpd/vsftpd.conf 中的相关参数即可。

在FTP服务器的主配置文件/etc/vsftpd/vsftpd.conf中，与本地账户相关的参数包括：

- local_enable　//控制是否允许本地用户登录。YES为允许，NO为不允许，默认值为YES。注意：下面的参数仅在local_enable的值为YES的前提下才能生效。
- chroot_local_user　//控制本地用户是否锁定在其宿主目录下。YES为是，NO为不是，即可以切换到宿主目录以外的目录中，默认值为NO。
- chroot_list_enable　//当设置为YES时，表示本地用户也有例外，可以切换到宿主目录之外。
- chroot_list_file　//可以切换到宿主目录之外的用户包含在其指定的文件中（默认文件是/etc/vsftpd/chroot_list）。

用vi编辑器修改FTP服务器的主配置文件/etc/vsftpd/vsftpd.conf，设置chroot_local_user参数的值为YES，如图5-34所示。

存盘退出后，用“service”命令重新启动FTP服务器，如图5-35所示。

再次通过客户端测试目录安全性。从图5-36中可以看到，当再使用“cd/”命令切换出其宿主路径时，没有起到任何效果，目录始终定位在该账户的宿主目录内。当然，如果在宿主目录下的子目录中切换，这是允许的。

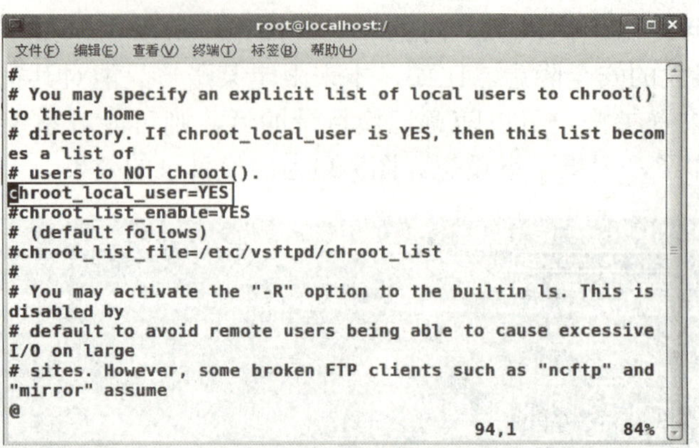

图5-34 修改FTP服务器的主配置文件

```
root@localhost:~
文件(F) 编辑(E) 查看(V) 终端(T) 标签(B) 帮助(H)
[root@localhost ~]# service vsftpd restart
关闭 vsftpd:                                   [确定]
为 vsftpd 启动 vsftpd:                         [确定]
[root@localhost ~]#
```

图5-35 重启FTP服务器

```
C:\WINDOWS\system32\cmd.exe - ftp 202.207.50.79
E:\>ftp 202.207.50.79
Connected to 202.207.50.79.
220 (vsFTPd 2.0.5)
User (202.207.50.79:(none)): abc
331 Please specify the password.
Password:
230 Login successful.
ftp> pwd
257 "/"
ftp> dir
200 PORT command successful. Consider using PASV.
150 Here comes the directory listing.
-rw-r--r--    1 101      50        3655557 Feb 05 09:57 ariari.mp3
drwxr-xr-x    2 101      50           4096 Feb 05 04:02 downloads
-rw-r--r--    1 0        0              96 Feb 05 09:19 qqq.txt
226 Directory send OK.
ftp: 收到 200 字节，用时 0.00Seconds 200000.00Kbytes/sec.
ftp> cd /
250 Directory successfully changed.
ftp> pwd
257 "/"
ftp> dir
200 PORT command successful. Consider using PASV.
150 Here comes the directory listing.
-rw-r--r--    1 101      50        3655557 Feb 05 09:57 ariari.mp3
drwxr-xr-x    2 101      50           4096 Feb 05 04:02 downloads
-rw-r--r--    1 0        0              96 Feb 05 09:19 qqq.txt
226 Directory send OK.
ftp: 收到 200 字节，用时 0.00Seconds 200000.00Kbytes/sec.
ftp>
```

图5-36 目录安全性测试

下面再来测试一下参数chroot_list_enable的效果。当把参数chroot_list_enable设置为YES时，表示本地用户也有例外，可以切换到宿主目录之外，但需要在用户列表文件chroot_list_file（默认文件是/etc/vsftpd/chroot_list）中指定哪些账户有效。

首先编辑FTP服务器的主配置文件/etc/vsftpd/vsftpd.conf，将chroot_list_enable的值设置为YES，如图5-37所示。

存盘退出后，用vi编辑器打开用户列表文件/etc/vsftpd/chroot_list，在其中加入允许的账户名，这里为abc，如图5-38所示。

```
root@localhost:~
文件(F) 编辑(E) 查看(V) 终端(T) 标签(B) 帮助(H)
# directory. If chroot_local_user is YES, then this list becomes
a list of
# users to NOT chroot().
chroot_local_user=YES
chroot_list_enable=YES
# (default follows)
chroot_list_file=/etc/vsftpd/chroot_list
#
# You may activate the "-R" option to the builtin ls. This is dis
abled by
# default to avoid remote users being able to cause excessive I/O
 on large
# sites. However, some broken FTP clients such as "ncftp" and "mi
rror" assume
# the presence of the "-R" option, so there is a strong case for
enabling it.
#ls_recurse_enable=YES
#
# When "listen" directive is enabled, vsftpd runs in standalone m
ode and
-- INSERT --
```

图5-37　主配置文件/etc/vsftpd/vsftpd.conf

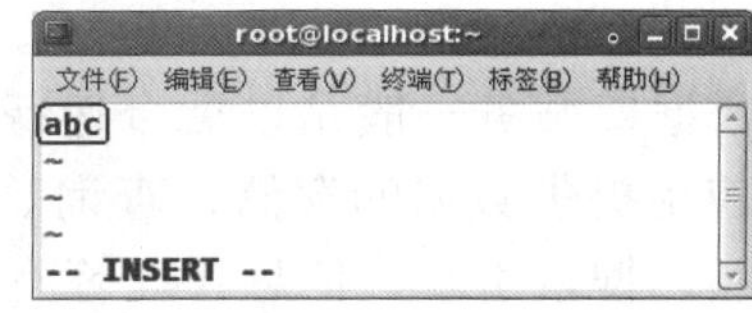

图5-38　用户列表文件/etc/vsftpd/chroot_list

修改完毕后，重启FTP服务器，如图5-39所示。

图5-39　重启FTP服务器

通过客户端测试目录安全性。如图5-40所示，账户abc又可以任意切换目录了。

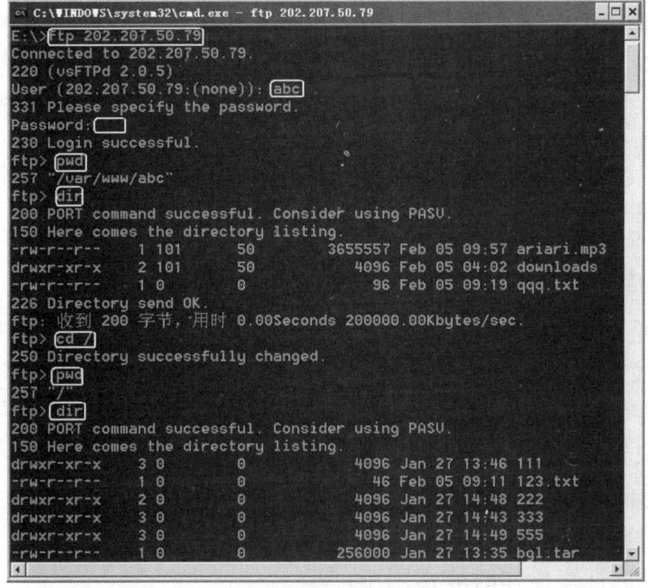

图5-40　目录安全性测试

第 6 章　MySQL服务器

数据库服务一般是以后台运行的数据库管理系统为基础，加上一定的前台程序，为各种应用提供数据的存储、查询等功能的服务，广泛应用于电子商务、电子政务、互联网网站、搜索引擎、信息管理等不同领域。本章介绍了数据库的基本知识以及在Red Hat Enterprise Linux 5 下如何搭建一个MySQL数据库服务器。

6.1　数据库系统简介

数据库是数据管理的有效形式，它是计算机收集和存储数据的仓库或容器。数据库中的数据具有结构化形式存储、冗余度小、独立于应用程序、易于扩充以及为多个用户所共享等优点，因此作为信息系统核心和基础的数据库技术得到越来越广泛的应用。从小型事务处理到大型信息系统，从一般企业管理到计算机辅助设计与制造、办公信息系统、地理信息系统等，越来越多新的应用领域采用数据库存储并处理它们的信息资源。

数据库的数据具体要如何科学地组织和管理就要靠数据库管理系统来实现。数据库在建立、运行和维护时由数据库管理系统统一管理和控制。数据库管理系统使用户能够方便地定义和操纵数据，并且能够保证数据的安全性、完整性、多用户对数据的并发使用以及发生故障后的系统恢复。

6.1.1　数据库类型

1．纯文本数据库

纯文本数据库是最原始、最简单的数据存储方式，它是只用空格符、制表符和换行符来分割信息的文本文件。在Linux世界里也仍然经常使用纯文本数据库，例如，DNS正向（反向）数据库文件、Linux口令数据库文件等都是纯文本数据库。

纯文本数据库只适合用于小型应用，对于大中型应用来说它存在诸多限制，如：

- 只能顺序访问，不能随机访问。
- 查找数据和数据关系时非常困难。
- 多用户同时进行写操作时非常困难。

2．关系数据库

关系数据库是现代流行的数据库系统中应用最为广泛的一种，也是有效的数据组织方式之一。关系数据库是建立在集合论坚固的数学基础之上，有其坚实的数学理论基础，严密的逻辑、结构和简单明了的表达方式。关系数据库已经占据数据库系统的主流市场，成为应用最为广泛的数据处理工具，目前绝大多数数据库都属于关系数据库。

常用的企业级数据库系统包括：Oracle、Sybase、DB2、Informix、SQL server。

常用的中小型数据库系统包括：PostgreSQL、MySQL、Paradox、Access。

在Linux环境下，可以运行大多数的关系型数据库系统，其中包括Oracle、DB2、Sybase以及可以免费使用的PostgreSQL和MySQL。

一个数据库服务器是指运行在局域网中的一台或多台服务器上的数据库管理系统软件，数据库服务器为客户应用提供服务，这些服务包括查询、更新、事务管理、索引、高速缓存、查询优化、安全及多用户存取控制等。

6.1.2　数据库服务器的优点

（1）减少编程量　数据库服务器提供了用于数据操纵的标准接口API。

（2）数据库安全保证好　数据库服务器提供监控性能、并发控制等工具。由DBA统一负责授权访问数据库及网络管理。

（3）数据可靠性管理及恢复好　数据库服务器提供统一的数据库备份和恢复、启动和停止数据库的管理工具。

（4）充分利用计算机资源　数据库服务器把数据管理及处理工作从客户机上分离出来，使网络上各计算机的资源能各尽其用。

（5）提高了系统性能

1）能大大降低网络开销。

2）协调操作，减少资源竞争，避免死锁。

3）提供联机查询优化机制。

（6）便于平台扩展

1）多处理器（相同类型）的水平扩展。

2）多个服务器计算机的水平扩展。

3）垂直扩展：服务器可以移植到功能更强的计算机上，不涉及处理数据的重新分布问题。

数据库是数据的结构化集合。它可以是任何东西，从简单的购物清单到画展，或企业网络中的海量信息。要想将数据添加到数据库，或访问、处理计算机数据库中保存的数据，需要使用数据库管理系统，如MySQL服务器。计算机是处理大量数据的理想工具，因此，数据库管理系统在计算方面扮演着关键的中心角色，或是作为独立的实用工具，或是作为其他应用程序的组成部分。

6.2　MySQL数据库

6.2.1　MySQL简介

MySQL是一个小型关系型数据库管理系统，开发者为瑞典MySQL AB公司。目前MySQL被广泛地应用在Internet上的中小型网站中。由于其体积小、速度快、总体拥有成本低，尤其是开放源码这一特点，许多中小型网站为了降低网站总体拥有成本而选择了MySQL作为网站数据库。

MySQL最初开发者的意图是用mSQL和他们自己的快速低级例程（ISAM）去连接表格。不管怎样，在经过一些测试后，开发者得出结论：mSQL并没有他们需要的那么快和灵活。这导致了一个使用几乎和mSQL一样API接口的新SQL的产生，这个API被设计成允许用mSQL书写的第三方代码，且更容易被移植到MySQL。

MySQL的海豚标志的名字叫“Sakila”，它是由MySQL AB的创始人从用户在“海豚命名”的竞赛中建议的大量名字表中选出的。获胜的名字是由来自非洲斯威士兰的开源软件开发者Ambrose Twebaze提供。根据Ambrose所说，Sakila来自一种叫SiSwati的斯威士兰方言，也是在Ambrose的家乡乌干达附近的坦桑尼亚的Arusha的一个小镇的名字。

6.2.2 MySQL的特性

- 使用C和C++编写，并使用了多种编译器进行测试，保证源代码的可移植性。
- 支持AIX、FreeBSD、HP-UX、Linux、Mac OS、Novell Netware、OpenBSD、OS/2 Wrap、Solaris、Windows等多种操作系统。
- 为多种编程语言提供了API。这些编程语言包括C、C++、Eiffel、Java、Perl、PHP、Python、Ruby和Tcl等。
- 支持多线程，充分利用CPU资源。
- 优化的SQL查询算法，有效地提高查询速度。
- 既能够作为一个单独的应用程序应用在客户端服务器网络环境中，也能够作为一个库而嵌入到其他的软件中提供多语言支持，常见的编码如中文的GB2312、BIG5，日文的Shift_JIS等都可以用作数据表名和数据列名。
- 提供TCP/IP、ODBC和JDBC等多种数据库连接途径。
- 提供用于管理、检查、优化数据库操作的管理工具。
- 可以处理拥有上千万条记录的大型数据库。

6.2.3 MySQL的应用

与其他的大型数据库例如Oracle、DB2、SQL Server等相比，MySQL有它的不足之处，如规模小、功能有限（MySQL Cluster的功能和效率都相对比较差）等，但是这丝毫没有减少它受欢迎的程度。对于一般的个人使用者和中小型企业来说，MySQL提供的功能已经绰绰有余，而且由于MySQL是开放源码软件，因此可以大大降低总体拥有成本。

目前Internet上流行的网站构架方式是LAMP（Linux+Apache+MySQL+PHP），即使用Linux作为操作系统，Apache作为Web服务器，MySQL作为数据库，PHP作为服务器端脚本解释器。由于这四个软件都是遵循GPL的开放源码软件，因此使用这种方式不用花一分钱就可以建立起一个稳定、免费的网站系统。

6.3 MySQL的安装和使用

6.3.1 MySQL的安装

安装MySQL 数据库需要的软件包比较多，主要包含：

- perl-DBI-1.52-1.fc6.i386.rpm
- perl-DBD-MySQL-3.0007-1.fc6.i386.rpm
- mysql-5.0.22-2.1.0.1.i386.rpm
- mysql-server-5.0.22-2.1.0.1.i386.rpm
- mysql-devel-5.0.22-2.1.0.1.i386.rpm

安装软件包前，首先用“rpm-qa |grep perl”命令查看系统是否安装了perl软件包，如图6-1所示。

再用“rpm -qa|grep mysql”命令查看系统是否安装了MySQL软件包，如图6-2所示。

从已安装的软件包看到，缺少了“mysql-devel-5.0.22-2.1.0.1.i386.rpm”包。打开桌面上的“RHEL/5.3 I386 DVD”，在“server”文件夹中找到“mysql-devel-5.0.45.7.el5.i386.rpm”，并复制到/opt这个目录下，如图6-3所示。

打开终端，进入“/opt/”目录下，用“rpm-ivh”命令安装该软件包，如图6-4所示。

```
root@localhost:~
文件(F) 编辑(E) 查看(V) 终端(T) 标签(B) 帮助(H)
[root@localhost ~]# rpm -qa |grep per
perl-String-CRC32-1.4-2.fc6
perl-DBI-1.52-2.el5
perl-IO-Socket-INET6-2.51-2.fc6
perl-Net-DNS-0.59-3.el5
perl-Compress-Zlib-1.42-1.fc6
perl-URI-1.35-3
device-mapper-event-1.02.28-2.el5
perl-Digest-SHA1-2.11-1.2.1
perl-Socket6-0.19-3.fc6
perl-Archive-Tar-1.30-1.fc6
perl-5.8.8-18.el5
perl-libwww-perl-5.805-1.1.1
perl-BSD-Resource-1.28-1.fc6.1
perl-Net-IP-1.25-2.fc6
perl-DBD-MySQL-3.0007-2.el5
perl-Net-SSLeay-1.30-4.fc6
perl-DBD-Pg-1.49-2.el5
perl-IO-Socket-SSL-1.01-1.fc6
xorg-x11-drv-hyperpen-1.1.0-2
perftest-1.2-11.el5
perl-HTML-Parser-3.55-1.fc6
device-mapper-multipath-0.4.7-23.el5
perl-IO-Zlib-1.04-4.2.1
perl-Digest-HMAC-1.01-15
perl-Convert-ASN1-0.20-1.1
newt-perl-1.08-9.2.2
scrollkeeper-0.3.14-9.el5
```

图6-1　查看perl软件包信息

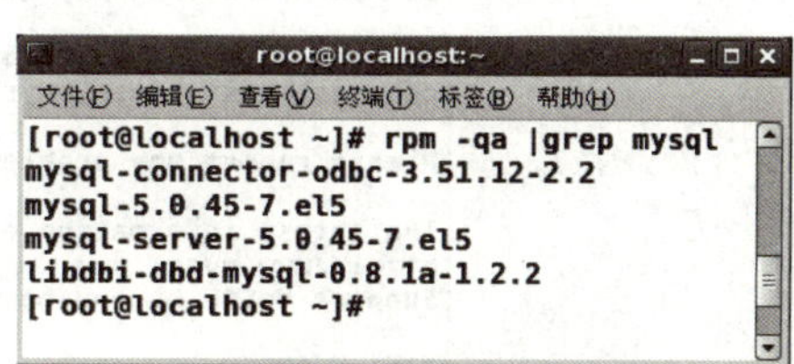

图6-2　查看MySQL软件包信息

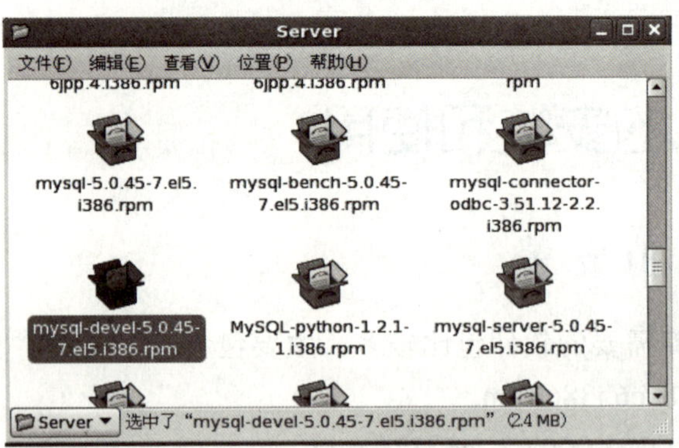

图6-3　mysql-devel-5.0.45.7.el5.i386.rpm包

```
[root@localhost ~]# rpm -ivh /opt/mysql-devel-5.0.45-7.el5.i386.rpm
warning: /opt/mysql-devel-5.0.45-7.el5.i386.rpm: Header V3 DSA signa
ture: NOKEY, key ID 37017186
Preparing...
########################################### [100%]
   1:mysql-devel
########################################### [100%]
You have mail in /var/spool/mail/root
[root@localhost ~]#
```

图6-4　安装mysql-devel-5.0.45.7.el5.i386.rpm包

6.3.2　MySQL的启动

MySQL安装完毕后，需要用命令"service mysqld start"启动服务，如图6-5所示。

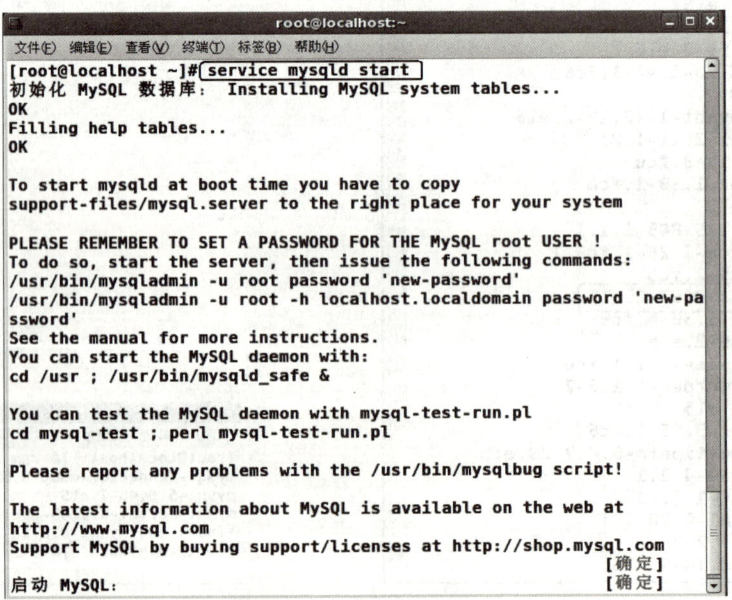

图6-5　启动MySQL服务

6.3.3　MySQL管理员账号和密码的设置

出于安全性的考虑，需要设置MySQL管理员账号和密码。使用“mysqladmin”命令来建立管理员账号和密码；使用“mysql-u root-p”命令来登录MySQL服务器，如图6-6所示。

```
root@localhost:~
文件(F) 编辑(E) 查看(V) 终端(T) 标签(B) 帮助(H)
[root@localhost ~]# mysqladmin -u root password 123456
[root@localhost ~]# mysql -u root -p
Enter password:
Welcome to the MySQL monitor.  Commands end with ; or \g.
Your MySQL connection id is 3
Server version: 5.0.45 Source distribution

Type 'help;' or '\h' for help. Type '\c' to clear the buffer.

mysql> show databases;
+--------------------+
| Database           |
+--------------------+
| information_schema |
| mysql              |
| test               |
+--------------------+
3 rows in set (0.00 sec)

mysql> 
```

图6-6　管理并登录MySQL服务器

6.3.4　MySQL数据库使用实例

下面来建立一个数据库“aaa”，在其中创建表“admin”，并录入一些记录。

1. 创建数据库“aaa”

在MySQL终端执行命令“create database aaa;”，如图6-7所示。

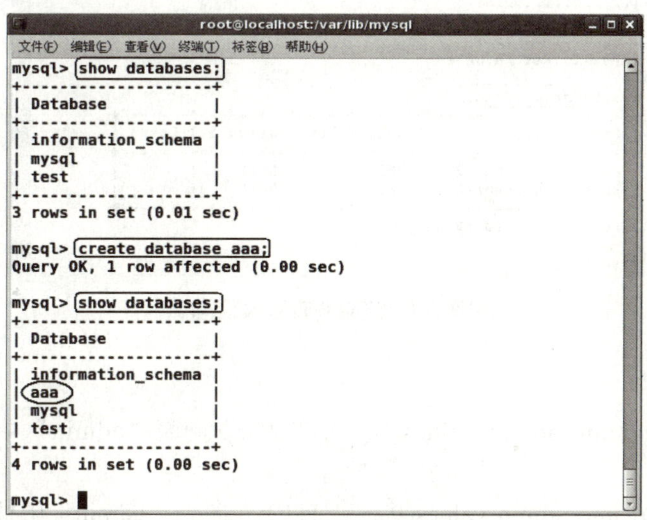

图6-7　创建并查看数据库

可以用“status”命令查看当前的状态信息，包括编码方案，从图6-8中可以看到，MySQL默认的编码方案都是latin1。

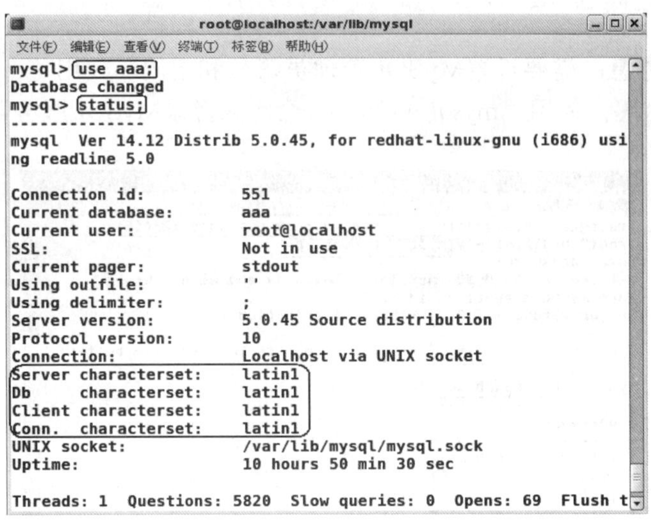

图6-8　查看数据库的状态信息

2. 创建表“admin”

在MySQL终端执行命令“create table admin(user varchar(20),pass varchar(20));”创建表“admin”，然后用“desc admin”命令来查看表“admin”的结构，如图6-9所示。

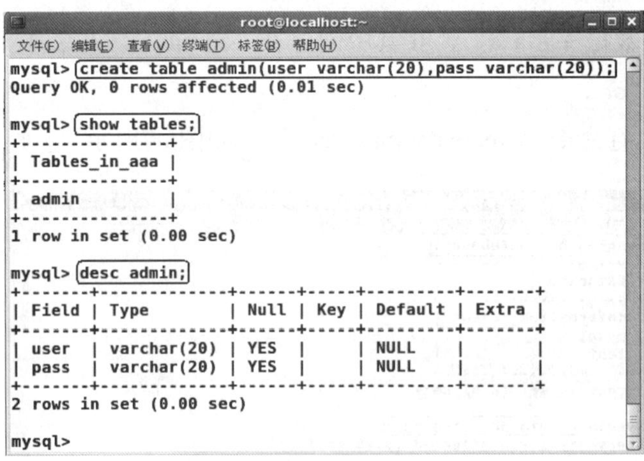

图6-9　建立并查看表信息

3. 插入记录信息

执行命令“insert into admin values(‘xyz’,’222’);”向表“admin”中插入新记录，如图6-10所示。

执行命令“insert into admin values(‘张三','111');”向表“admin”中插入中文记录，然后用“select”命令查看记录信息，如图6-11所示。

```
root@localhost:~
文件(F) 编辑(E) 查看(V) 终端(T) 标签(B) 帮助(H)
mysql> use aaa;
Database changed
mysql> create table admin(user varchar(20),pass varchar(20));
Query OK, 0 rows affected (0.01 sec)

mysql> insert into admin values('xyz','222');
Query OK, 1 row affected (0.01 sec)

mysql>
```

图6-10　插入新记录

```
root@localhost:~
文件(F) 编辑(E) 查看(V) 终端(T) 标签(B) 帮助(H)
mysql> insert into admin values('xyz','222');
Query OK, 1 row affected (0.01 sec)

mysql> insert into admin values('张三','111');
Query OK, 1 row affected (0.00 sec)

mysql> select * from admin;
+--------+------+
| user   | pass |
+--------+------+
| xyz    | 222  |
| 张三   | 111  |
+--------+------+
2 rows in set (0.00 sec)

mysql>
```

图6-11　插入并查看记录信息

另外，删除数据库命令是："drop database数据库名;"，删除表的命令："drop table表名;"，运行效果如图6-12所示。

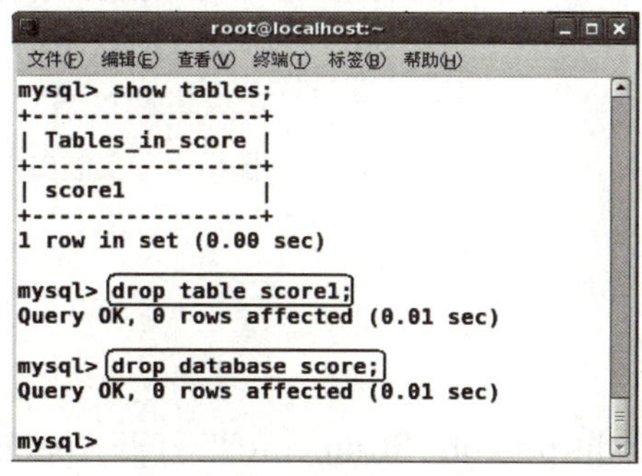

```
root@localhost:~
文件(F) 编辑(E) 查看(V) 终端(T) 标签(B) 帮助(H)
mysql> show tables;
+-----------------+
| Tables_in_score |
+-----------------+
| score1          |
+-----------------+
1 row in set (0.00 sec)

mysql> drop table score1;
Query OK, 0 rows affected (0.01 sec)

mysql> drop database score;
Query OK, 0 rows affected (0.01 sec)

mysql>
```

图6-12　删除表和数据库

对数据库操作需要掌握基本的SQL指令，后面会专门介绍一款方便快捷的MySQL数据库管理工具PHPMYADMIN，可以起到事半功倍的效果。

6.4　PHP的安装和使用

6.4.1　PHP的安装

安装PHP所需的软件包主要有：

- php-5.1.6-15.el5.i386.rpm
- php-cli-5.1.6-15.el5.i386.rpm
- php-common-5.1.6-15.el5.i386.rpm
- php-mysql-5.1.6-15.el5.i386.rpm
- php-pdo-5.1.6-15.el5.i386.rpm

先用“rpm-qa | grep php”命令检查系统中是否已经安装了PHP软件包，如图6-13所示。

发现缺少两个软件包“php-pdo-5.1.6-15.el5. i386.rpm”和“php-mysql-5.1.6-15.el5.i386.rpm”，在Red Hat Enterprise Linux 5的镜像文件中找到并安装，如图6-14所示。

图6-13　查看PHP软件包信息

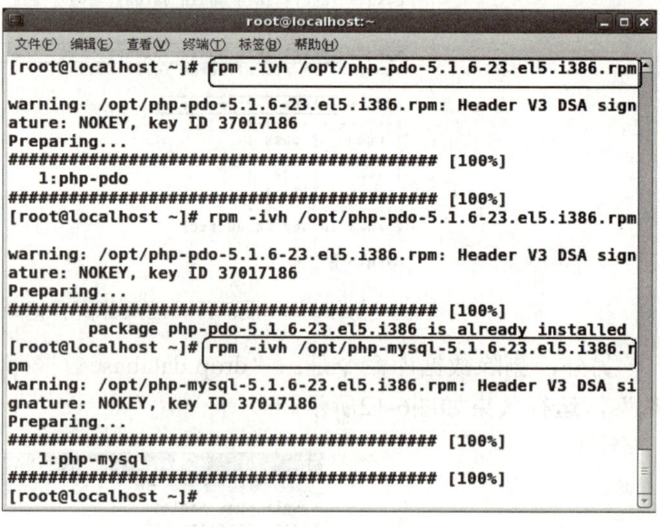

图6-14　安装PHP所需软件包

6.4.2　配置PHP

在终端用命令“vim /etc/httpd/conf/httpd.conf”打开Apache的配置文件。主要的参数包括：

ServerRoot：用来设置Apache的配置文件、错误文件和日志文件的存放目录，并且该目录是整个目录树的根节点。如果下面的字段设置中出现相对路径，那么就是相对这个路径，默认情况下根路径为“/etc/httpd”，可根据需要进行修改，如图6-15所示。

MaxClients：设置客户端最大连接数，默认值为“256”，这里改为“1000”，如图6-16所示。

ServerAdmin：设置管理员的邮箱地址。

ServerName：设置服务器的主机名称，如图6-17所示。

DocumentRoot：设置站点根目录，默认值为“/var/www/html”，这里改为“/var/www/html/bbs”，如图6-18所示。

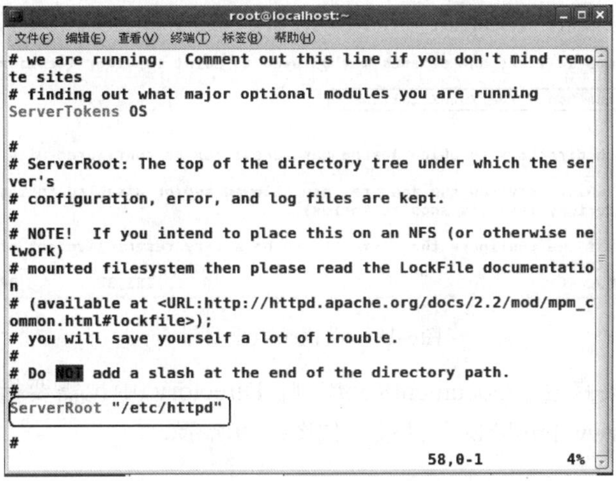

```
root@localhost:~
文件(F) 编辑(E) 查看(V) 终端(T) 标签(B) 帮助(H)
# we are running.  Comment out this line if you don't mind remo
te sites
# finding out what major optional modules you are running
ServerTokens OS

#
# ServerRoot: The top of the directory tree under which the ser
ver's
# configuration, error, and log files are kept.
#
# NOTE!  If you intend to place this on an NFS (or otherwise ne
twork)
# mounted filesystem then please read the LockFile documentatio
n
# (available at <URL:http://httpd.apache.org/docs/2.2/mod/mpm_c
ommon.html#lockfile>);
# you will save yourself a lot of trouble.
#
# Do NOT add a slash at the end of the directory path.
#
ServerRoot "/etc/httpd"

#
                                          58,0-1          4%
```

图6-15　设置ServerRoot

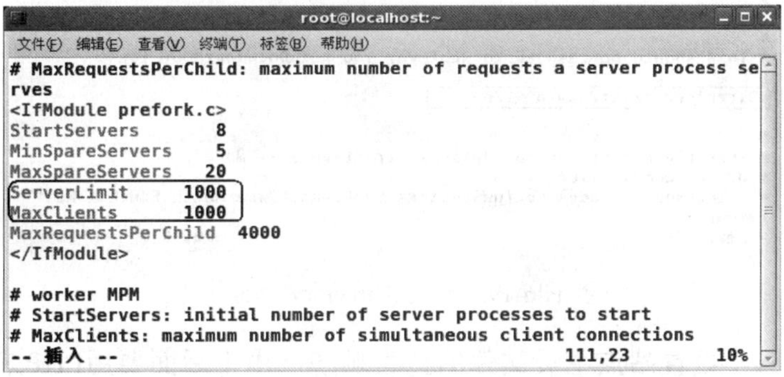

```
root@localhost:~
文件(F) 编辑(E) 查看(V) 终端(T) 标签(B) 帮助(H)
# MaxRequestsPerChild: maximum number of requests a server process se
rves
<IfModule prefork.c>
StartServers       8
MinSpareServers    5
MaxSpareServers   20
ServerLimit     1000
MaxClients      1000
MaxRequestsPerChild  4000
</IfModule>

# worker MPM
# StartServers: initial number of server processes to start
# MaxClients: maximum number of simultaneous client connections
-- 插入 --                                        111,23        10%
```

图6-16　设置最大连接数

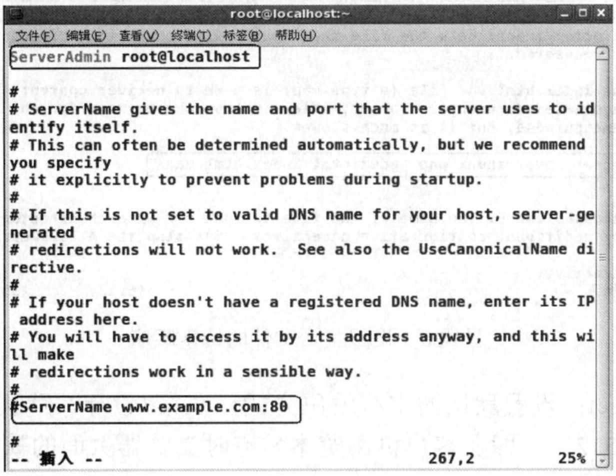

```
root@localhost:~
文件(F) 编辑(E) 查看(V) 终端(T) 标签(B) 帮助(H)
ServerAdmin root@localhost

#
# ServerName gives the name and port that the server uses to id
entify itself.
# This can often be determined automatically, but we recommend
you specify
# it explicitly to prevent problems during startup.
#
# If this is not set to valid DNS name for your host, server-ge
nerated
# redirections will not work.  See also the UseCanonicalName di
rective.
#
# If your host doesn't have a registered DNS name, enter its IP
 address here.
# You will have to access it by its address anyway, and this wi
ll make
# redirections work in a sensible way.
#
#ServerName www.example.com:80

#
-- 插入 --                                      267,2          25%
```

图6-17　设置管理员邮箱地址和主机名

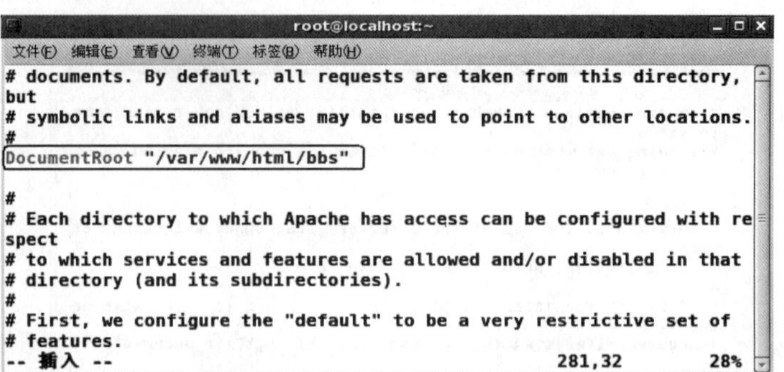

```
# documents. By default, all requests are taken from this directory,
but
# symbolic links and aliases may be used to point to other locations.
#
DocumentRoot "/var/www/html/bbs"

#
# Each directory to which Apache has access can be configured with re
spect
# to which services and features are allowed and/or disabled in that
# directory (and its subdirectories).
#
# First, we configure the "default" to be a very restrictive set of
# features.
-- 插入 --                                        281,32        28%
```

图6-18 设置站点根目录

<Directory>：如果修改了DocumentRoot，则<Directory>中也需要指定相同的目录，即允许所有人访问“/var/www/html/bbs”目录，如图6-19所示。

```
# you might expect, make sure that you have specifically enabled it
# below.
#

#
# This should be changed to whatever you set DocumentRoot to.
#
<Directory "/var/www/html/bbs">

#
# Possible values for the Options directive are "None", "All",
# or any combination of:
#   Indexes Includes FollowSymLinks SymLinksifOwnerMatch ExecCGI Mult
iViews
-- 插入 --                                        306,30        30%
```

图6-19 设置<Directory>目录

DirectoryIndex：设置站点主页文件的搜索顺序，由于后面要用PHP来设计网页，所以优先设置为index.php，如图6-20所示。

```
# DirectoryIndex: sets the file that Apache will serve if a directory
# is requested.
#
# The index.html.var file (a type-map) is used to deliver content-
# negotiated documents.  The MultiViews Option can be used for the
# same purpose, but it is much slower.
#
DirectoryIndex index.php index.html index.html.var

#
# AccessFileName: The name of the file to look for in each directory
# for additional configuration directives.  See also the AllowOverrid
e
# directive.
-- 插入 --                                        396,13        39%
```

图6-20 设置主页文件的搜索顺序

AddDefaultCharset：设置默认的字符编码方式，在第747行，默认值为“UTF-8”，这里将其设置为“GB2312”，即在客户机浏览本站点时浏览器页面的默认字符编码格式，如图6-21所示。

按照上面的设置对Apache的配置文件修改完毕，保存并退出。

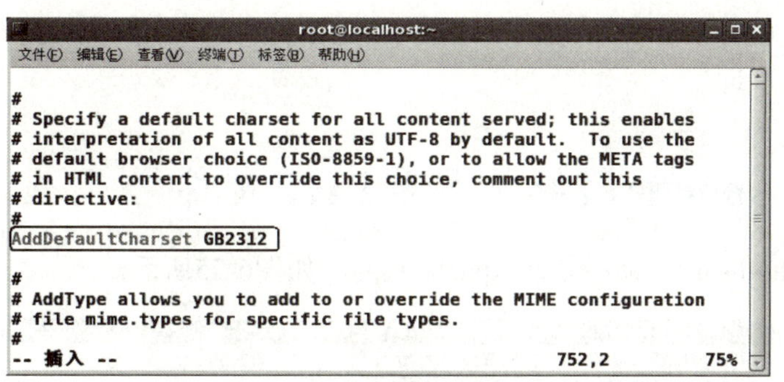
```
#
# Specify a default charset for all content served; this enables
# interpretation of all content as UTF-8 by default.  To use the
# default browser choice (ISO-8859-1), or to allow the META tags
# in HTML content to override this choice, comment out this
# directive:
#
AddDefaultCharset GB2312

#
# AddType allows you to add to or override the MIME configuration
# file mime.types for specific file types.
#
-- 插入 --                                          752,2         75%
```

图6-21　设置字符的编码方式

6.4.3　创建站点根目录和主页文件

在终端用命令创建“/var/www/html/bbs”目录，并修改目录bbs的权限为777，如图6-22所示。

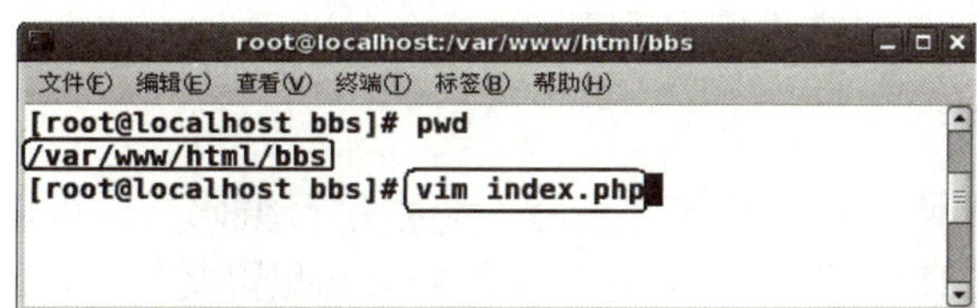
```
[root@localhost ~]# mkdir /var/www/html/bbs
[root@localhost ~]# chmod -R 777 /var/www/html/bbs/
[root@localhost ~]#
```

图6-22　设置字符的编码方式

在站点根目录“/var/www/html/bbs”下用vi编辑器建立主页文件“index.php”，如图6-23所示。

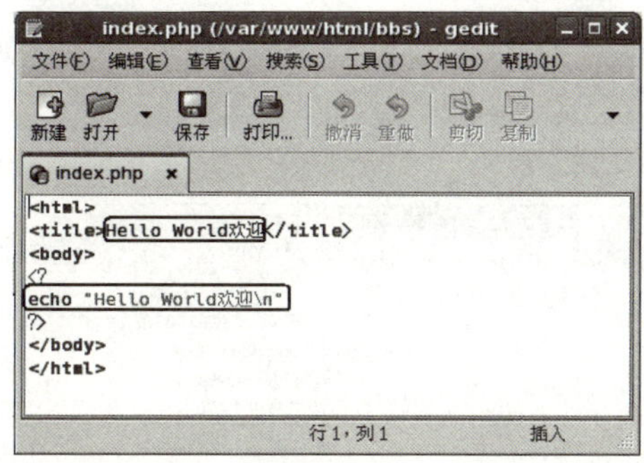

图6-23　创建主页文件

“index.php”内容如图6-24所示。

```
[root@localhost bbs]# pwd
/var/www/html/bbs
[root@localhost bbs]# vim index.php
```

```
<html>
<title>Hello World欢迎</title>
<body>
<?
echo "Hello World欢迎\n"
?>
</body>
</html>
```

图6-24　主页文件“index.php”

PHP语言一般放置于“<?”与“?>”之间，在本例中，只用“echo”语句输出了一个字符串“Hello World欢迎”。

6.4.4 启动Apache服务并测试PHP文件

用“service httpd start”命令启动Apache服务，如图6-25所示。

图6-25 启动Apache服务

打开浏览器，在地址栏输入“http://127.0.0.1/index.php”或“http://127.0.0.1”进行测试，如图6-26所示。

图6-26 测试主页

在图6-26中可以看到，中文内容呈现乱码。

上述问题的解决方法：

首先查看浏览器的编码方式，点击“查看”→“字符编码”，可以看到，当前的字符编码方式是“简体中文（GB2312）”，这正是之前在Apache配置文件“/etc/httpd/conf/httpd.conf”中指定的字符类型，如果不是，需要修改为“简体中文（GB2312）”，如图6-27所示。

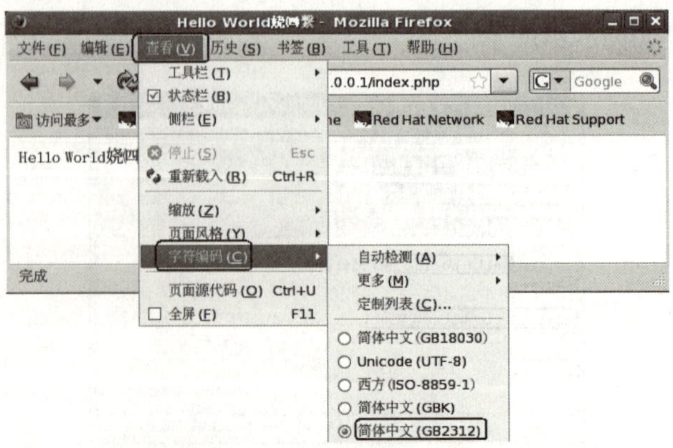

图6-27 查看浏览器的字符编码方式

然后在站点根目录“/var/www/html/bbs/”下用文本编辑器打开主页文件“index.php”，选择“文件”菜单下的“另存为”，在弹出的对话框中将字符编码设置为“简体中文GB2312”，然后单击“保存”按钮，如图6-28所示。

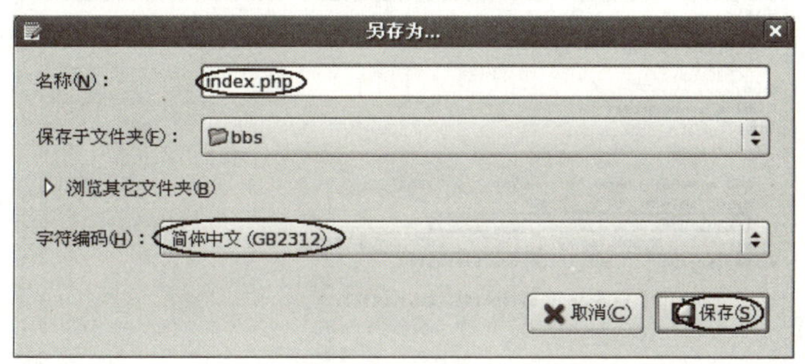

图6-28　设置主页文件的字符编码方式

再次在浏览器中测试该页面，可以看到，中文都能正常显示了，如图6-29所示。

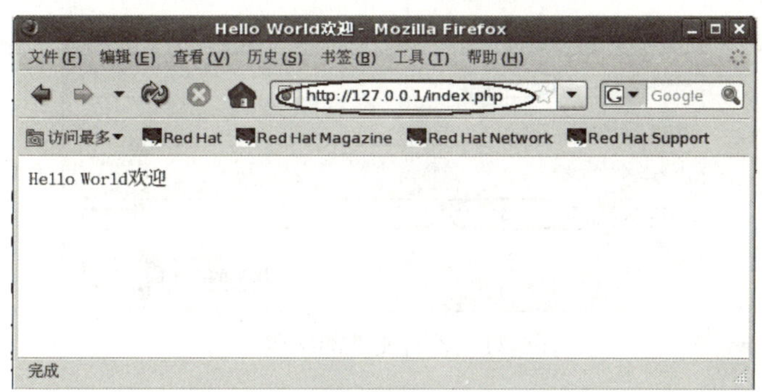

图6-29　重新测试主页文件

6.4.5　PHP访问MySQL数据库

前面已经创建了数据库“aaa”，并在其中建立了表“admin”，插入了两条记录信息，这里，只需要再编写一个读取该表中记录的PHP文件即可。用文本编辑器在站点根目录“/var/www/html/bbs/”下建立“browse.php”文件，代码如图6-30所示。

首先，用mysql_ connect()函数指定连接本地数据库“localhost”，并设置登录MySQL服务器的账户名是“root”，密码是“123456”。然后用“mysql_ select_db()函数”指定连接的数据库是“aaa”，并用“mysql_query(“set names gb2312”)”指定连接数据库时的字符编码方式为“gb2312”。最后用循环语句将SQL语句“select * from admin”的查询结果输出。注意：存盘时也存成“GB2312”格式，如图6-31所示。

在浏览器中测试，效果如图6-32所示。

由于之前在MySQL数据库的表“admin”中插入中文记录采用的字符编码是按照默认的latin1的方式，而在Apache的主配置文件中指定的字符编码为GB2312，PHP文件存盘时也都存成了GB2312格式，因此编码方式的不一致导致了这里显示中文时会出现乱码。解决方法：用数据库管理软件“phpMyAdmin”处理中文记录。

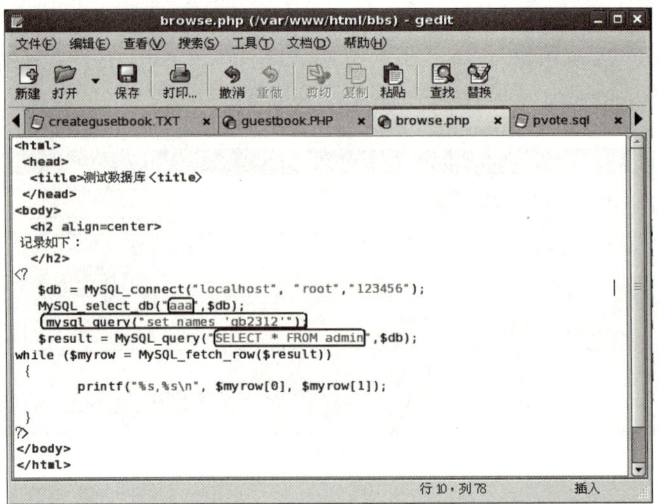

图6-30 “browse.php”文件

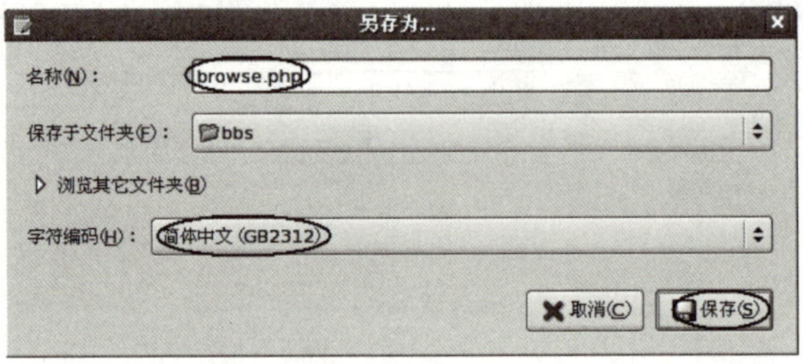

图6-31 设置文件的编码方式

图6-32 测试效果

6.5 phpMyAdmin的安装和使用

phpMyAdmin是一套可以用来管理MySQL服务器以及单一数据库的PHP程序，对于不熟悉MySQL命令的人来说，是很方便的管理工具。

6.5.1 phpMyAdmin的安装和配置

本节介绍在Red Hat Enterprise 5下安装和配置“phpMyAdmin-2.11.9.6”。首先到

phpMyAdmin的官方网站“http://www.phpmyadmin.net/home_page/downloads.php”上下载安装包，如图6-33所示。

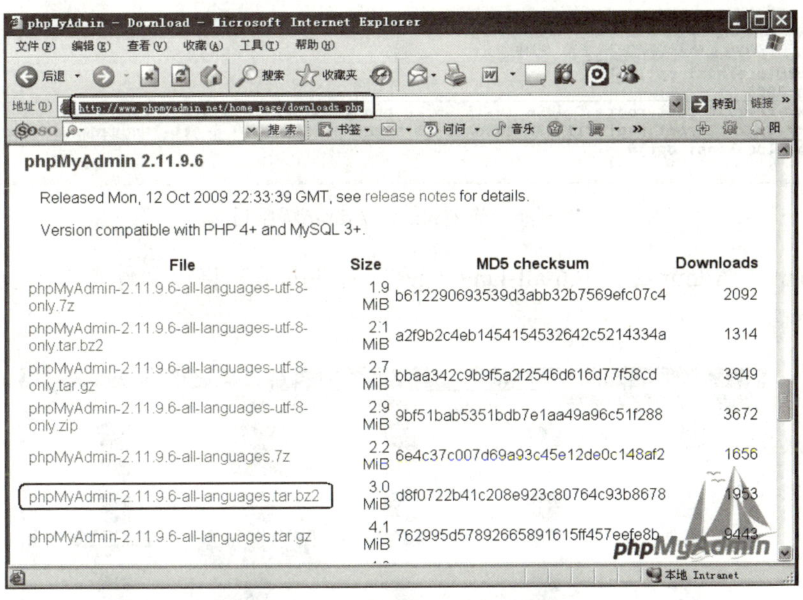

图6-33　下载phpMyAdmin安装包

将该安装包复制到“/opt”目录下，如图6-34所示。

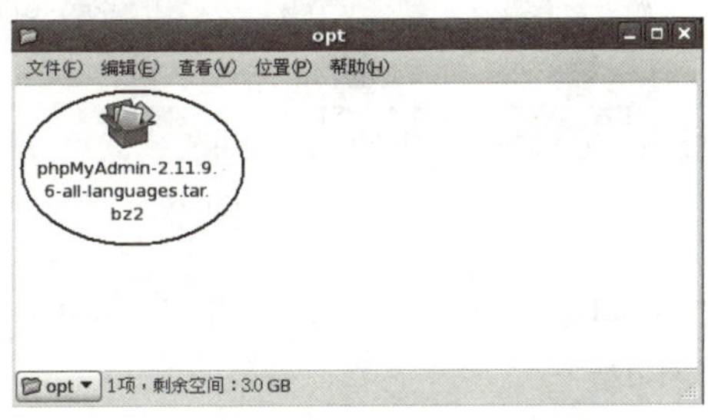

图6-34　复制phpMyAdmin安装包

打开终端窗口，输入命令“tar-jxvf phpMyAdmin-2.11.9.6-all-languages.tar.bz2”将压缩包解压，如图6-35所示。

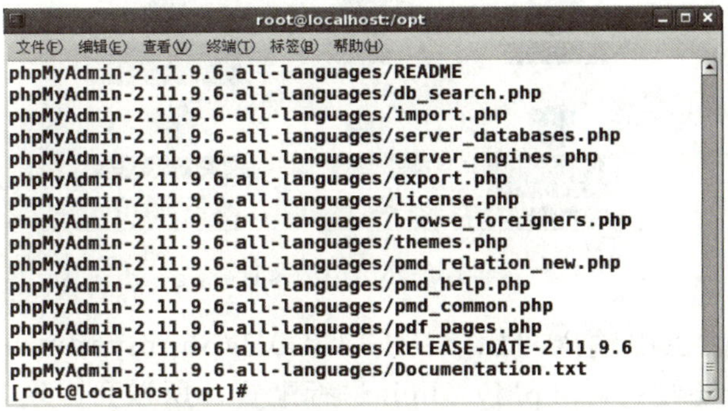

```
phpMyAdmin-2.11.9.6-all-languages/README
phpMyAdmin-2.11.9.6-all-languages/db_search.php
phpMyAdmin-2.11.9.6-all-languages/import.php
phpMyAdmin-2.11.9.6-all-languages/server_databases.php
phpMyAdmin-2.11.9.6-all-languages/server_engines.php
phpMyAdmin-2.11.9.6-all-languages/export.php
phpMyAdmin-2.11.9.6-all-languages/license.php
phpMyAdmin-2.11.9.6-all-languages/browse_foreigners.php
phpMyAdmin-2.11.9.6-all-languages/themes.php
phpMyAdmin-2.11.9.6-all-languages/pmd_relation_new.php
phpMyAdmin-2.11.9.6-all-languages/pmd_help.php
phpMyAdmin-2.11.9.6-all-languages/pmd_common.php
phpMyAdmin-2.11.9.6-all-languages/pdf_pages.php
phpMyAdmin-2.11.9.6-all-languages/RELEASE-DATE-2.11.9.6
phpMyAdmin-2.11.9.6-all-languages/Documentation.txt
[root@localhost opt]#
```

图6-35　解压phpMyAdmin压缩包

解压成功后，在“/opt”目录下可以看到解压的文件夹“phpMyAdmin-2.11.9.6-all-languages”，如图6-36所示。

图6-36　查看phpMyAdmin解压目录

进入“phpMyAdmin-2.11.9.6-all-languages”文件夹下，将该文件夹下的全部文件复制，如图6-37所示。

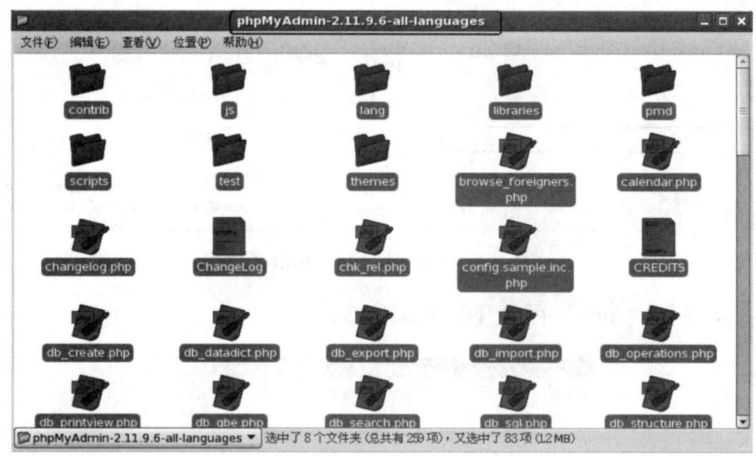

图6-37　复制文件

在站点根目录“/var/www/html/bbs/”下建立一个“phpmyadmin”文件夹，将刚才复制的内容粘贴进来，如图6-38所示。

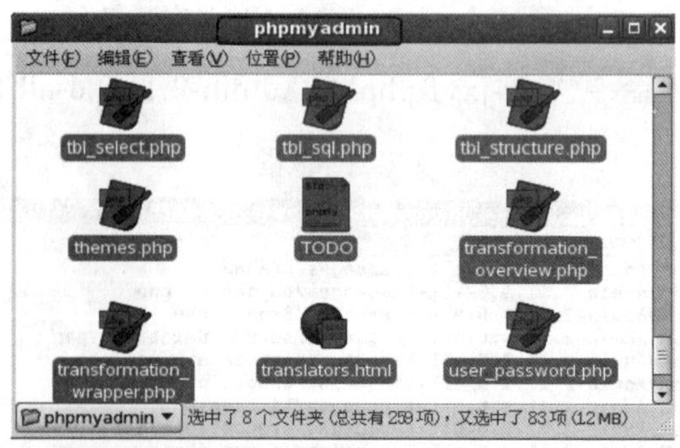

图6-38　粘贴文件

在浏览器的地址栏中输入“http://127.0.0.1/phpmyadmin/index.php”，运行phpMyAdmin，由于还没有对phpMyAdmin进行配置，所以会出现如图6-39所示的错误信息。这时需要点击“setup script”超链接对phpMyAdmin先进行配置方可。

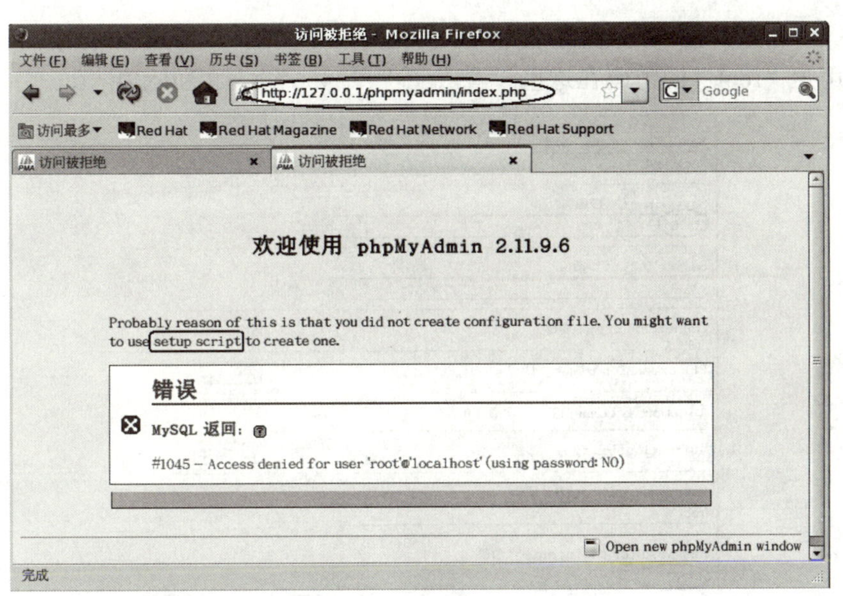

图6-39　测试phpMyAdmin

在配置之前，需要在“/var/www/html/bbs/phpmyadmin”目录下建立一个“config”目录，用来存放动态生成的配置文件，并将其权限设置成777，如图6-40所示。

图6-40　创建config目录

点击“setup script”超链接后会跳转到phpMyAdmin配置页面，单击下方的“Add”按钮配置服务器，如图6-41所示。

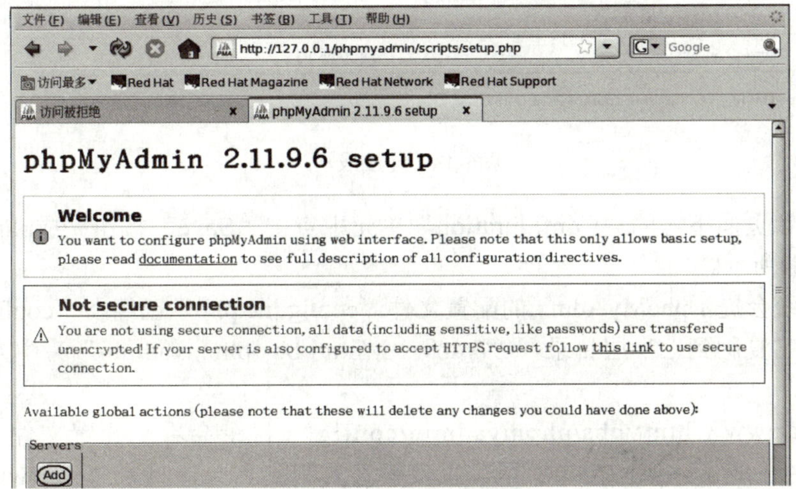

图6-41　设置phpMyAdmin

在服务器配置页面，设置连接MySQL的基本参数，包括端口号，一般设置成“3306”，用户“root”的密码在这里设置成了“123456”，如图6-42所示。

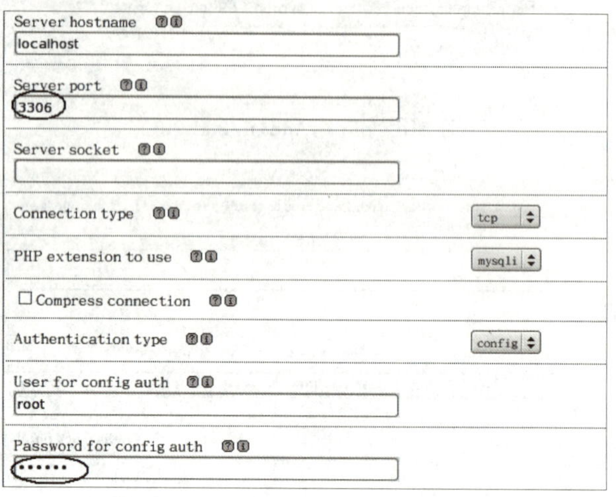

图6-42　设置基本参数

设置完成后，单击下方的“Add”按钮，系统会提示“New server added”，即phpMyAdmin与MySQL服务器连接成功，如图6-43所示。

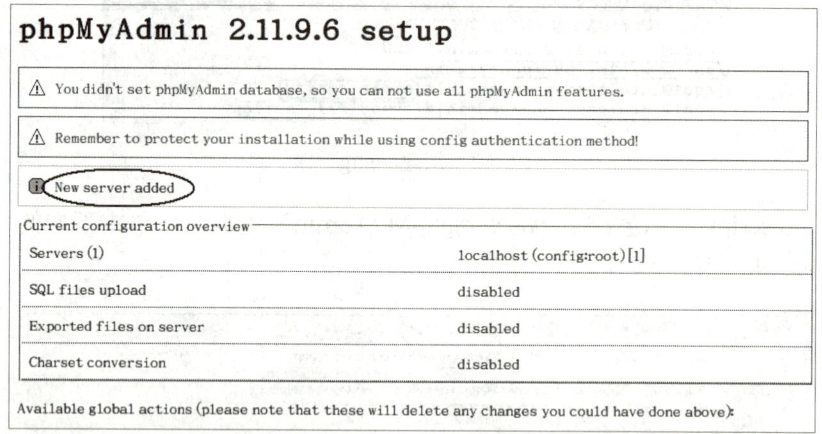

图6-43　连接成功

最后，在该页面下方的“Configuration”单元中点击“Save”按钮完成phpMyAdmin的配置，如图6-44所示。

此时，系统会提示phpMyAdmin的配置文件“config.inc.php”已经在“config”目录下生成了，需要将它复制到上一层目录（“/var/www/html/bbs/phpmyadmin”）中方可生效，如图6-45所示。

打开“/var/www/html/bbs/phpmyadmin/config/”目录会看到配置文件“config.inc.php”确实已经生成了，如图6-46所示。直接将其复制到上一层目录“/var/www/html/bbs/phpmyadmin/”中。

如果用文本编辑器打开“config.inc.php”文件，可以看到前面设置的参数已写入到该配置文件中了，如图6-47所示。

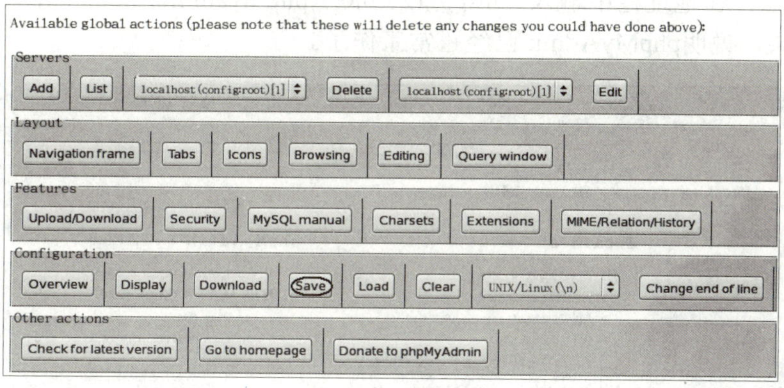

图6-44 保存设置

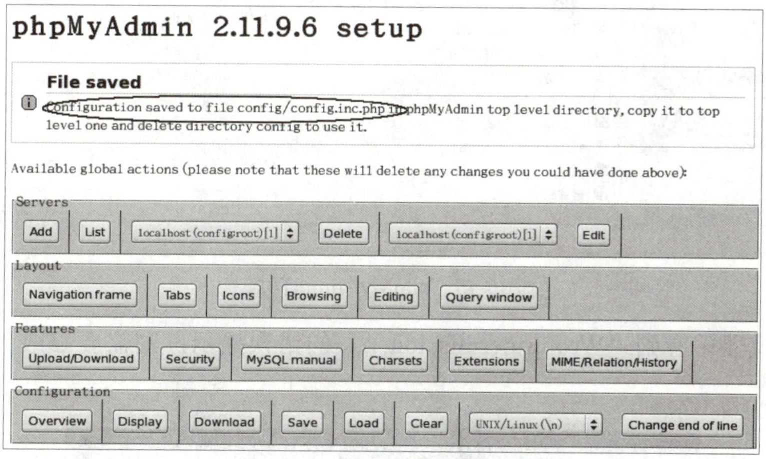

图6-45 生成配置文件

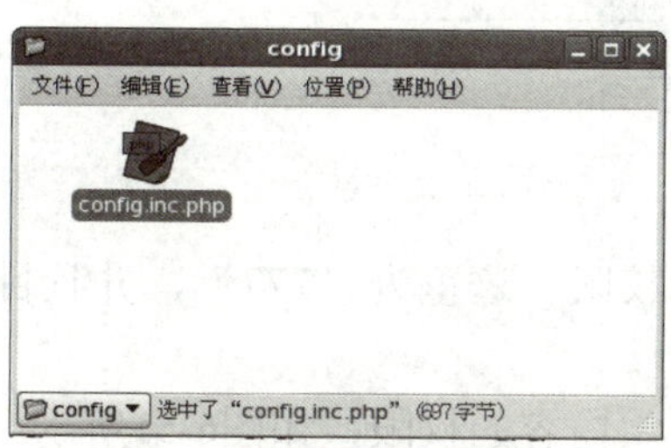

图6-46 config目录内容

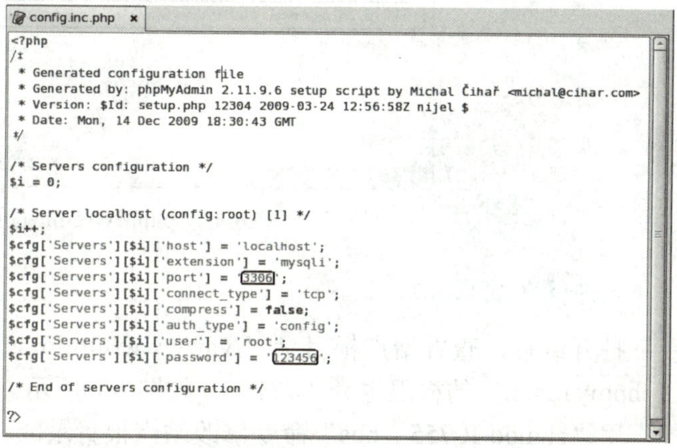

```
<?php
/*
 * Generated configuration file
 * Generated by: phpMyAdmin 2.11.9.6 setup script by Michal Čihař <michal@cihar.com>
 * Version: $Id: setup.php 12304 2009-03-24 12:56:58Z nijel $
 * Date: Mon, 14 Dec 2009 18:30:43 GMT
 */

/* Servers configuration */
$i = 0;

/* Server localhost (config:root) [1] */
$i++;
$cfg['Servers'][$i]['host'] = 'localhost';
$cfg['Servers'][$i]['extension'] = 'mysqli';
$cfg['Servers'][$i]['port'] = '3306';
$cfg['Servers'][$i]['connect_type'] = 'tcp';
$cfg['Servers'][$i]['compress'] = false;
$cfg['Servers'][$i]['auth_type'] = 'config';
$cfg['Servers'][$i]['user'] = 'root';
$cfg['Servers'][$i]['password'] = '123456';

/* End of servers configuration */

?>
```

图6-47 config.inc.php文件

6.5.2 测试phpMyAdmin

打开浏览器，在地址栏中输入“http://127.0.0.1/phpmyadmin/index.php”，如果看到图6-48所示的效果，说明phpMyAdmin已经正常工作了。

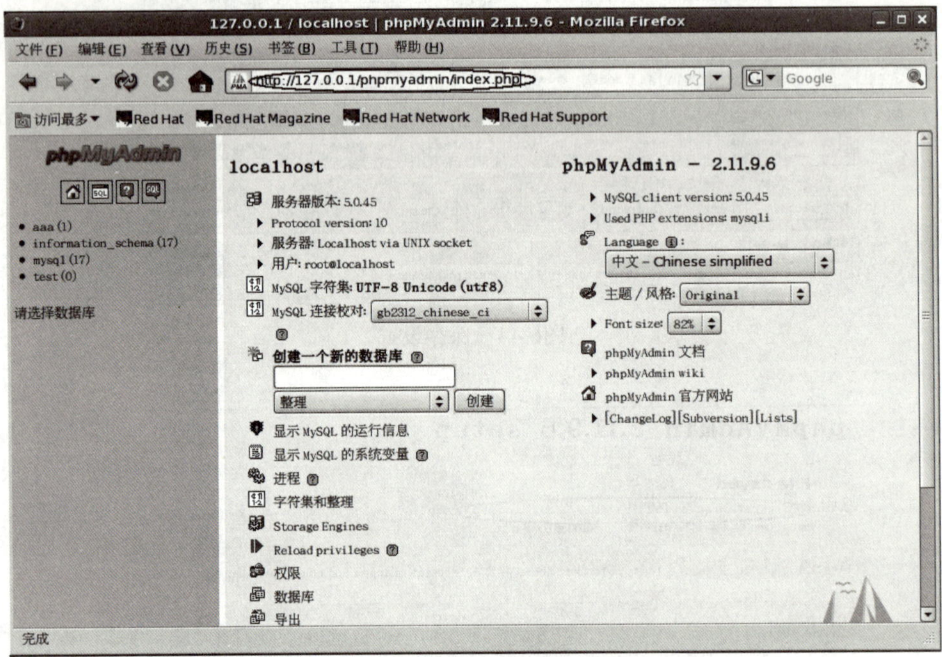

图6-48　phpMyAdmin首页

如果在浏览器中看到“Wrong permission…”的错误提示，则需要修改目录的权限，如图6-49所示。

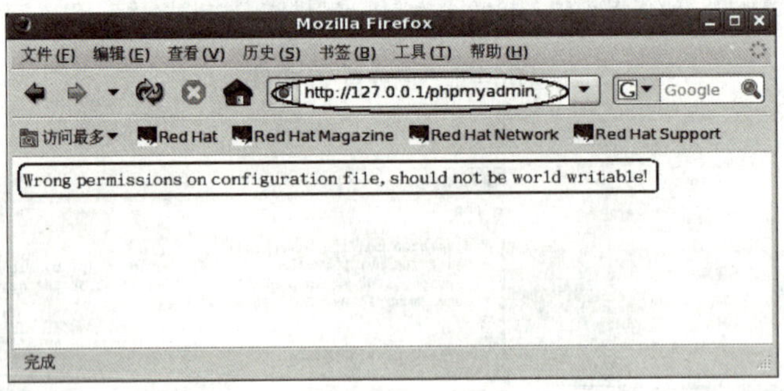

图6-49　phpMyAdmin首页错误

上述问题的解决方法：

打开终端，查看站点根目录“/var/www/html/bbs”的权限，这里为“777”，并且目录“phpmyadmin”的权限也为“777”，如图6-50所示。

用“chmod-R 755　bbs”命令修改站点根目录bbs及其中内容的权限，如图6-51所示。

再次在浏览器中测试，phpMyAdmin已没有问题，如图6-52所示。

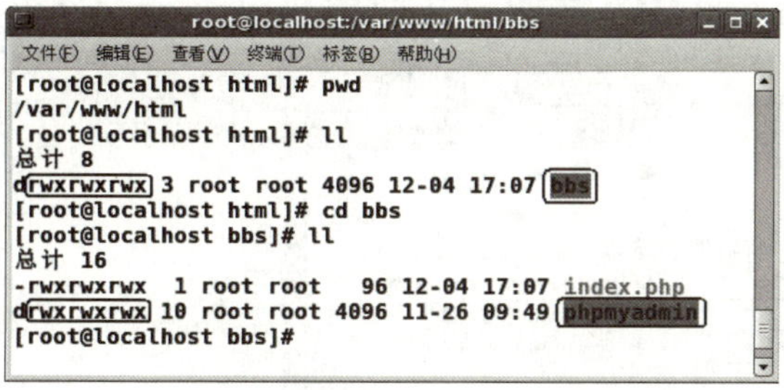

root@localhost:/var/www/html/bbs
文件(F) 编辑(E) 查看(V) 终端(T) 标签(B) 帮助(H)
[root@localhost html]# pwd
/var/www/html
[root@localhost html]# ll
总计 8
drwxrwxrwx 3 root root 4096 12-04 17:07 bbs
[root@localhost html]# cd bbs
[root@localhost bbs]# ll
总计 16
-rwxrwxrwx 1 root root 96 12-04 17:07 index.php
drwxrwxrwx 10 root root 4096 11-26 09:49 phpmyadmin
[root@localhost bbs]#

图6-50　查看目录权限

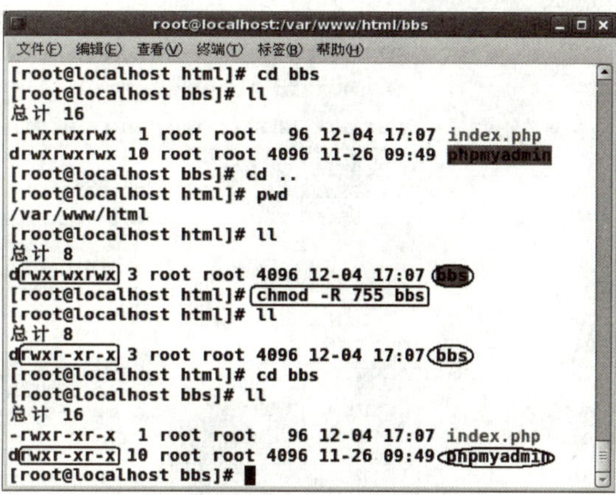

root@localhost:/var/www/html/bbs
文件(F) 编辑(E) 查看(V) 终端(T) 标签(B) 帮助(H)
[root@localhost html]# cd bbs
[root@localhost bbs]# ll
总计 16
-rwxrwxrwx 1 root root 96 12-04 17:07 index.php
drwxrwxrwx 10 root root 4096 11-26 09:49 phpmyadmin
[root@localhost bbs]# cd ..
[root@localhost html]# pwd
/var/www/html
[root@localhost html]# ll
总计 8
drwxrwxrwx 3 root root 4096 12-04 17:07 bbs
[root@localhost html]# chmod -R 755 bbs
[root@localhost html]# ll
总计 8
drwxr-xr-x 3 root root 4096 12-04 17:07 bbs
[root@localhost html]# cd bbs
[root@localhost bbs]# ll
总计 16
-rwxr-xr-x 1 root root 96 12-04 17:07 index.php
drwxr-xr-x 10 root root 4096 11-26 09:49 phpmyadmin
[root@localhost bbs]#

图6-51　修改目录权限

127.0.0.1 / localhost | phpMyAdmin 2.11.9.6 - Mozilla Firefox
文件(F) 编辑(E) 查看(V) 历史(S) 书签(B) 工具(T) 帮助(H)
http://127.0.0.1/phpmyadmin/index.php
Google
访问最多 Red Hat Red Hat Magazine Red Hat Network Red Hat Support
phpMyAdmin
aaa (1)
information_schema (17)
mysql (17)
test (0)
请选择数据库
localhost
服务器版本: 5.0.45
Protocol version: 10
服务器: Localhost via UNIX socket
用户: root@localhost
MySQL 字符集: UTF-8 Unicode (utf8)
MySQL 连接校对: gb2312_chinese_ci
创建一个新的数据库
整理
创建
显示 MySQL 的运行信息
显示 MySQL 的系统变量
进程
字符集和整理
Storage Engines
Reload privileges
权限
数据库
导出
phpMyAdmin - 2.11.9.6
MySQL client version: 5.0.45
Used PHP extensions: mysqli
Language
中文 - Chinese simplified
主题 / 风格: Original
Font size: 82%
phpMyAdmin 文档
phpMyAdmin wiki
phpMyAdmin 官方网站
[ChangeLog] [Subversion] [Lists]
完成

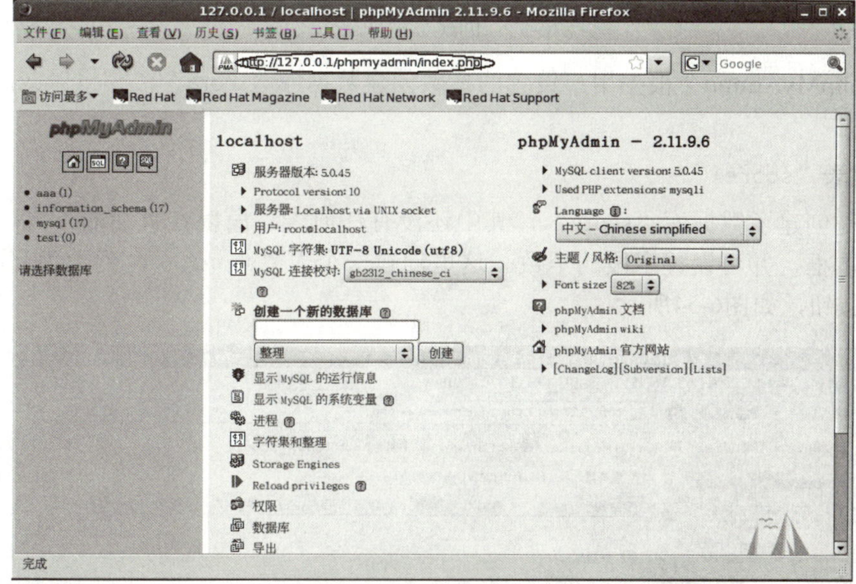

图6-52　测试phpMyAdmin

6.5.3　phpMyAdmin的应用

phpMyAdmin最大的特点就是基于图形化的操作界面，这对于不熟悉MySQL命令的人来说，无疑是再好不过了。

下面来建立一个学生成绩数据库“score”，并在其中创建学生成绩表“score1”，录入一些同学的记录信息。

1．创建数据库“score”

创建一个新的数据库“score”，MySQL连接校对选择“gb2312_chinese_ci”，其余按默认选项即可，单击“创建”按钮，如图6-53所示。

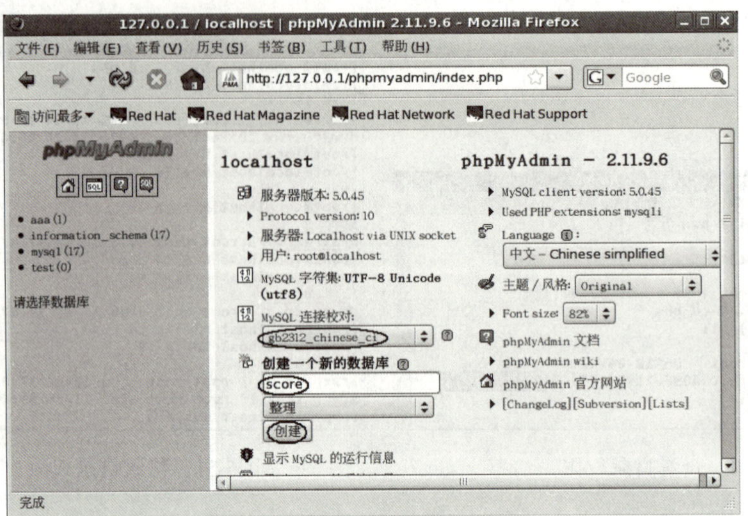

图6-53 创建数据库score

这时，phpMyAdmin会根据用户设置的参数创建数据库“score”，并将对应的SQL语句显示出来。

2. 创建表“score1”

由于只是创建了数据库“score”，其中还没有任何表，所以在页面的下方，会有一个创建表的文本框，并可设置字段的个数。这里创建一个表“score1”，列数为3列，然后单击“执行”按钮，如图6-54所示。

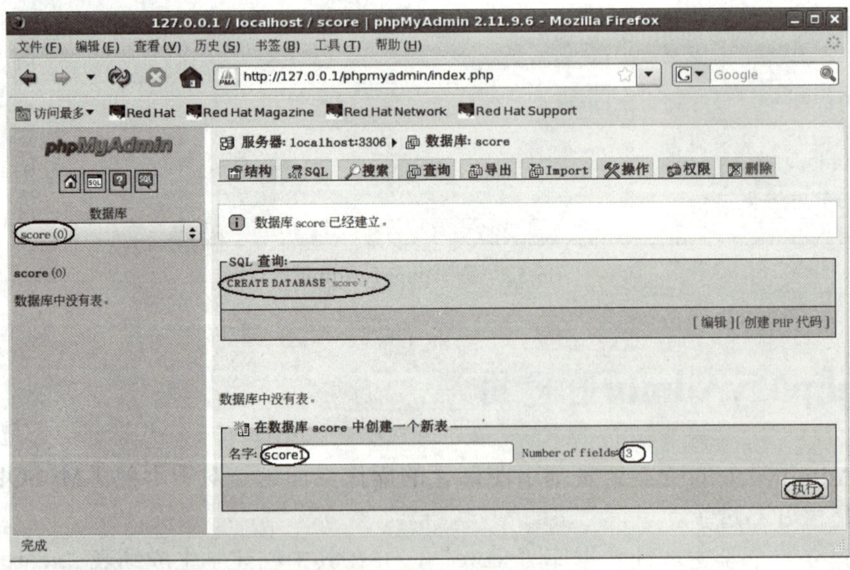

图6-54 创建表score1

为表“score1”创建3个字段：“id”“name”“score”，类型如图6-55所示，这里特别要注意：表的整理类型选择“gb2312_chinese_ci”。

字段类型都设置好后，单击“保存”按钮，phpMyAdmin会根据用户设置的参数创建表“score1”，并将对应的SQL语句显示出来，如图6-56所示。

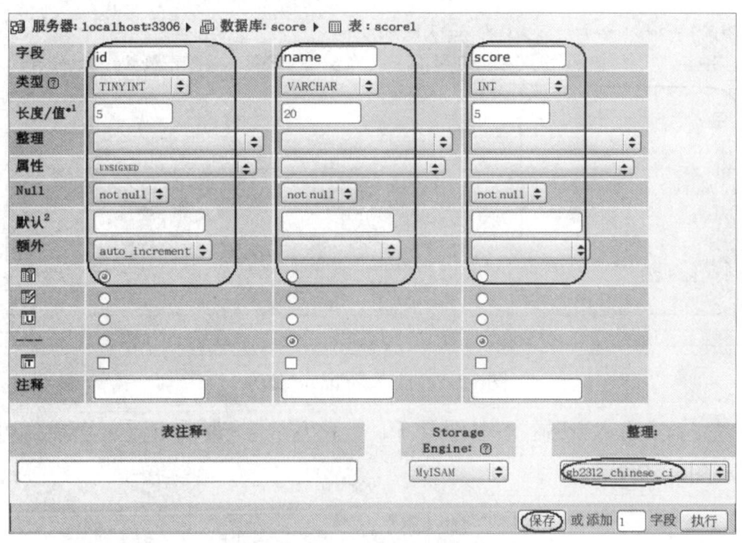

图6-55　创建字段

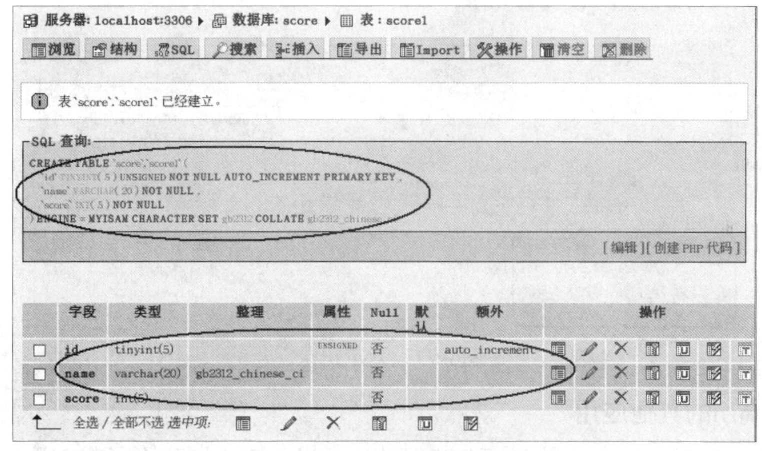

图6-56　创建表

3. 插入新记录

数据库和表都建立好了，现在可以向表“score1”中插入记录了，单击页面上方的“插入”按钮，可以插入新记录。这里插入“张三”的信息，由于字段“id”设置成自动增长类型，所以只需要录入姓名和成绩即可，然后单击“执行”按钮，如图6-57所示。

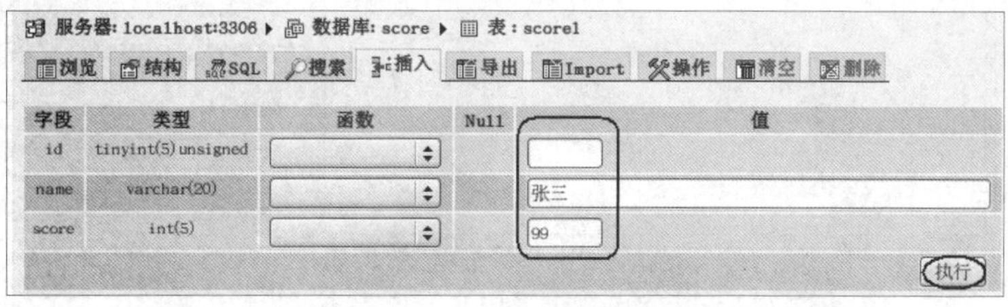

图6-57　插入新记录

phpMyAdmin会自动总结出对应的SQL语句代码，如图6-58所示。

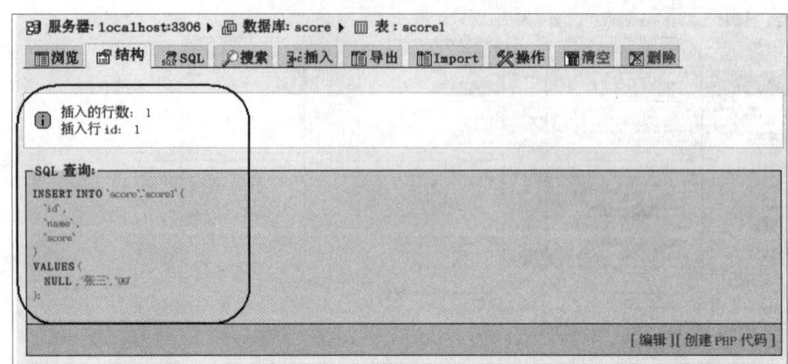

图6-58　插入新记录成功

用同样的方法，再插入记录“李四”和“王五”。查看记录信息，可以单击上方的“浏览”按钮，如图6-59所示。

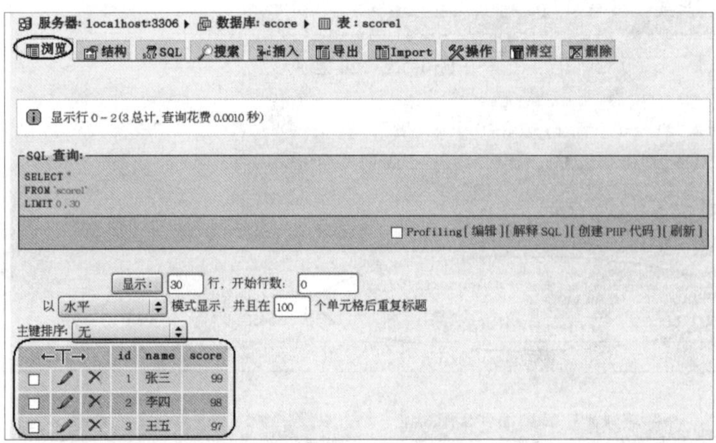

图6-59　浏览记录

4．phpMyAdmin的其他应用

如果想在phpMyAdmin中直接运行SQL语句，可以点击上方的“SQL”标签，输入SQL语句即可，如图6-60所示。

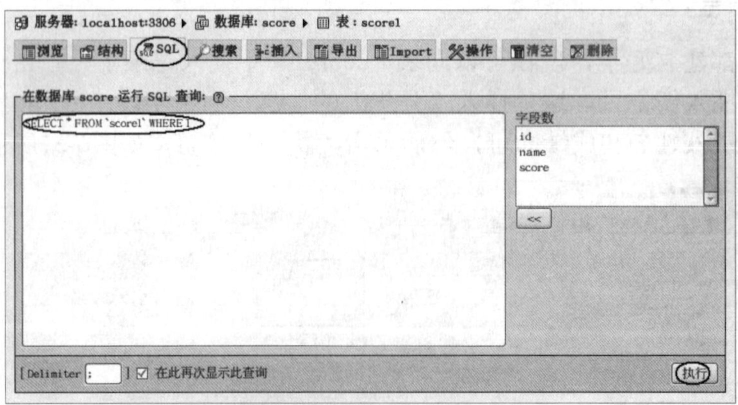

图6-60　运行SQL脚本

如果想将这个数据库的SQL语句导出，则可以单击“导出”标签，在左侧的导出格式中选择“SQL”，然后单击“执行”按钮，如图6-61所示。

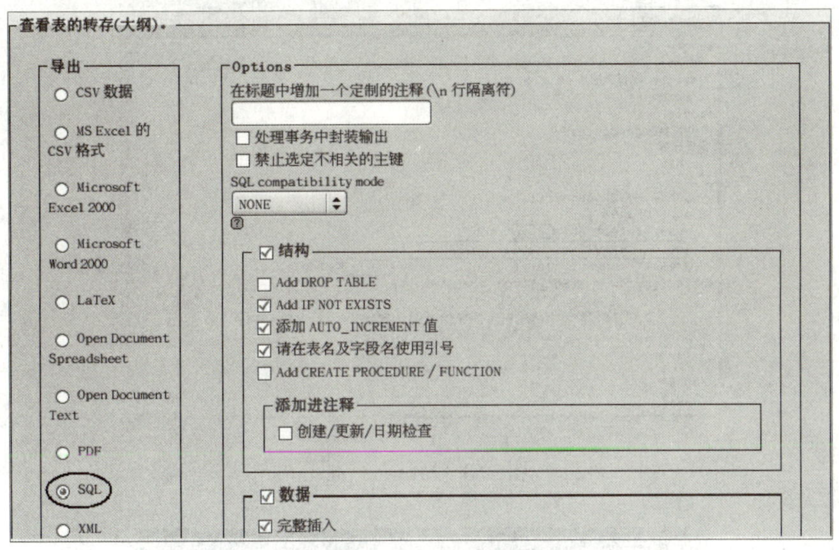

图6-61 导出SQL脚本

整个数据库的基本信息对应的SQL脚本都已总结出来，如图6-62所示。

```
-- phpMyAdmin SQL Dump
-- version 2.11.9.6
-- http://www.phpmyadmin.net
--
-- 主机: localhost:3306
-- 生成日期: 2009 年 12 月 14 日 15:11
-- 服务器版本: 5.0.45
-- PHP 版本: 5.1.6

SET SQL_MODE="NO_AUTO_VALUE_ON_ZERO";

--
-- 数据库: `score`
--

-- --------------------------------------------------------

--
-- 表的结构 `score1`
--

CREATE TABLE IF NOT EXISTS `score1` (
  `id` tinyint(5) unsigned NOT NULL auto_increment,
```

图6-62 SQL脚本

6.5.4 用PHP程序测试phpMyAdmin

编写测试程序“browsel.php”，代码如图6-63所示。

在文件“browsel.php”中，主要指定了访问的数据库是“score”，字符编码方式为“gb2312”，并用循环结构输出了表“score1”中的全部记录信息。注意：保存时要存成“GB2312”格式，如图6-64所示。

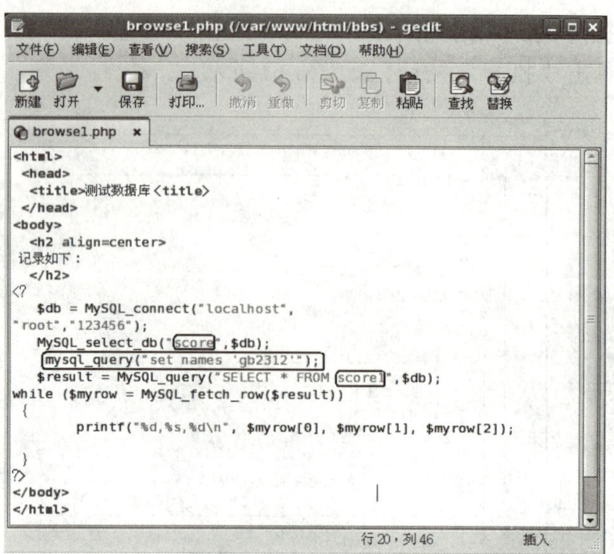

图6-63 browsel.php

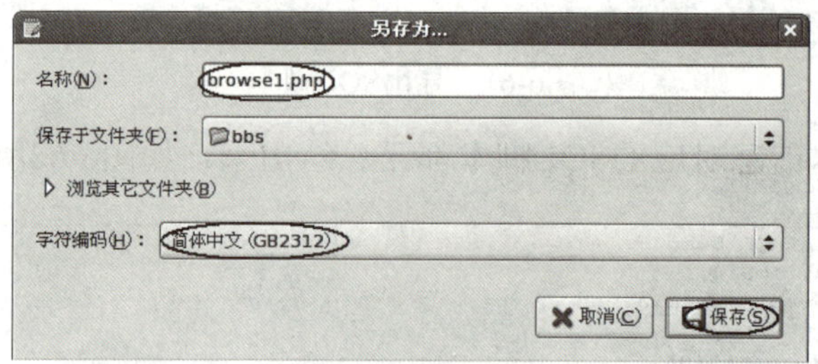

图6-64 设置字符编码类型

在浏览器中测试，从图6-65中可以看到，用phpMyAdmin创建的数据库“score”下的表“score1”中的记录信息正常显示，并且中文也不是乱码了。

图6-65 测试页面

第 7 章 Samba服务器

Windows和Linux除了通过FTP来共享文件外还有其他方式吗？答案是肯定的，那就是架构一个Samba服务器。Samba是一种让Linux系统能够应用Microsoft网络协议通信的软件。它是怎样工作的？如何搭建一个Samba服务器？本章将重点讲述这些内容。

7.1 Samba服务器简介

Microsoft和Intel两家公司开发了一个名为SMB的协议（Server Message Block，服务器信息块），该协议允许Windows系列系统之间共享磁盘和打印资源。现在SMB已经超出了Windows系统平台的限制，包括Linux在内的许多操作系统平台都可以使用SMB。Samba通过实现UNIX的SMB/CIFS协议可以让UNIX系统与标准Windows客户机共享资源。

7.1.1 Samba服务器原理简介

随着计算机网络的发展，网络资源共享越来越得到重视，实现不同操作系统的文件和打印共享成为一个必然趋势。Linux的普及，使得如何共享Linux下的文件成为用户关心的问题。使用Windows的用户都知道，网上邻居是一个可以方便地访问其他Windows计算机资源的共享方式。为了使Windows用户以及Linux用户能够互相访问资源，Linux提供了一套资源共享的软件——Samba的服务器软件，通过它可以轻松实现文件共享。Samba的功能很强大，在Linux服务器上的Samba运行起来以后，Linux就相当于一台文件及打印服务器，向Windows和Linux Samba客户提供文件及打印服务。

7.1.2 SMB协议

SMB通信协议是Microsoft和Intel在1987年制定的协议，是Linux、OS/2、Windows系列操作系统和Windows for Workgroups等计算机之间提供文件共享、打印机服务、域名解析、验证（Authentication）、授权（Authorization）以及浏览（Browsing）等服务的网络通信协议，主要作为Microsoft网络的通信协议。SMB协议为客户机/服务器模型。客户机通过该协议可以访问服务器上的共享文件系统、打印机及其他资源。

7.1.3 SMB客户端

SMB客户端在连接SMB服务器时可以使用的通信协议有很多，例如，TCP/IP（事实上是RFC1001和RFC 1002中定义的NetBIOS over TCP/IP）、NetBEUI或IPX/SPX。而在成功连接服务器后，SMB客户端即可使用SMB指令在文件系统中进行访问或其他的工作，所有动作都必须通过网络来进行。

通常SMB都可以与其他的通信协议协同工作，以支持客户端最大的功能，表7-1是以OSI模型与TCP/IP程序堆栈来表示的与SMB运行时有关的各式通信协议。

表7-1　与SMB运行相关的协议

<table>
<tr><td>OSI</td><td colspan="5">TCP/IP</td></tr>
<tr><td>应用层</td><td colspan="4" rowspan="2">SMB</td><td rowspan="3">Application</td></tr>
<tr><td>表达层</td></tr>
<tr><td>会话层</td><td>NetBIOS</td><td rowspan="3">NetBEUI</td><td>NetBIOS</td><td>NetBIOS</td></tr>
<tr><td>传输层</td><td rowspan="2">IPX</td><td>DECnet</td><td>TCP/UDP</td><td>TCP/UDP</td></tr>
<tr><td>网络层</td><td></td><td>IP</td><td>IP</td></tr>
<tr><td rowspan="2">数据链路层</td><td rowspan="2">802.2/3/5</td><td>802.2</td><td rowspan="2">Ethernet V2</td><td rowspan="2">Ethernet V2</td><td rowspan="2">Ethernet</td></tr>
<tr><td>8023./5</td></tr>
<tr><td>物理层</td><td colspan="5"></td></tr>
</table>

由表7-1可见，SMB可以在TCP/IP、NetBEUI、IPX/SPX、DECnet等通信协议上运行，如果要在TCP/IP或NetBEUI上使用SMB，则可以通过NetBIOS API接口。但是在一般情况下，SMB都使用NetBIOS over TCP/IP，因为它的优点是容易移植，而且TCP/IP也是目前最普及的通信协议。

目前可以在SMB客户机/服务器体系结构中担任客户端的计算机大多是Windows操作系统，如Windows 95/98/ME/XP、Windows NT 40、Windows 2000和Windows for Workgroups 3.11等。用户可以在这些操作系统上，利用“文件管理”或“网上邻居”等程序，并通过网络来连接到SMB服务器，同时它也支持UNC路径的使用。

除了Windows操作系统之外，其他可以当成SMB客户端的有：

- Digital开发的PATHWORKS客户端。
- Samba上的smbclient。
- Linux上的smbfs。
- smblib。

7.1.4　SMB服务器

所谓的SMB服务器，顾名思义就是用来提供SMB服务的服务器软件，目前在很多平台上都有SMB服务器，但这里只介绍在Linux上的SMB服务器——Samba。

Samba是由Andrew Tridgell和一组志愿者开发的SMB服务器，它可以在许多UNIX OpenVMS和UNIX-Like的平台上运行，其中包括Linux、Solaris、SunOS、HP-UX、ULTRIX、DECOSF/1、Digital UXIT、Dynix、IRIX、SCO Open Server、DG-UX、UNIXWARE、AIX、BSDI、NetBSD、NEXTSTEP和A/UX等。

7.1.5　Samba软件功能

由于SMB通信协议采用的是Client/Server架构，所以Samba软件可以分为客户端和服务器端两部分。通过执行Samba客户端程序。Linux主机便可以使用网络上Windows主机所共享的资源。而在Linux主机上安装Samba服务程序，则可以使Windows主机访问Samba服务器共享的资源。

Samba的功能如下：

- 共享Linux的文件系统。
- 共享安装在Samba服务器上的打印机。
- 使用Windows系统共享的文件和打印机。
- 支持Windows域控制器和Windows成员服务器对使用Samba资源的用户进行认证。
- 支持WINS名字服务器解析及浏览。
- 提供SMB客户功能。利用Samba提供的smbclient程序可以从UNIX下以类似于FTP的方式访问Windows的资源。
- 提供一个命令行工具，可以有限制地支持NT的某些管理功能。

7.1.6　Samba的组成软件包

Samba之所以能支持如此多的功能，主要是包含许多软件包，其中所包含的软件包见表7-2。

表7-2　Samba应用程序

名　称	说　明
smbd	SMB服务器的主要程序，可以处理来自客户端的连接、文件处理、授权和用户名称的工作
nmbd	NetBOIS域名服务器，负责帮助客户端找出服务器的位置，以进行浏览工作和管理域，目前这些功能已内置在Samba中
smbclient	在UNIX主机上运行的SMB客户端程序
testprns	测试服务器访问打印机的程序
testparm	测试Samba配置正确性的程序
smb.conf	Samba配置文件
smbprint	批处理运行文件，可允许UNIX主机使用smbclient将打印工作送给SMB服务器

7.2　Samba服务器的安装与配置

7.2.1　安装Samba

在安装Red Hat Enterprise Linux 5时可以定制安装Samba软件包。如果没有安装，需要到Red Hat Enterprise Linux 5的系统盘中找到Samba-common-3.0.33-3.7.el5.rpm，Samba-3.0.33-3.7.el5.rpm和Samba-client-3.0.33-3.7.el5.rpm进行手动安装。

- Samba-common-3.0.33-3.7.el5.rpm　//Samba通用程序

- Samba-3.0.33-3.7.el5.rpm　　　　//Samba服务器端程序
- Samba-client-3.0.33-3.7.el5.rpm　　//Samba客户端程序

可以先通过“rpm-qa|grep samba”命令查询本系统是否已经安装了Samba软件包，如果显示结果中包含这三个软件包，就说明系统已经安装了Samba，就可以开始配置Samba服务器了，如图7-1所示。

图7-1　查询系统是否安装了Samba软件包

7.2.2　Samba主配置文件详解

配置Samba的工作其实就是对默认的配置文件/etc/Samba/smb.conf进行相应的设置。smb.conf关系着Samba服务器的权限设置，以及共享的目录，打印机和机器所属的工作组等各种细致的选项。

文件smb.conf的语法非常明确。文件被分成几个全程单元，每一全程单元的名字用方括号括起来。在每一个全程单元内用“参数名称=值”的格式来设置参数。最前面加“；”或“#”，表示该句为注释。

配置文件中有比较重要的几个全程单元：[global]、[homes]和[printers]，下面分别给予说明。

1. [global]单元

它定义了服务器本身使用的配置参数以及其他共享资源部分使用的默认参数配置，可以说是最重要的一个字段。系统规定，如果其他字段列出了和[global]相同的选项并予以赋值，此时选项的赋值以其他部分的设置为准。图7-2为Samba主配置文件/etc/Samba/smb.con中的[global]单元。

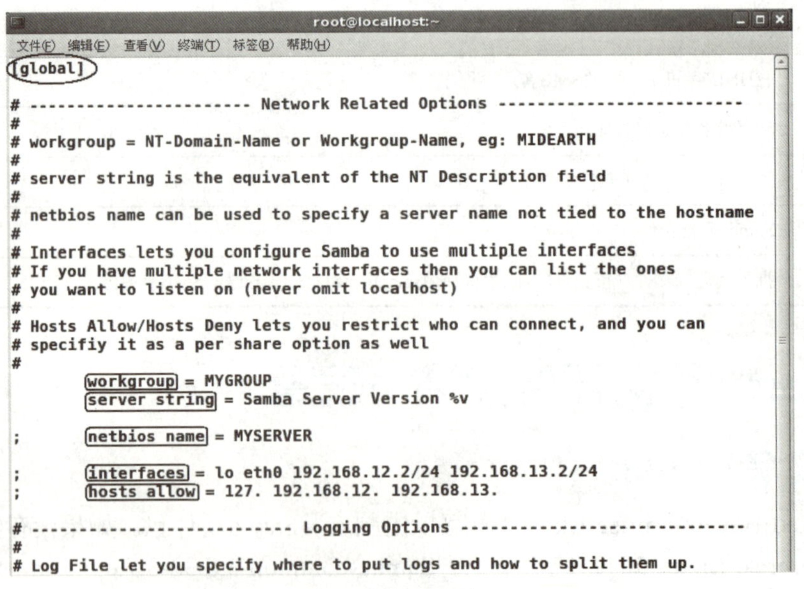

图7-2　[global]单元

主要参数包括：

workgroup：用来指定主机所在网络上所属的工作组名称。

server string：用来设置本机描述。

netbios name：设置主机名称，即Samba服务器在网上邻居中显示的名字。

interfaces：配置Samba使用多个网络接口。

hosts allow：用来设置允许哪些机器可以访问Samba服务器。用户通过指定一系列网络地址，可以有效阻止非法用户使用Samba服务器，且只有在指定网络地址中的计算机才能访问服务器提供的资源。在默认情况下，该参数被注释掉了，即所有的客户端都可以访问Samba服务器。

loadprinters：允许自动加载打印机列表，而不需要单独设置每一台打印机。

security：设置安全参数，定义安全模式。Samba默认采用的是“用户”级别的安全性，也就是“security=user”模式，此时由Samba服务器完全控制用户身份的认证，如图7-3所示。

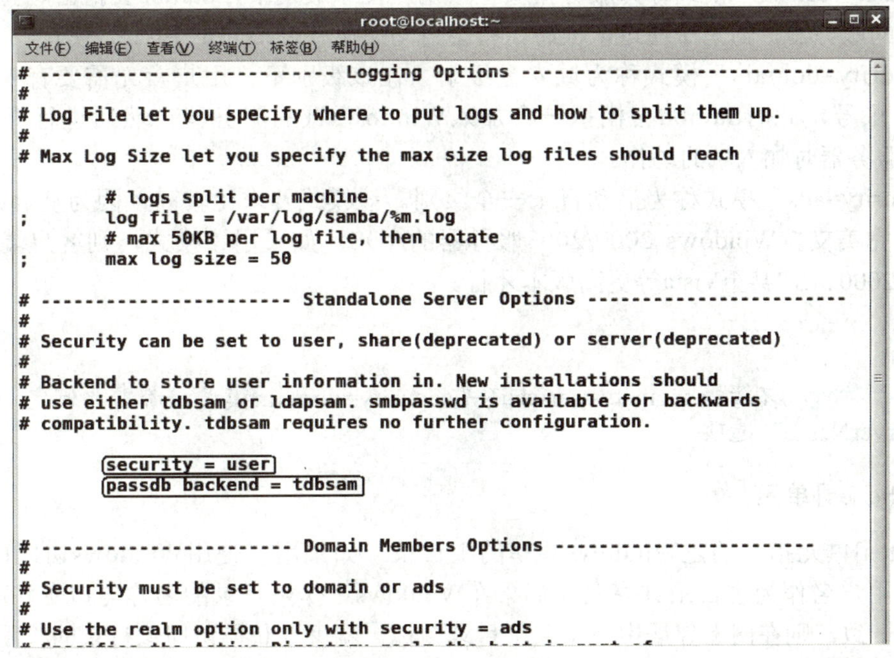

```
root@localhost:~
文件(F) 编辑(E) 查看(V) 终端(T) 标签(B) 帮助(H)
# --------------------------- Logging Options -----------------------------
#
# Log File let you specify where to put logs and how to split them up.
#
# Max Log Size let you specify the max size log files should reach

        # logs split per machine
;       log file = /var/log/samba/%m.log
        # max 50KB per log file, then rotate
;       max log size = 50

# ----------------------- Standalone Server Options ------------------------
#
# Security can be set to user, share(deprecated) or server(deprecated)
#
# Backend to store user information in. New installations should
# use either tdbsam or ldapsam. smbpasswd is available for backwards
# compatibility. tdbsam requires no further configuration.

        security = user
        passdb backend = tdbsam


# ----------------------- Domain Members Options ------------------------
#
# Security must be set to domain or ads
#
# Use the realm option only with security = ads
```

图7-3　安全模式设置

Samba服务器的用户验证模式包括：用户、共享、服务器、域和ADS等多个级别。

1）用户（User Level）：Samba服务器对用户身份进行验证，用户只有通过验证才能访问相应的共享。

2）共享（Share Level）：工作组中的每个共享都有一个或多个与其他相关联的密码，用户只要知道密码，就可以随意访问。Windows 95/98/ME使用的就是这个模式。

3）服务器（Server Level）：可以使用一个单独的Samba服务器进行用户身份验证，这样用户才可以访问共享。

4）域（Domain Level）：此时Samba成为域的一部分，并使用主域控制器（PDC）来进行用户身份验证。用户通过了身份验证，就可以获得一个特殊的标志，这样就可以访问相应权限的共享资源。

5）ADS（Active Directory System）：活动目录级别，只在Windows 2000及以后的操作系统中支持。

参数“security=user”是Samba默认的安全等级，即用户安全级别。在该安全等级下，Samba接收到用户的访问请求后，会进行密码检查工作，不过前提条件是用户名和密码必须在/etc/Samba/smbpasswd中已定义。为了保证安全，还要设置“encrypt passwords=yes”。这样做的目的是保证密码不会在网络上被明文传送，从而避免了密码被嗅探工具捕获的风险。

当参数“security=share”时表示Samba服务器的用户验证模式采用的是共享级的方式。客户端连接时会发送一个口令，而不需要用户信息。共享级权限是Windows 95文件和打印服务器的默认设置。由于它的安全性不高，而且现在使用Windows 95操作系统的用户也很少，一般不推荐使用该安全级别。

·“security=server”模式称为服务器安全级别。在该级别下，Samba会把密码验证的工作交给指定的服务器。当无法通过认证时，将会自动切换到“security=user”模式。

“security=domain”模式称为域安全级别。在该级别下，用户首先需要有Windows域的管理员账号，此时Samba会模拟一台加入Windows域的服务器，然后进行类似于安装Windows服务器时加入域的动作。

“security=ads”模式称为活动目录安全级别。该模式要求比较高，因为从Samba 3.0开始，可以完美支持Windows 2000/2003服务器的ADS。如采用该模式，则客户端必须都是Windows 2000、XP甚至Vista等更高版本才行。

注意：不管是security=server还是security=domain模式，都需要制定“password server=ServerName”选项。

2. [homes]单元

[homes]单元指定的是Windows共享的主目录。如果用户使用Windows访问Linux主目录，则其用户名作为主目录共享名。如果在Windows工作站登录的名称与口令和Linux用户名与口令一致，则在网上邻居中双击共享目录图标，就可以获得访问该目录的权限。

在图7-4中，[homes]单元为每个用户设置一个随用户名而变化的动态目录，并将其映射到相应的Linux用户的家目录中。主要参数含义如下：

- comment　　//注释，描述共享的信息。
- browseable　　//定义是否允许网络列出共享，即是否允许其他人浏览该共享。
- writable　　//指定合法用户是否具有对该目录写入的权限。
- valid users　　//定义合法用户，只有指定列表中的用户才可访问该共享，各个用户名前用空格分隔，如果是组群名，则前面需要加上@或+符号。这里使用的是Samba的变量%S，表示与共享名同名的用户。

3. [printers]单元

用于定义共享Linux网络打印机。从Windows系统访问Linux网络打印机时，共享的应是printcap中指定的Linux打印机名。

```
root@localhost:~
文件(F)  编辑(E)  查看(V)  终端(T)  标签(B)  帮助(H)
#============================ Share Definitions ======
========================
[homes]
        comment = Home Directories
        browseable = no
        writable = yes
;       valid users = %S
;       valid users = MYDOMAIN\%S

[printers]
        comment = All Printers
        path = /var/spool/samba
        browseable = no
        guest ok = no
        writable = no
        printable = yes

-- INSERT --
```

图7-4　[homes]和[printers]单元

4．[public]单元

在Samba服务器的主配置文件的最后还包含了一个[public]单元，可以用来设置用户自定义的共享资源，如图7-5所示。

图7-5　[public]单元

各参数的说明如下：

- comment　//提示，在Windows的网上邻居上显示为备注。
- path　//Linux上的共享目录。这里设置成了/home/Samba目录，但共享名为public。
- valid users　//允许访问Linux共享目录的用户。此用户是Linux的Samba用户。
- public　//若设为yes，则允许guest用户在内的所有用户访问该共享。
- writable　//是否允许用户具有写权限。
- printable　//若设为yes，则被认定为打印机。
- write list　//表示只有组群staff中的成员才可以对该目录进行读写操作。

设置好/etc/samba/smb.conf之后，可以用testparm指令检查该文件中是否有错误，如图7-6所示。

图7-6　用testparm指令检查

按<Enter>键显示更多Samba服务器的详细信息，如图7-7所示。

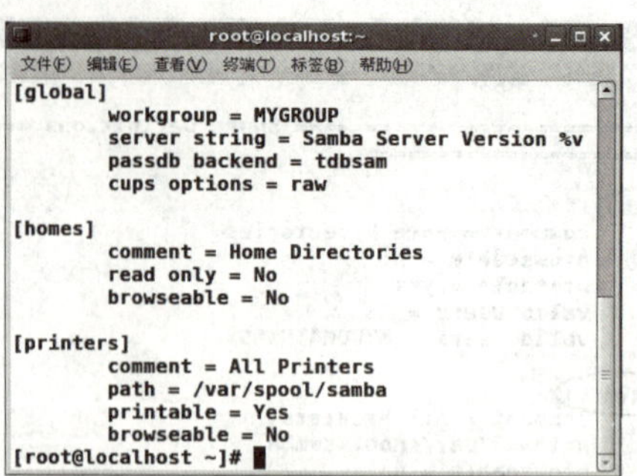
```
[global]
        workgroup = MYGROUP
        server string = Samba Server Version %v
        passdb backend = tdbsam
        cups options = raw

[homes]
        comment = Home Directories
        read only = No
        browseable = No

[printers]
        comment = All Printers
        path = /var/spool/samba
        printable = Yes
        browseable = No
[root@localhost ~]#
```

图7-7 Samba服务器的详细信息

7.2.3 启动、停止和重启Samba服务器

如果检查结果中没有任何错误，就可以启动Samba了，按照图7-8所示启动。

```
[root@localhost ~]# service smb start
启动 SMB 服务：                                   [确定]
启动 NMB 服务：                                   [确定]
[root@localhost ~]#
```

图7-8 启动Samba服务器

这时Red Hat Enterprise Linux 5系统上的Samba已经启动起来了。

停止Samba服务，可以使用“service smb stop”命令，如图7-9所示。

```
[root@localhost ~]# service smb stop
关闭 SMB 服务：                                   [确定]
关闭 NMB 服务：                                   [确定]
[root@localhost ~]#
```

图7-9 停止Samba服务器

对Samba服务器进行了一些配置后，如果需要让配置生效，则应重新启动Samba服务器。此时可以通过“service smb restart”命令来实现，运行效果如图7-10所示。

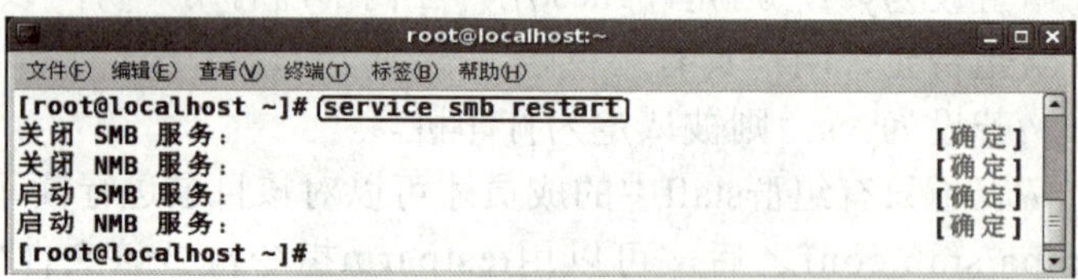
```
[root@localhost ~]# service smb restart
关闭 SMB 服务：                                   [确定]
关闭 NMB 服务：                                   [确定]
启动 SMB 服务：                                   [确定]
启动 NMB 服务：                                   [确定]
[root@localhost ~]#
```

图7-10 重启Samba服务器

7.2.4 测试Samba服务器

设置好Samba服务器和共享资源后，客户端的访问方式因系统是Windows或者Linux而异。

1．通过Windows客户端测试Samba服务器

找一台连网的Windows操作系统的计算机作为测试客户机，激活“网上邻居”，在“搜索计算机”对应的文本框中输入上面配置的Samba服务器的IP地址，即可进行在Windows

中访问Linux系统的共享目录了。

2．通过Linux客户端测试Samba服务器

如果是在图形桌面环境中，Linux客户端访问共享资源与Windows下并没有太大的区别，不同的是，Linux客户端提供了强大的命令行工具，而这个工具在某些时候用起来更方便。

在Linux的shell环境中用命令“smbclient//IP地址/共享目录–U用户名”来登录Samba服务器。

登录成功后，在“smb：\>”提示符下，可以输入各种指令，如ls（列表）、pwd（查看当前目录）、put（文件上传）、get（文件下载）等，和通过FTP的命令行访问方式相同。

7.3　Samba服务器配置实例

7.3.1　基于guest访问方式的Samba服务器的配置

设置一个Samba服务器，允许用户以客人身份登录。Samba服务器的共享目录为/tmp，共享目录名称为homes，共享目录的权限是只读。

用vi编辑器编辑主配置文件/etc/samba/smb.conf，如图7-11所示。

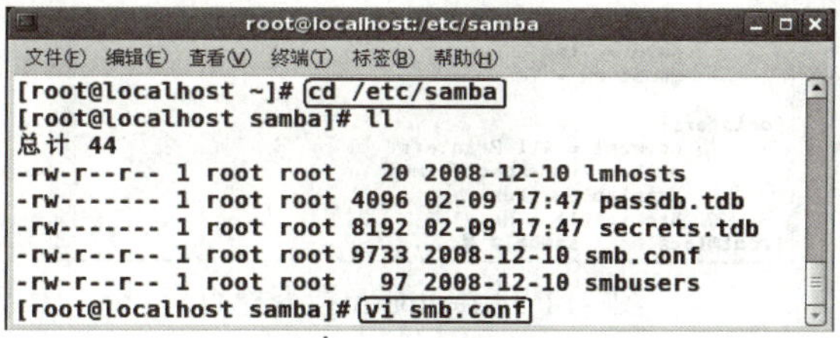

```
root@localhost:/etc/samba
文件(F) 编辑(E) 查看(V) 终端(T) 标签(B) 帮助(H)
[root@localhost ~]# cd /etc/samba
[root@localhost samba]# ll
总计 44
-rw-r--r-- 1 root root   20 2008-12-10 lmhosts
-rw------- 1 root root 4096 02-09 17:47 passdb.tdb
-rw------- 1 root root 8192 02-09 17:47 secrets.tdb
-rw-r--r-- 1 root root 9733 2008-12-10 smb.conf
-rw-r--r-- 1 root root   97 2008-12-10 smbusers
[root@localhost samba]# vi smb.conf
```

图7-11　用vi编辑器编辑主配置文件/etc/samba/smb.conf

将[global]单元中的参数“security”设置成“share”，即共享级验证方式。在此方式下，客户端连接时会发送一个口令，而不需要用户信息，如图7-12所示。

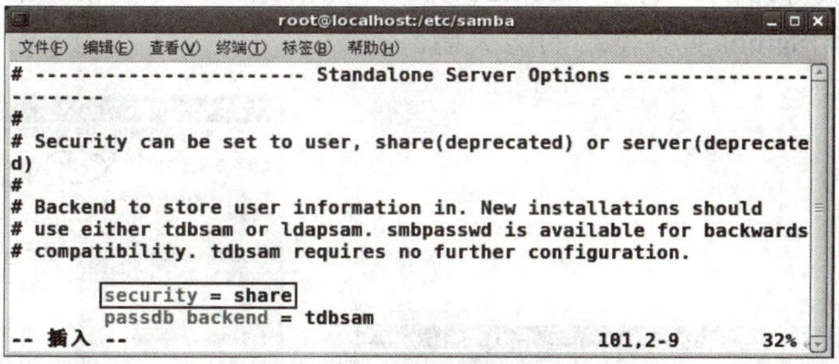

```
root@localhost:/etc/samba
文件(F) 编辑(E) 查看(V) 终端(T) 标签(B) 帮助(H)
# ----------------------- Standalone Server Options ----------------
--------
#
# Security can be set to user, share(deprecated) or server(deprecate
d)
#
# Backend to store user information in. New installations should
# use either tdbsam or ldapsam. smbpasswd is available for backwards
# compatibility. tdbsam requires no further configuration.

        security = share
        passdb backend = tdbsam
-- 插入 --                                          101,2-9      32%
```

图7-12　修改[global]单元

对[homes]单元加入guest ok、path和read only参数，如图7-13所示。[homes]单元表示设定共享目录的名称为homes，guest ok=yes指定允许以客人身份登录，path=/tmp则说明共享目录的位置，read only=yes表示设定共享目录的权限是只读。

设置好/etc/samba/smb.conf之后，可以用testparm指令检查该文件中是否有错误，如

图7-14所示。

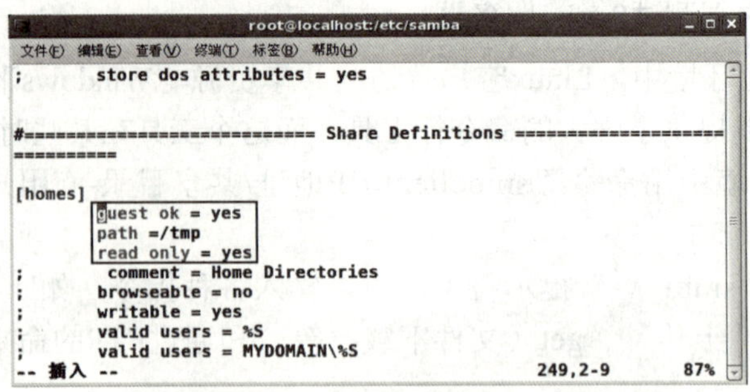

图7-13　修改[homes]单元

```
root@localhost:/etc/samba
文件(F) 编辑(E) 查看(V) 终端(T) 标签(B) 帮助(H)
[root@localhost samba]# testparm
Load smb config files from /etc/samba/smb.conf
Processing section "[homes]"
Processing section "[printers]"
Loaded services file OK.
Server role: ROLE_STANDALONE
Press enter to see a dump of your service definitions

[global]
        workgroup = MYGROUP
        server string = Samba Server Version %v
        security = SHARE
        passdb backend = tdbsam
        cups options = raw

[homes]
        path = /tmp
        guest ok = Yes

[printers]
        comment = All Printers
        path = /var/spool/samba
        printable = Yes
        browseable = No
[root@localhost samba]#
```

图7-14　用testparm指令检查

如果用testparm指令检查配置文件正确无误后，就可以重新启动Samba服务器了，如图7-15所示。

找一台联网的Windows操作系统的主机作为测试机，打开“网上邻居”，在“搜索计算机”中输入Samba服务器的IP地址（202.207.50.79），图7-16为搜索到的结果。注意：如果搜索不到，要先关闭Samba服务器端的防火墙。

图7-15　启动Samba服务器

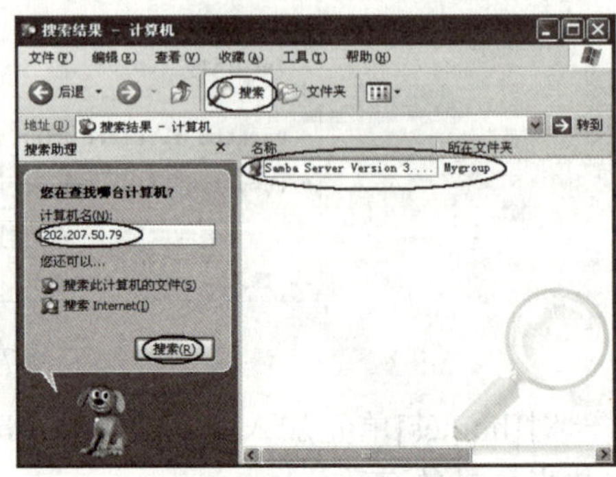

图7-16　搜索Samba服务器

双击右侧的Samba Server，由于是以客人身份登录，所以无需输入账户名及密码就能成功登录。登录成功后可以看到刚才在Samba服务器上设置的共享目录homes，如图7-17所示。

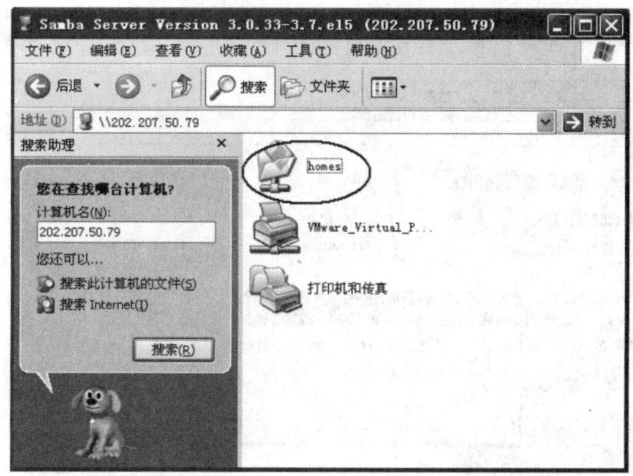

图7-17　登录成功

打开共享目录homes后会看到如图7-18所示的内容。

图7-18　homes目录

共享目录homes下的内容就是Samba服务器发布的/tmp下的内容，如图7-19所示。

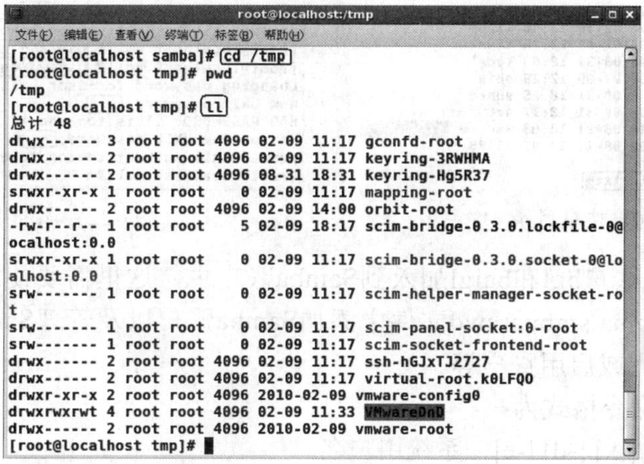

```
root@localhost:/tmp
文件(F) 编辑(E) 查看(V) 终端(T) 标签(B) 帮助(H)
[root@localhost samba]# cd /tmp
[root@localhost tmp]# pwd
/tmp
[root@localhost tmp]# ll
总计 48
drwx------ 3 root root 4096 02-09 11:17 gconfd-root
drwx------ 2 root root 4096 02-09 11:17 keyring-3RWHMA
drwx------ 2 root root 4096 08-31 18:31 keyring-Hg5R37
srwxr-xr-x 1 root root    0 02-09 11:17 mapping-root
drwx------ 2 root root 4096 02-09 14:00 orbit-root
-rw-r--r-- 1 root root    5 02-09 18:17 scim-bridge-0.3.0.lockfile-0@l
ocalhost:0.0
srwxr-xr-x 1 root root    0 02-09 11:17 scim-bridge-0.3.0.socket-0@lo
alhost:0.0
srw------- 1 root root    0 02-09 11:17 scim-helper-manager-socket-ro
t
srw------- 1 root root    0 02-09 11:17 scim-panel-socket:0-root
srw------- 1 root root    0 02-09 11:17 scim-socket-frontend-root
drwx------ 2 root root 4096 02-09 11:17 ssh-hGJxTJ2727
drwx------ 2 root root 4096 02-09 11:17 virtual-root.k0LFQ0
drwxr-xr-x 2 root root 4096 2010-02-09 vmware-config0
drwxrwxrwt 4 root root 4096 02-09 11:33 VMwareDnD
drwx------ 2 root root 4096 2010-02-09 vmware-root
[root@localhost tmp]#
```

图7-19　共享目录/tmp

如果想在homes目录下进行创建文件夹或创建文件这样的写操作是不允许的，因为在配置Samba服务器时已明确指定客人身份的只读权限了，如图7-20所示。

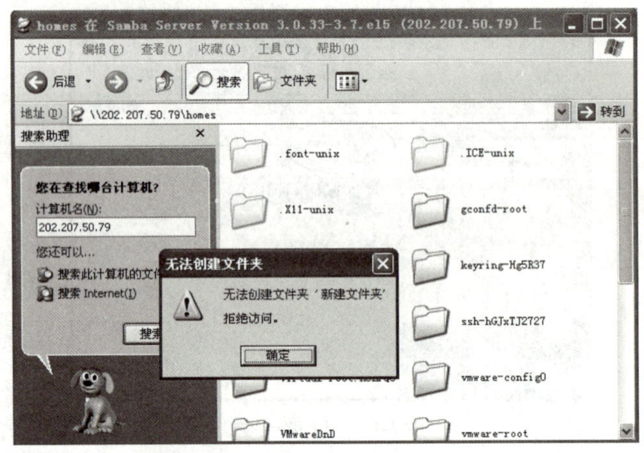

图7-20　写权限的测试

7.3.2　基于指定账户访问方式的Samba服务器的配置

设置一个Samba服务器，允许以账号bgl和baigl身份登录。Samba服务器的共享目录为/usr/bgl，共享目录名称为bgl，共享目录的权限是只读。

先创建共享目录/usr/bgl，并在共享目录/usr/bgl中创建文本文件hello.txt（内容随意），如图7-21所示。

添加系统用户bgl和baigl，并为它们创建相应的密码，如图7-22所示。

```
root@localhost:/usr/bgl
文件(F) 编辑(E) 查看(V) 终端(T) 标签(B) 帮助(H)
[root@localhost usr]# pwd
/usr
[root@localhost usr]# mkdir /usr/bgl
[root@localhost usr]# ll
总计 272
drwxr-xr-x   2 root root  4096 02-09 19:53 bgl
drwxr-xr-x   2 root root 69632 02-09 12:29 bin
drwxr-xr-x   2 root root  4096 2008-08-08 etc
drwxr-xr-x   2 root root  4096 2008-08-08 games
drwxr-xr-x 131 root root 12288 02-09 11:26 include
drwxr-xr-x   6 root root  4096 2008-11-26 kerberos
drwxr-xr-x 124 root root 69632 02-09 12:28 lib
drwxr-xr-x   2 root root  4096 02-09 18:48 lib64
drwxr-xr-x  12 root root  4096 02-09 12:29 libexec
drwxr-xr-x  11 root root  4096 08-31 18:03 local
drwxr-xr-x   2 root root 16384 02-09 12:29 sbin
drwxr-xr-x 234 root root 12288 08-31 18:25 share
drwxr-xr-x   4 root root  4096 08-31 18:17 src
lrwxrwxrwx   1 root root    10 08-31 18:03 tmp -> ../var/tmp
drwxr-xr-x   3 root root  4096 08-31 18:05 X11R6
[root@localhost usr]# cd bgl
[root@localhost bgl]# vi hello.txt
```

图7-21　创建共享目录

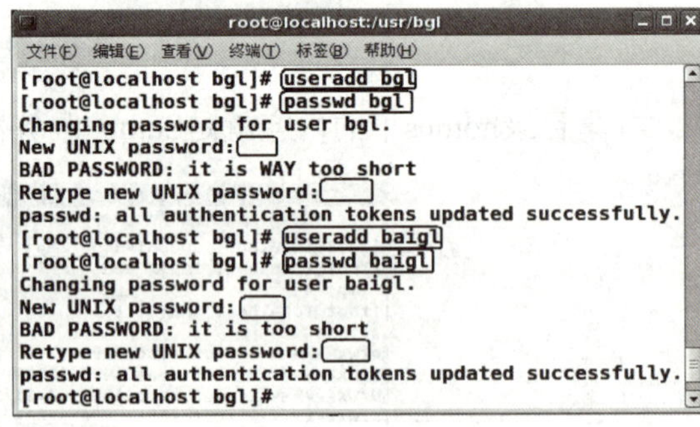

图7-22　添加用户

下面需要将系统账户bgl和baigl加入到Samba账户中，这里需要使用smbpasswd命令。该命令用于向/etc/samba/smbpasswd文件中添加Samba账户以及管理Samba账户，包括修改Samba账户口令、禁用或启用账户等。

使用smbpasswd命令格式为：

smbpasswd　[-a] [-x] [-d] [-e]　系统用户名

各选项的作用是：

- -a：添加用户到/etc/samba/smbpasswd中。
- -x：从/etc/samba/smbpasswd中删除用户。
- -d：禁用某个Samba用户。
- -e：启用某个Samba用户。

此处在终端输入“smbpasswd -a bgl”和“smbpasswd -a baigl”，并分别输入各自的Samba口令，如图7-23所示。注意：将系统账户添加为Samba账户时，可以设置不同的口令，只是使用时要注意不要混淆。

用vi编辑器编辑主配置文件/etc/samba/smb.conf，如图7-24所示。

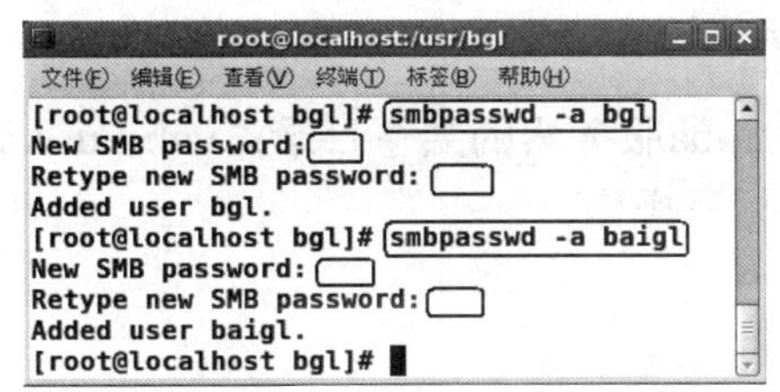

图7-23　将账户加入到Samba账户中

图7-24　用vi编辑器编辑主配置文件/etc/samba/smb.conf

先将参数“security”设置成“user”，即用户安全级别。在该安全等级下，Samba接收到用户的访问请求后，会进行密码检查工作，不过前提条件是用户名和密码必须在/etc/Samba/smbpasswd中已定义，如图7-25所示。

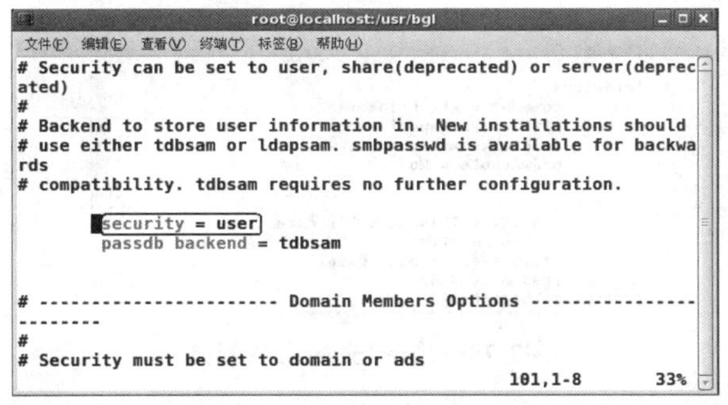

图7-25　设置用户安全级别

再将[homes]单元的内容全部注释掉，即取消7.3.1小节中设置的匿名登录方式，如图7-26所示。

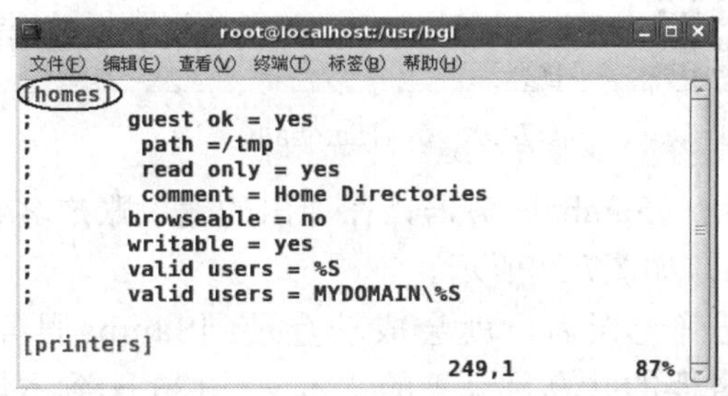

图7-26　[homes]单元

最后到文件末尾找到[public]单元，将其改为[bgldir]单元，各参数配置如图7-27所示。

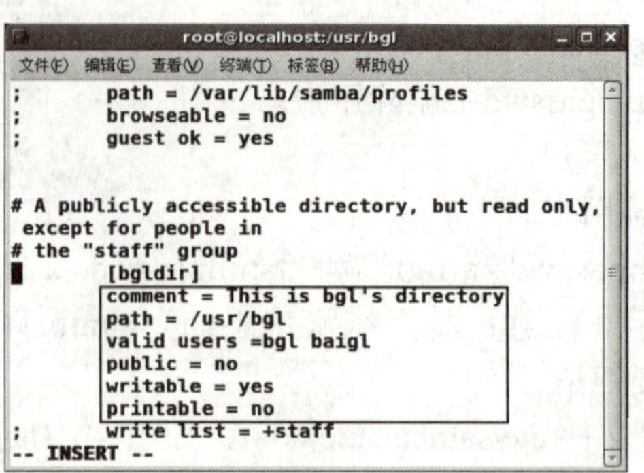

```
root@localhost:/usr/bgl
文件(F) 编辑(E) 查看(V) 终端(T) 标签(B) 帮助(H)
;       path = /var/lib/samba/profiles
;       browseable = no
;       guest ok = yes

# A publicly accessible directory, but read only,
 except for people in
# the "staff" group
        [bgldir]
        comment = This is bgl's directory
        path = /usr/bgl
        valid users =bgl baigl
        public = no
        writable = yes
        printable = no
;       write list = +staff
-- INSERT --
```

图7-27　[bgldir]单元

其中，comment为注释信息；path指定了发布的Samba服务器的共享目录；valid users指定了能访问该共享目录的账户名；writable=yes允许进行写操作。

用testparm命令测试，如图7-28所示。

```
[root@localhost bgl]# testparm
Load smb config files from /etc/samba/smb.conf
Processing section "[homes]"
Processing section "[printers]"
Processing section "[bgldir]"
Loaded services file OK.
Server role: ROLE_STANDALONE
Press enter to see a dump of your service definition
s

[global]
        workgroup = MYGROUP
        server string = Samba Server Version %v
        passdb backend = tdbsam
        cups options = raw

[homes]

[printers]
        comment = All Printers
        path = /var/spool/samba
        printable = Yes
        browseable = No

[bgldir]
        comment = This is bgl's directory
        path = /usr/bgl
        valid users = bgl, baigl
        read only = No
[root@localhost bgl]#
```

图7-28　用testparm命令测试

重启Samba服务器，如图7-29所示。

```
root@localhost:/usr/bgl
文件(F) 编辑(E) 查看(V) 终端(T) 标签(B) 帮助(H)
[root@localhost bgl]# service smb restart
关闭 SMB 服务：                                    [确定]
关闭 NMB 服务：                                    [确定]
启动 SMB 服务：                                    [确定]
启动 NMB 服务：                                    [确定]
[root@localhost bgl]#
```

图7-29　重启Samba服务器

在Windows客户机上访问Samba服务器，在弹出的输入账户名和密码对话框中，输入刚刚创建的账户bgl及其密码，如图7-30所示。

当账户名和密码均正确无误后，就会成功登录到Samba服务器的共享目录中，如图7-31所示。下载Samba服务器的共享目录下的文本文件123.txt到本地客户机。由于之前设置共享目录的writable参数值为yes，即允许进行写操作，所以可以在这里建立一个文件夹测试一下，从图7-31所示的效果可以看到，当前是不允许用户进行写操作的。原因是Samba服务器端共享目录及共享文件的权限不够。

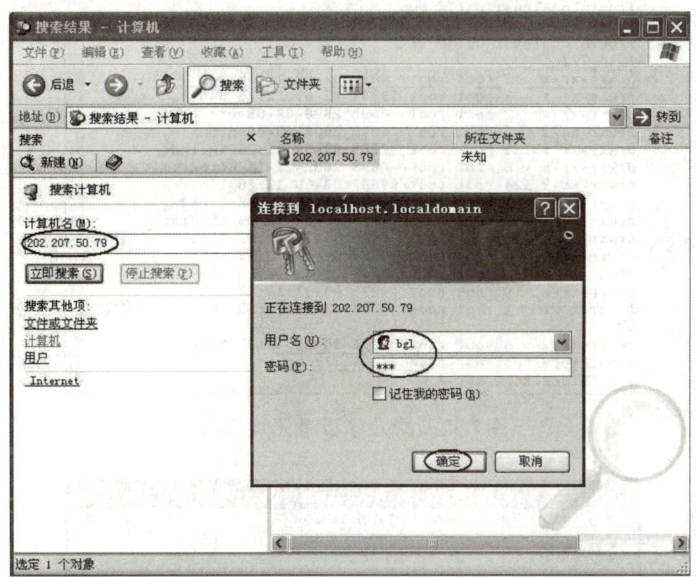

图7-30　用户登录

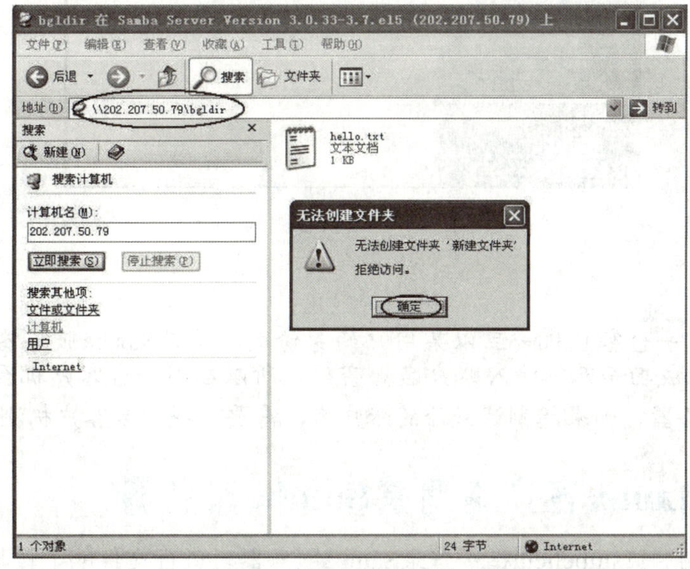

图7-31　测试Samba服务器

7.3.3　Samba服务器写权限的设置

在7.3.2例子的基础上，允许账号bgl和baigl登录到Samba服务器上，且拥有写权限。

在Samba服务器端用“chmod”命令修改共享目录/usr/bgl的权限为777，如图7-32所示。

再次通过Windows客户机测试Samba服务器，这时可以对共享目录进行写操作了，如图7-33所示。

```
[root@localhost usr]# pwd
/usr
[root@localhost usr]# ll
总计 272
drwxr-xr-x   2 root root  4096 02-09 19:55 bgl
drwxr-xr-x   2 root root 69632 02-09 12:29 bin
drwxr-xr-x   2 root root  4096 2008-08-08 etc
drwxr-xr-x   2 root root  4096 2008-08-08 games
drwxr-xr-x 131 root root 12288 02-09 11:26 include
drwxr-xr-x   6 root root  4096 2008-11-26 kerberos
drwxr-xr-x 124 root root 69632 02-09 12:28 lib
drwxr-xr-x   2 root root  4096 02-09 18:48 lib64
drwxr-xr-x  12 root root  4096 02-09 12:29 libexec
drwxr-xr-x  11 root root  4096 08-31 18:03 local
drwxr-xr-x   2 root root 16384 02-09 12:29 sbin
drwxr-xr-x 234 root root 12288 08-31 18:25 share
drwxr-xr-x   4 root root  4096 08-31 18:17 src
lrwxrwxrwx   1 root root    10 08-31 18:03 tmp -> ../var/tmp
drwxr-xr-x   3 root root  4096 08-31 18:05 X11R6
[root@localhost usr]# chmod -R 777 bgl
[root@localhost usr]#
```

图7-32　给共享目录添加权限

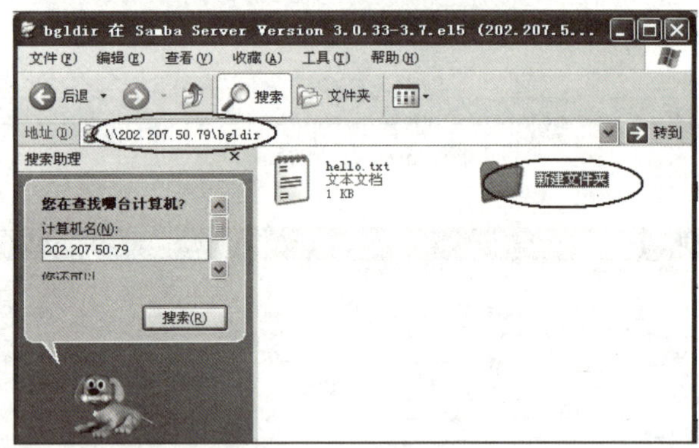

图7-33　写权限测试

注意：一台客户机一旦以某用户的身份成功登录Samba服务器后，当再次登录时，就会直接登录成功而无须输入账户名和密码，所以在同一台客户机至多只能用一个用户名登录Samba服务器，如果想测试另外的账户名，需要再找一台客户机测试。

7.3.4　通过Linux客户端测试Samba服务器

在Linux客户端通过smbclient指令登录Samba服务器，进行文件的上传与下载。

找一台Linux客户机，在用smbclient指令登录Samba服务器之前，先在当前目录下创建一个文本文件qqq.txt，便于后面的文件上传，如图7-34所示。

图7-34　在Linux客户端建立上传文件

用smbclient指令登录Samba服务器，效果如图7-35所示。smbclient指令的格式为“smbclient //IP地址/共享目录–U用户名”，当以账户bgl的身份成功登录后，可以用put命令上传文件，用get命令下载文件，操作同

FTP客户端指令。

```
[root@localhost 111]# smbclient //202.207.50.79/bgldir -U bgl
Password:
Domain=[LOCALHOST] OS=[Unix] Server=[Samba 3.0.33-3.7.el5]
smb: \> pwd
Current directory is \\202.207.50.79\bgldir\
smb: \> ls
  .                                   D        0  Tue Feb  9 20:53:44 2010
  ..                                  D        0  Tue Feb  9 21:04:12 2010
  新建文件夹                           D        0  Tue Feb  9 20:53:44 2010
  hello.txt                           A       24  Tue Feb  9 19:55:46 2010

                54556 blocks of size 131072. 21987 blocks available
smb: \> put qqq.txt
putting file qqq.txt as \qqq.txt (1.4 kb/s) (average 1.4 kb/s)
smb: \> ls
  .                                   D        0  Tue Feb  9 21:04:49 2010
  ..                                  D        0  Tue Feb  9 21:04:12 2010
  qqq.txt                             A        7  Tue Feb  9 21:04:49 2010
  新建文件夹                           D        0  Tue Feb  9 20:53:44 2010
  hello.txt                           A       24  Tue Feb  9 19:55:46 2010

                54556 blocks of size 131072. 21987 blocks available
smb: \> get hello.txt
getting file \hello.txt of size 24 as hello.txt (23.4 kb/s) (average 23.4 kb/s)
smb: \> quit
[root@localhost 111]# ls
hello.txt  qqq.txt
[root@localhost 111]#
```

图7-35　在Linux客户端用smbclient指令测试

用“quit”指令返回到Linux客户端，再用“ll”命令查看当前目录下的文件，会发现刚刚从Samba服务器端下载的文件hello.txt，如图7-36所示。

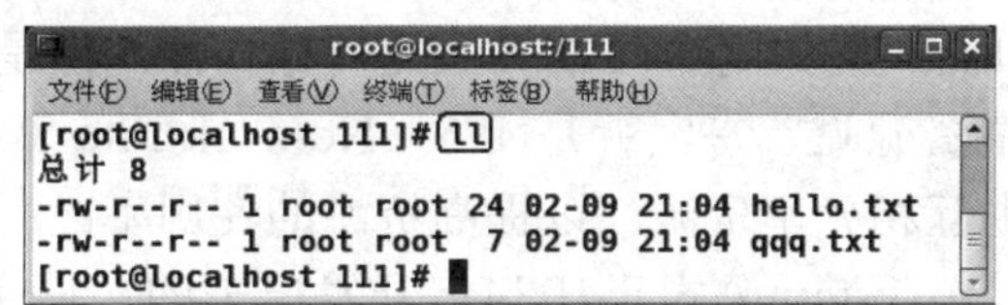

```
root@localhost:/111
文件(F) 编辑(E) 查看(V) 终端(T) 标签(B) 帮助(H)
[root@localhost 111]# ll
总计 8
-rw-r--r-- 1 root root 24 02-09 21:04 hello.txt
-rw-r--r-- 1 root root  7 02-09 21:04 qqq.txt
[root@localhost 111]#
```

图7-36　在Linux客户端查看下载文件

第 8 章　NFS服务器

Linux和Windows通信时用Samba服务器，那Linux和Linux之间的通信用什么呢？答案就是NFS。本章主要讲述NFS服务器的运行原理以及在Red Hat Enterprise Linux 5下如何配置一个NFS服务器。

8.1　NFS服务器简介

8.1.1　网络磁盘驱动器NFS

前面介绍了Samba服务器，它可以允许Windows客户端利用“网上邻居”获得Linux上共享的目录、文件和打印机，就如同访问本机上的资源一样。但是Linux主机如何访问网络中其他Linux主机上的共享资源呢？答案就是NFS（Network File System）服务，利用NFS，Linux主机也可以在网络中互相分享资源，以提高资源的使用率。

NFS最初是由SunMicrosystem公司于1984年开发出来的，最主要的功能就是让网络上的UNIX主机可以通过网络共享目录及文件。用户可以将远端所共享出来的档案系统，挂载（mount）在本地端的系统上，然后就可以很方便地使用远端的档案，而操作起来就像在本地操作一样，不会感到有什么不同。而且使用NFS有众多优点，如档案可以集中管理，节省磁盘空间等。

8.1.2　NFS运行原理

NFS是一种分布式文件系统（Distributed File System），其主要功能是让网络上的UNIX主机可以共享目录及文件。它的原理是在客户端上，通过网络将远程主机共享的文件系统利用安装（mount）的方式加入本机的文件系统，此后的操作就像在本机操作一样。这样设计的好处除了提升资源的利用率外，还可以大大节省硬盘空间，因为每台主机不需要将所有的文件都复制到本机上，同时也可做到资源的集中管理。

虽然NFS有属于自己的协议与使用的 port number，但是在资料传送或者其他相关信息传递的时候，NFS使用的则是一个称为远程过程调用（Remote Procedure Call，RPC）的协议来协助NFS运作。

NFS使用RPC（Remote Procedure Call）来传递客户端和服务器间的信息，因此在双方进行NFS通信时，必须启动“portmap”服务，并且用于适当的Run Level。而portmap服务在运行时，也需要以下程序的协作：

1）rpc.mountd：用来接收来自NFS客户端和服务器的安装请求，并且检查此请求是否符合目前汇出的文件系统。

2）rpc.nfsd：该程序属于NFS服务中的用户层，它配合Linux内核来满足NFS客户端的动态式请求，例如增加额外的服务器工作线程（Tread）以提供NFS客户端使用。

如果要确定portmap服务是否已正确启动，可以运行rpcinfo指令，假设已经使用portmap服务的NFS服务器为ns1.jschouse.com，就会出现以下信息：

[root@ns1 root]#rpcinfo -p ns1.jschouse.com

程序采用的协议连接端口为：

```
100000    2    tcp    111      portmapper
100000    2    udp    111      portmapper
100024    1    udp    32768    status
100024    1    tcp    32768    status
391002    2    tcp    32774    sgi_fan
```

NFSv2使用UDP（User Datagram Protocol）作为客户端和服务器通信时的通信协议（NFSv2可以使用UDP或TCP）。在客户端通过身份验证并允许访问共享的资源后，NFS服务器会将Cookie信息写入到客户端，这种做法可以减少网络流通量。

8.1.3　NFS技术细节

与大多数基于网络的服务一样，NFS也使用了客户端和服务器实例，也就是说它有自己的客户端组件和服务器端组件，如图8-1所示。

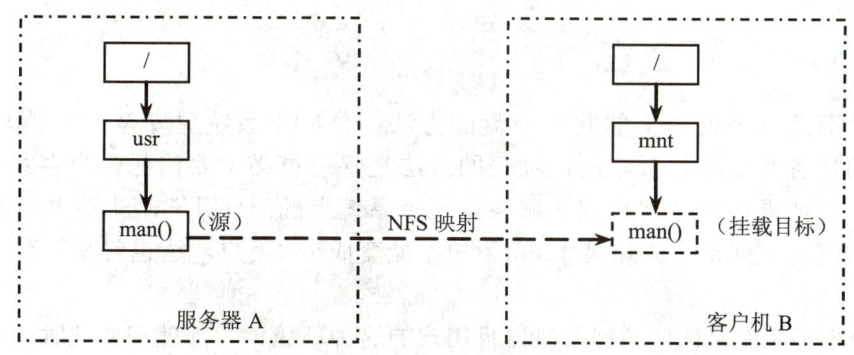

图8-1　NFS的结构示意图

例如在客户机B上，要把NFS服务器A上的/usr/man挂载到客户机B的/mnt/man，只要使用命令：mount machine_name:/usr/man /mnt/man 即可挂载。使用该命令不仅可以挂载目录，也可以挂载一个文件。但是，在挂载之后只能对文件进行读或写操作，而不能在远程计算机上移动或删除此文件或目录。另外，在挂载目录/usr后，不能再挂载/usr下面的目录，否则会发生错误。

8.1.4　NFS的版本

目前NFS的版本有几种：NFSv2、NFSv3和NFSv4。NFSv2已广泛使用多年，因此多数的操作系统都支持它；而NFSv3增加了一些功能，如错误报告功能（在Red Hat Linux 9

中同时使用NFSv2和NFSv3，并以NFSv3为默认版本）；NFSv4是最新的版本，如果需要利用前沿的新特性以及不考虑向后的兼容性的新部署时，就可以考虑使用NFSv4。

NFSv2挂载请求是基于每个主机的，而不是基于每个用户的，它使用TCP或者UDP作为其传输协议。版本2的客户端可以访问的文件大小限制为2GB以下。

NFSv3这个版本包含了对NFSv2中大量bug的修复，与协议版本2相比，它提供了更多的性能以及在性能上的提高，它也可以使用TCP或者UDP作为其传输协议。依赖于NFS服务器本身文件系统的限制，客户端可以访问2GB以上大小的文件。挂载请求也是基于每个主机的，而不是基于每个用户的。

NFSv4这个版本使用可靠的协议如TCP或者SCTP作为其传输协议。它安全性的提高主要来自它对kerberos的支持，例如，客户端的认证可以根据每个用户或者主要的负责人来管理。它被设计为Internet应用，因而协议的这个版本对防火墙很友好，它监听众所周知的端口2049。在这个协议版本中不再需要RPC绑定协议的服务，因为这些功能已经内建在服务器中了。换句话说，NFSv4在单一的协议规范中结合了以前这些全然不同的NFS协议（不再使用pormap服务）。它包含了对文件访问控制列表（ACL）的支持，同时它还支持版本2和版本3的客户端。在NFSv4中引入了伪文件系统的概念。

管理员可以在客户端NFS共享的时候使用mount选项来指定使用的NFS版本。对于使用NFSv2的Linux客户端，mount的选项为nfsvers=2；对于使用NFSv3的Linux客户端，mount的选项为nfsvers=3；对于使用NFSv4的Linux，通过指定NFSv4作为文件系统的类型来使用NFSv4。

8.1.5 NFS的安全性

NFS并不是一个很安全的共享磁盘的方法，使NFS系统更安全的步骤与让其他系统更安全的步骤并没有什么不同，唯一的方法是管理员必须要信任客户端系统上的root及其他用户。如果同时是客户端和服务器两个系统上的root用户，就不太需要担心这一点。在这种情况下重要的是确保非root用户不能变成root用户，这也就是管理员所需要注意的地方。

如果处于不能完全信任访问共享磁盘用户的这种环境下，那就需要花时间来努力找出可选的共享资源的方式（比如只读共享磁盘）。

8.1.6 NFS的优点

1）本地工作站使用更少的磁盘空间，因为数据通常可以存放在一台计算机上而且可以通过网络访问。

2）用户不必在每个网络的计算机中都有一个home目录。home目录可以放在NFS服务器上并且在网络上处处可用。

3）提供透明的文件访问及文件传送。

4）用户可以直接获取远程文件和数据，而不必了解其细节。

5）在网络上真正实现分布式处理。

6）扩充新的资源或软件时不需要改变现有的工作环境。

7）高性能，可灵活配置。

8.2　NFS服务器的安装与配置

8.2.1　NFS服务器的安装

目前几乎所有的Linux发行版本都默认安装了NFS服务，Red Hat Enterprise Linux 5也不例外。使用默认方式安装完毕后，NFS服务就已经被安装在系统中了。

如果要启动NFS服务，必须至少具备以下两个软件包。

1）nfs-utils软件包 //为NFS服务的主要套件，提供rpc.nfsd和rpc.mounted两个守护进程与其他相关文档、执行文件的套件。

2）portmap软件包　//该软件包借助RPC服务的帮助，负责端口影射工作以保证NFS服务的正常运行。

在Red Hat Enterprise Linux 5的终端窗口中用“rpm -qa|grep nfs-utils”和“rpm -qa|grep portmap”命令分别查询系统中是否安装了nfs-utils和portmap软件包，如图8-2所示。

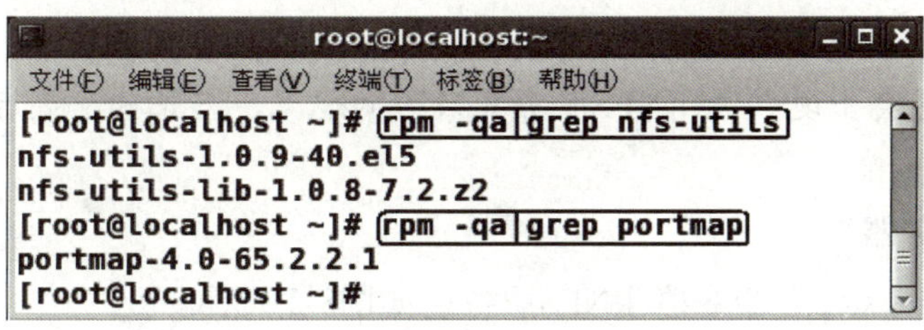

图8-2　查询NFS软件包

从图8-2中可以看到，系统已经安装了nfs-utils和portmap软件包。

如果当前系统中没有安装NFS使用的软件包，则可以通过Red Hat Enterprise Linux 5的安装光盘进行安装。将第三张安装光盘放入光驱，加载光驱，在光盘的/Server目录下查找NFS服务及portmap服务的RPM软件包nfs-utils-1.0.9-16.e15.i386.rpm和portmap-4.0-65.2.2.1.i386.rpm。

由于portmap软件包中的portmap服务为NFS和NIS等提供RPC服务支持，因此根据依赖性应先安装portmap软件包，安装命令如下：

rpm -ivh /media/cdrom/Server/portmap-4.0.-65.2.2.1.i386.rpm

nfs-utils软件包中提供了NFS服务程序和相应的维护工具，安装NFS服务的命令如下：

rpm -ivh /media/cdrom/Server/nfs-utils-1.0.9-16.e15.i386.rpm

8.2.2　NFS服务器的启动与停止

1. 启动NFS服务器

先用service命令启动portmap，然后再启动NFS，如图8-3所示。

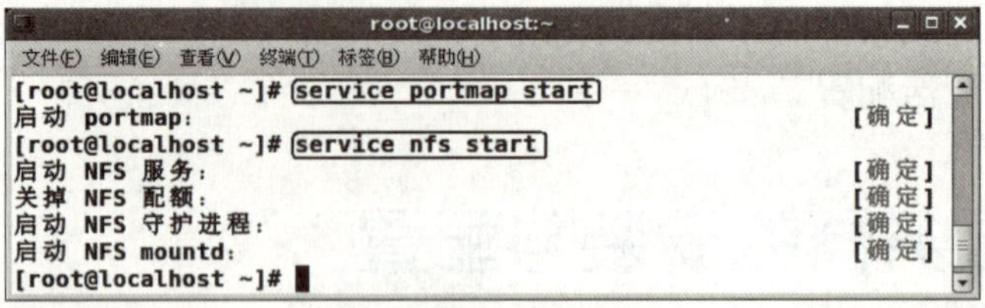

root@localhost:~
文件(F) 编辑(E) 查看(V) 终端(T) 标签(B) 帮助(H)
[root@localhost ~]# service portmap start
启动 portmap: [确定]
[root@localhost ~]# service nfs start
启动 NFS 服务: [确定]
关掉 NFS 配额: [确定]
启动 NFS 守护进程: [确定]
启动 NFS mountd: [确定]
[root@localhost ~]#

图8-3　启动NFS服务

2. 重新启动NFS服务器

在停止或重启NFS服务的时候，portmap服务可以不停止，如图8-4所示。

root@localhost:/home/bgl
文件(F) 编辑(E) 查看(V) 终端(T) 标签(B) 帮助(H)
[root@localhost bgl]# service nfs restart
关闭 NFS mountd: [确定]
关闭 NFS 守护进程: [确定]
关闭 NFS quotas: [确定]
关闭 NFS 服务: [确定]
启动 NFS 服务: [确定]
关掉 NFS 配额: [确定]
启动 NFS 守护进程: [确定]
启动 NFS mountd: [确定]
[root@localhost bgl]#

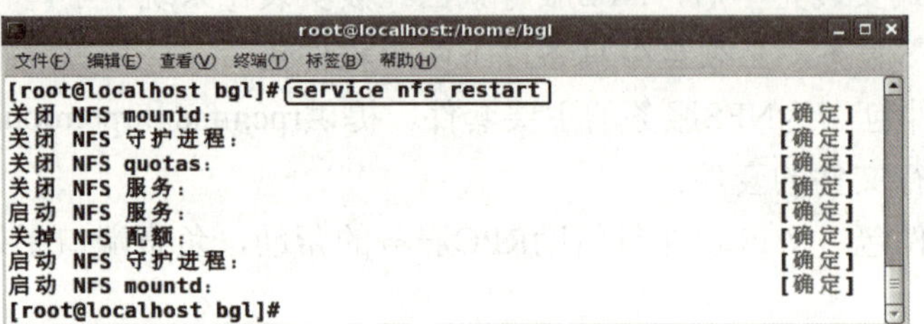

图8-4　重新启动NFS服务器

注意：在没有对NFS的配置文件/etc/exports（默认内容为空）进行配置之前，重启或停止NFS服务时会出现“关闭NFS服务失败”的现象，当正确配置后，该问题就会自动解决。

3. 停止NFS服务器

使用“service nfs stop”命令停止NFS服务，如图8-5所示。

root@localhost:/home/bgl
文件(F) 编辑(E) 查看(V) 终端(T) 标签(B) 帮助(H)
[root@localhost bgl]# service nfs stop
关闭 NFS mountd: [确定]
关闭 NFS 守护进程: [确定]
关闭 NFS quotas: [确定]
关闭 NFS 服务: [确定]
[root@localhost bgl]#

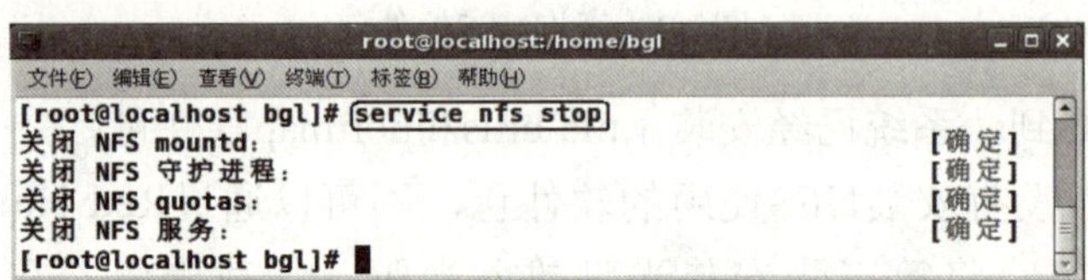

图8-5　停止NFS服务器

4. 查看目前NFS服务器的状态

使用service nfs status命令查看NFS服务器的当前状态，如图8-6所示。

root@localhost:/home/bgl
文件(F) 编辑(E) 查看(V) 终端(T) 标签(B) 帮助(H)
[root@localhost bgl]# service nfs status
rpc.mountd 已停
nfsd 已停
rpc.rquotad 已停
[root@localhost bgl]# service nfs start
启动 NFS 服务: [确定]
关掉 NFS 配额: [确定]
启动 NFS 守护进程: [确定]
启动 NFS mountd: [确定]
[root@localhost bgl]# service nfs status
rpc.mountd (pid 5397) 正在运行...
nfsd (pid 5394 5393 5392 5391 5390 5389 5388 5387) 正在运行...
rpc.rquotad (pid 5382) 正在运行...
[root@localhost bgl]#

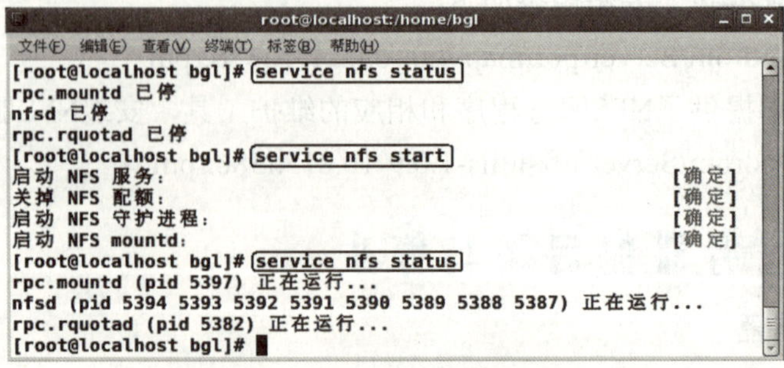

图8-6　查看NFS服务器状态

8.2.3 开机时启动NFS服务器

在终端窗口中输入“ntsysv”，然后在出现的画面中，利用上下方向键将光标移到菜单中的“nfs”项目，然后按空格键进行选择，最后用<Tab>键将光标移到“确定”按钮并按<Enter>键完成设置，如图8-7所示。

图8-7　NFS服务器的自启动设置

8.2.4 NFS服务器的配置文件

NFS的配置都集中在/etc/exports文件中，它是共享资源的访问控制列表，不仅可以在此新建共享资源，同时也能对访问共享资源的客户端进行权限管理。

在/etc/exports文件中每一条记录都代表一个共享资源以及访问权限设置，它的格式如下：

共享目录 客户端（访问权限，选项，用户ID对应）

1. 共享目录

在指定共享目录时要把握一个原则：使用绝对路径。

2. 客户端

指定允许连接NFS服务器的客户端，可以使用的客户端的表示方式有很多，包括：

1）单一主机：主机名、别名或IP地址，如果指定超过一个以上的主机，则必须以空格加以分割。

2）群组：可以使用“@群组名称”的格式来指定允许连接NFS服务器的群组，如@WORKGROUP。

3）万用字符：可以使用“*”或“？”来指定允许连接NFS服务器的客户端。

4）网络节点：如果要指定IP网络节点的客户端，那么可以使用符合CIDR格式的表示法，如192.168.0.0/24或192.168.0.0/255.255.255.0。

3. 访问权限

NFS客户端的访问权限分为以下两类：

- rw //可以读写。

- ro //只读。

4．选项

- async //数据先暂存于内存中，不直接写入硬盘。
- sync //数据同步写入到内存与硬盘当中。

5．用户ID对应

通常用户都会希望在访问NFS服务器上的共享资源时，也可以享有在本机一样的权限，但这很容易造成安全上的漏洞。比如在客户端主机的root用户如果连接到NFS服务器后，仍具有root的权限，则可能造成的影响可想而知。

因此为了避免以上的问题，可使用“用户ID对应”的方式。即将原本高权限的账号对应到一般的账号，如将uid0（root）对应到anonymous或nobody。

- root_squash　　　　//将uid0和gid0对应到anonymous使用的id。
- no_root_squash　　　//停用root_squash功能。
- all_squash　　　　　//将所有uid和gid对应到anonymous使用的id。
- no_all_squash　　　//停用all_squash功能。

注意：如果不设置用户ID对应，则默认值为root_squash。

在设置/etc/exports文件前需特别注意“空格”的使用。因为在配置文件中，除了分开共享目录和共享主机，以及分割多台共享主机外，其余的情形下都不可以使用空格。

例如：①/home client1 client2（rw）

②/home client1 client2（rw）

范例①中，客户端client1和client2可以读取并写入/home目录，但范例②却表示客户端client1和client2只可以读取/home目录内容（即客户端的默认权限），而其他的客户端对/home目录享有读写权限。

8.3 NFS服务器配置实例

8.3.1 本地回环测试1

配置NFS服务器（IP地址为202.207.50.79），发布的共享目录为/home/bgl，只允许以本机作为客户机挂载访问，对共享目录具有读写权限，进行用户ID映射。

用vi编辑器打开NFS服务器（IP：202.207.50.79）的/etc/exports文件，如图8-8所示。

默认内容为空，添加如图8-9所示的内容。

图8-8　用vi编辑器打开NFS服务器的配置文件/etc/exports

图8-9　/etc/exports内容

图8-9表示允许客户端（IP：127.0.0.1）对/home/bgl文件夹下的内容进行读写操作，且数据同步写入到内存与硬盘当中。由于这里没有设置用户ID对应，所以按默认值root_squash来设置生效，即将root账户映射到anonymous上。

在NFS服务器上建立共享目录/home/bgl以及测试文件，效果如图8-10所示。

重新启动NFS服务器，如图8-11所示。

用exportfs指令检查NFS服务器配置是否正确，如图8-12所示。

```
[root@localhost home]# pwd
/home
[root@localhost home]# ll
总计 0
[root@localhost home]# mkdir bgl
[root@localhost home]# ll
总计 4
drwxr-xr-x 2 root root 4096 02-17 16:43 bgl
[root@localhost home]# cd bgl
[root@localhost bgl]# pwd
/home/bgl
[root@localhost bgl]# ll
总计 0
[root@localhost bgl]# vi test.txt
[root@localhost bgl]# ll
总计 4
-rw-r--r-- 1 root root 68 02-17 16:44 test.txt
[root@localhost bgl]#
```

图8-10　建立共享目录及文件

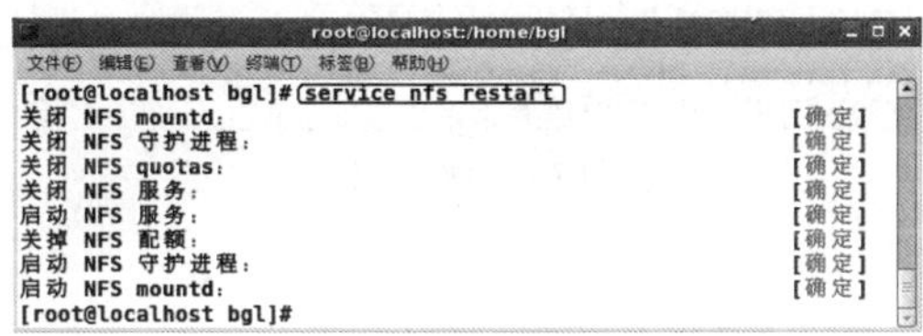

图8-11　重新启动NFS服务器

图8-12　用exportfs指令检查NFS服务器

以本机作为NFS服务器的客户机进行测试。

在客户端如果要查看NFS服务器上的共享资源，可以使用NFS软件包中的“showmount -e”指令查看，在图8-13所示的例子中，NFS服务器发布的共享目录是/home/bgl。

如果用showmount -e指令无法显示共享信息，则需要关闭NFS服务器端的防火墙或者开启NFS服务的相应端口，然后再从客户端用showmount -e命令检查就没有问题了。

在客户端创建挂载目录/baigl，其初始内容为空，如图8-14所示。

图8-13　用“showmount -e”指令在客户端检查

图8-14　创建挂载目录

然后用mount命令将NFS服务器下的共享目录/home/bgl挂载到客户端的/baigl目录下，效果如图8-15所示。注意，挂载之前，要先从挂载目录/baigl中退出来，否则会看不到效果。

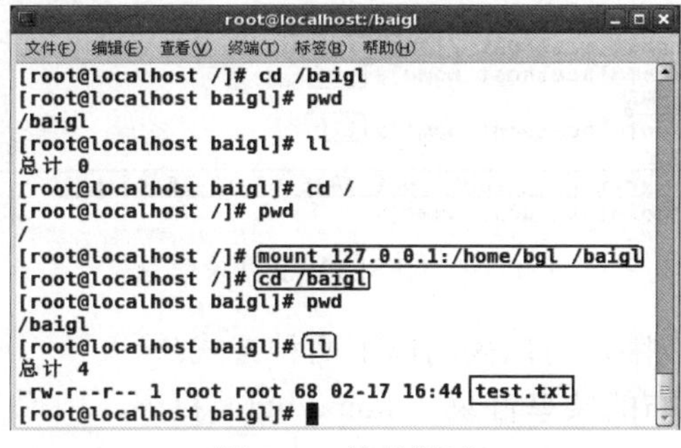

图8-15　挂载测试

当然，挂载成功后，也可以通过图形方式访问共享目录，从图8-16中看到，发布的共享目录/home/bgl下的全部内容，均已成功挂载到了指定目录/baigl下了。

在这里可以进行浏览、复制等基本操作，但如果要执行删除文件或创建目录等写操作，则是不允许的，如图8-17所示。

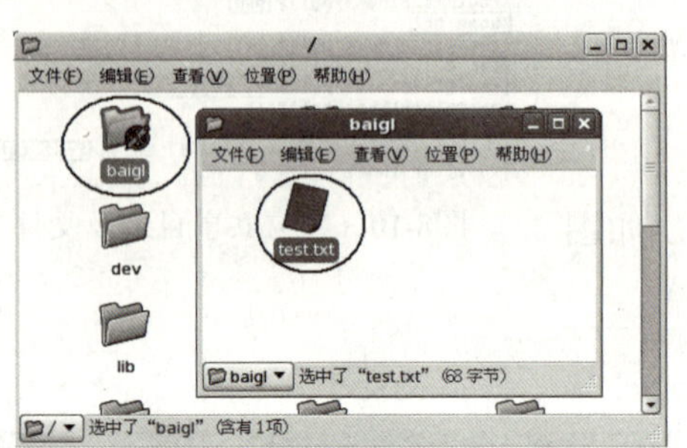

图8-16　通过图形方式测试

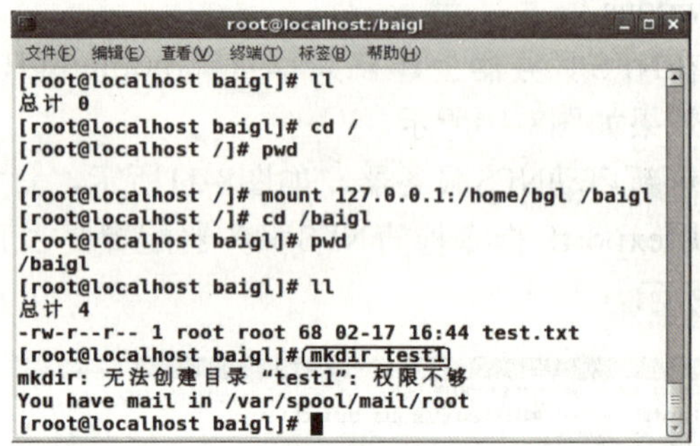

图8-17　写权限测试

8.3.2　本地回环测试2

在前一个例子的基础上，给客户端添加写权限。

在8.3.1小节中设置的NFS服务器发布的共享目录信息如图8-18所示。

图8-18　NFS的主配置文件

从图8-18中可以看出，NFS服务器允许客户端127.0.0.1访问共享目录/home/bgl，并具有写权限，但在实际测试中却无法进行写操作，原因在于NFS服务器默认采用了root_squash的用户ID对应方式，即将root用户映射成了anonymous，权限降低了。

查看NFS服务器发布的共享目录信息，如图8-19所示。/home/bgl的权限信息为rwxr-xr-x，即只有所有者root具有读、写和执行的权限，而其他用户只具有读与执行的权限，不具有写权限。所以造成了从客户端访问NFS服务器时，anonymous用户无法写的结果。

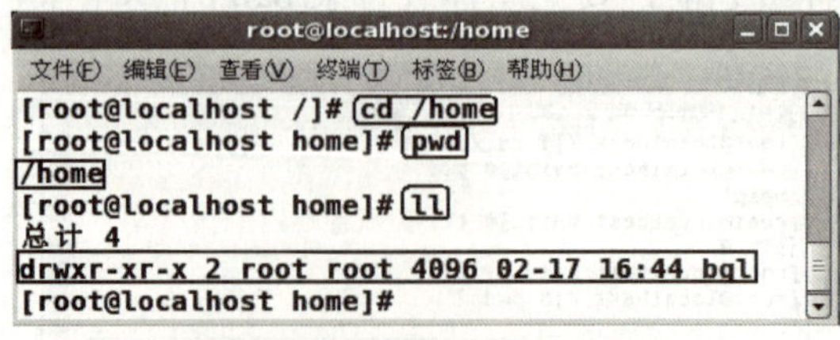

图8-19　NFS的共享目录信息

如果给客户端添加写权限，可以采用以下两种方式：

1）修改NFS服务器发布的共享目录（/home/bgl）权限，由原来的755（rwxr-xr-x）改为777（rwxrwxrwx），这样一来，anonymous用户也可以在客户端执行写操作了。

2）更常见的做法是不进行用户ID映射。即将NFS主配置文件中的用户ID对应参数设置成no_root_squash，也就是当以root身份登录NFS服务器时，不进行权限的降低，仍具有root用户的权限，这样就可以执行写操作了。

下面就以第二种方法为例来测试一下。

首先打开NFS服务器的主配置文件/etc/exports，对内容做如下修改，如图8-20所示。

从图8-20中可以看出，只增加了用户ID对应参数no_root_squash，其余内容未做改动。

然后用exportfs -rv指令检查主配置文件/etc/exports是否存在语法错误，如图8-21所示。

```
/home/bgl 127.0.0.1(rw,sync,no_root_squash)
~
-- INSERT --
```

图8-20　NFS服务器的主配置文件/etc/exports

图8-21　用exportfs-rv指令检查主配置文件

没有问题的话就可以在客户端进行测试了。在客户端先用“showmount -e”指令查看NFS服务器发布的共享目录信息，如图8-22所示。

用mount指令将NFS服务器发布的共享目录/home/bgl挂载到指定目录/baigl下，由于之前已经挂载过，且一直没有卸载，所以再次挂载会出现如图8-20所示的问题。正确的做法是先用umount指令将/baigl目录卸载，然后重新挂载，效果如图8-23所示。

```
[root@localhost ~]# showmount -e 202.207.50.79
Export list for 202.207.50.79:
/home/bgl 127.0.0.1
[root@localhost ~]#
```

图8-22　用showmount-e指令查看NFS服务器的共享信息

```
[root@localhost ~]# showmount -e 202.207.50.79
Export list for 202.207.50.79:
/home/bgl 127.0.0.1
[root@localhost ~]# mount 127.0.0.1:/home/bgl /baigl
mount.nfs: /baigl is already mounted or busy
[root@localhost ~]# umount /baigl
[root@localhost ~]# mount 127.0.0.1:/home/bgl /baigl
[root@localhost ~]#
```

图8-23　用showmount指令查看NFS服务器

在客户端挂载成功后，进入/baigl目录中，进行写权限的测试，这次就没有问题了，效果如图8-24所示。

当然，通过图形方式也可以进行写权限的测试，如图8-25所示。

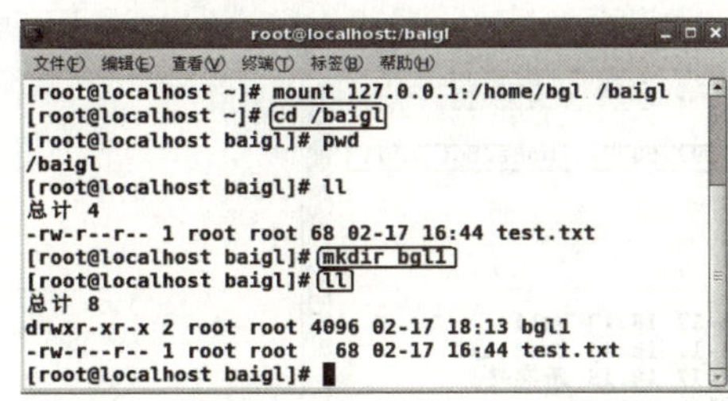

图8-24　测试写权限

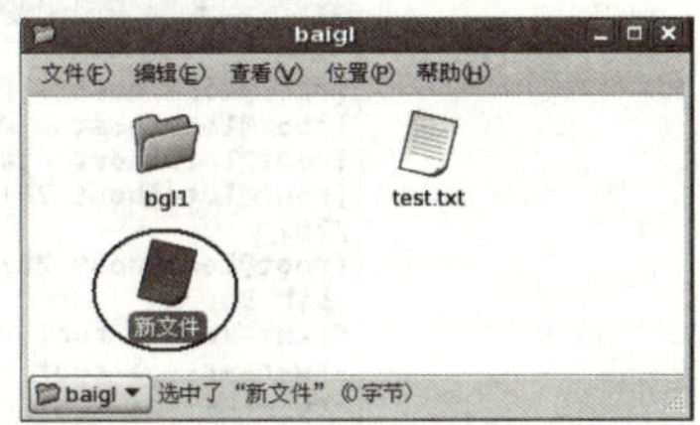

图8-25　通过图形方式测试写权限

8.3.3　通过指定客户机测试

配置NFS服务器，要求发布的共享目录为/home/bgl，允许两个指定的客户机访问NFS服务器，其他机器不允许访问；其中一台客户机进行用户ID映射，另一台机器不设置用户

ID映射。

对NFS服务器的主配置文件/etc/exports做如下修改，加入如图8-26所示的一行发布信息。

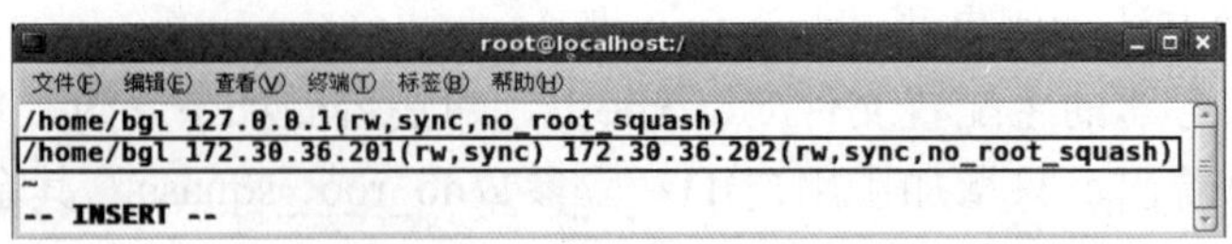

图8-26　NFS服务器的主配置文件/etc/exports

这行信息表示发布NFS服务器的共享目录为/home/bgl，允许客户端172.30.36.201和172.30.36.202访问。客户端172.30.36.201对共享目录具有写权限，数据同步写入到内存与硬盘当中，并将root账户映射到anonymous上。客户端172.30.36.202对共享目录具有写权限，数据同步写入到内存与硬盘当中，不进行用户ID对应的设置。

然后用exportfs -rv指令检查主配置文件/etc/exports是否存在语法错误，如图8-27所示。

从图8-27中可以看出，NFS服务器发布的共享目录/home/bgl允许3个客户端访问，分别是本机（127.0.0.1），172.30.36.201和172.30.36.202。

下面就可以在客户端测试了。首先从客户端172.30.36.201进行测试。

先用“ping”命令测试一下客户机与NFS服务器（202.207.50.79）的网络是否畅通，然后再用“showmount -e”指令查看NFS服务器发布的共享目录信息，如图8-28所示。

图8-27　用exportfs指令检查主配置文件

```
[root@localhost ~]# ping 202.207.50.79
PING 202.207.50.79 (202.207.50.79) 56(84) bytes of data.
64 bytes from 202.207.50.79: icmp_seq=1 ttl=63 time=1.01 ms
64 bytes from 202.207.50.79: icmp_seq=2 ttl=63 time=1.86 ms

--- 202.207.50.79 ping statistics ---
2 packets transmitted, 2 received, 0% packet loss, time 999ms
rtt min/avg/max/mdev = 1.019/1.441/1.864/0.424 ms
[root@localhost ~]# showmount -e 202.207.50.79
Export list for 202.207.50.79:
/home/bgl 172.30.36.202,172.30.36.201,127.0.0.1
[root@localhost ~]#
```

图8-28　在客户机1用showmount指令测试NFS服务器

下面就可以进行挂载了，先在客户机（172.30.36.201）上创建挂载目录/201，然后用mount命令将NFS服务器发布的共享目录/home/bgl挂载到指令目录/201中，如图8-29所示。

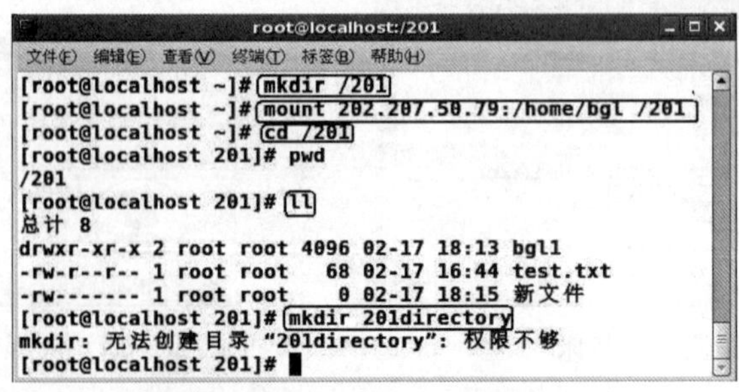

图8-29　在客户机1测试NFS服务器

如图8-29所示的例子中，成功挂载后，用cd命令进入到挂载目录/201下，可以看到与NFS服务器发布目录/home/bgl下的内容是一致的。如果要在该目录进行写操作，是不允许的。因为客户机172.30.36.201进行了用户ID映射，只具有anonymous的权限，效果如图8-29所示。

下面从客户端172.30.36.202进行测试。

和前面一样，先用“ping”命令和“showmount”命令测试NFS服务器，如图8-30所示。

```
root@localhost:~
文件(F) 编辑(E) 查看(V) 终端(T) 标签(B) 帮助(H)
[root@localhost ~]# ping 202.207.50.79
PING 202.207.50.79 (202.207.50.79) 56(84) bytes of data.
64 bytes from 202.207.50.79: icmp_seq=1 ttl=63 time=5.92 ms
64 bytes from 202.207.50.79: icmp_seq=2 ttl=63 time=1.95 ms

--- 202.207.50.79 ping statistics ---
2 packets transmitted, 2 received, 0% packet loss, time 999ms
rtt min/avg/max/mdev = 1.957/3.939/5.922/1.983 ms
[root@localhost ~]# showmount -e 202.207.50.79
Export list for 202.207.50.79:
/home/bgl 172.30.36.202,172.30.36.201,127.0.0.1
[root@localhost ~]#
```

图8-30　在客户机2用showmount指令测试NFS服务器

然后创建挂载目录，进行挂载，如图8-31所示。挂载成功后，进入到挂载目录/202中，用“mkdir”命令创建子目录，进行写权限的测试，如图8-31所示。可以看到客户机2（172.30.36.202）是可以进行写操作的，因为NFS服务器对客户机172.30.36.202没有进行用户ID映射，即仍为root身份。

```
root@localhost:/202
文件(F) 编辑(E) 查看(V) 终端(T) 标签(B) 帮助(H)
[root@localhost ~]# mkdir /202
[root@localhost ~]# mount 202.207.50.79:/home/bgl /202
[root@localhost ~]# cd /202
[root@localhost 202]# pwd
/202
[root@localhost 202]# ll
总计 8
drwxr-xr-x 2 root root 4096 02-17 18:13 bgl1
-rw-r--r-- 1 root root   68 02-17 16:44 test.txt
-rw------- 1 root root    0 02-17 18:15 新文件
[root@localhost 202]# mkdir 202directory
[root@localhost 202]# ll
总计 12
drwxr-xr-x 2 root root 4096 02-17 18:54 202directory
drwxr-xr-x 2 root root 4096 02-17 18:13 bgl1
-rw-r--r-- 1 root root   68 02-17 16:44 test.txt
-rw------- 1 root root    0 02-17 18:15 新文件
[root@localhost 202]#
```

图8-31　在客户机2测试NFS服务器

如果想将客户机2（172.30.36.202）的权限设置成只读，有两种方法：一是将NFS服务器的主配置文件（/etc/exports）中的客户机172.30.36.202读写参数由原来的rw换成ro，那么客户机自然也就不具有写权限了；另外也可以给客户机172.30.36.202设置用户ID对应参数，即root_squash，使其降级为anonymous用户，取消写权限。

注意：如果从客户端挂载不上，则需要先关闭客户端的防火墙，然后再次挂载即可。

第9章 Sendmail服务器

电子邮件（E-mail）是Internet上使用最多、最受用户欢迎的应用之一。本章将从电子邮件服务器的工作原理，安装及配置方法和应用实例等几个方面加以叙述。

9.1 电子邮件服务器简介

9.1.1 邮件服务器

首先简单了解一下邮件服务器的工作过程。当用户把邮件消息提交给电子邮件系统时，该系统并不立即将其发送出去，而是将邮件副本与发送者、接收者、目的地机器的标识以及发送时间一起存入专用的缓冲区（spool）。这时，发送邮件的用户可以执行其他任务，电子邮件系统则在后台完成发送邮件的工作。这一点与传统的邮政服务非常相似。

在发送电子邮件时，必须指定接收者的地址和要发送的内容。接收者的地址格式如下：

收件人邮箱名@主机名.域名 //在此格式中，符号“@”读做“at”，表示“在”的意思。在Linux系统中，收件人邮箱名就是该用户的注册名。

由于一个主机名在Internet上是唯一的，而每一个邮箱名在该主机中也是唯一的。因此，在Internet上的每一个电子邮件地址都是唯一的，从而可以保证电子邮件能够在整个Internet范围内的准确交付。

在发送电子邮件时，邮件传输程序只使用电子邮件地址中“@”后面的部分，即目的主机名。只有在邮件达到目的主机后，接收方计算机的邮件系统才根据电子邮件地址的收信人邮箱名，将邮件送往收件人的邮箱。在Linux系统中，邮箱是一个特殊的文件，通常与用户的注册名相同，称为用户的系统邮箱，例如注册名为aaa的用户，他的系统邮箱为：/var/spool/mail/aaa。系统邮箱是系统管理员在为用户建立账户时产生的。

9.1.2 电子邮件系统的构成及功能

电子邮件系统由邮件用户代理（Mail User Agent，MUA）和邮件传送代理（Mail Transfer Agent，MTA）两部分组成。

MUA是一个在本地运行的程序，它使得用户能够通过一个友好的界面来发送和接收邮件。常用的邮件用户代理（如Windows系统中的Outlook、Foxmail，传统UNIX系统中的mail命令，Linux系统中的pine、Evolution等）都具有撰写、显示和处理邮件的功能，允许用户书写、编辑、阅读、保存、删除、打印、回复和转发邮件，同时还提供创建、维护和使用通信录，提取对方地址，信件自动回复以及建立目录对邮件进行分类保存等功能，方便用户使用和管理邮件。一个好的邮件用户代理可以完全屏蔽整个邮件系统的复杂性。

MTA在后台运行，它将邮件通过网络发送给对方主机，并从网络接收邮件，它有以下两个功能：

1）发送和接收用户的邮件。

2）向发信人报告邮件传送的情况（已交付、被拒绝、丢失等）。

由于电子邮件在传输过程中，联网的计算机系统会把消息像接力棒一样在一系列网点间传送，直至到达对方的邮箱。这个传输过程往往要经过很多站点，进行多次转发，因此，每个网络站点上都要安装邮件传输代理程序，以便进行邮件转发。Internet中的MTA集合构成了整个报文传输系统（Message Transfer System，MTS）。

最常用的MTA是Sendmail、Postfix、Qmail等。

9.1.3 协 议

正如Web服务一样，用于电子邮件服务的协议已经标准化。常用的电子邮件协议包括SMTP、POP3和IMAP。

1）SMTP（Simple Mail Transport Protocol，简单邮件传输协议）。这是Internet上主要的电子邮件发送协议。当邮件客户程序或邮件服务器要将一封电子邮件发出去时，必须使用SMTP协议。SMTP采用一种称为“推”的技术，将不属于自己的电子邮件“推”送出去，使电子邮件离目的地越来越近。

2）POP（Post Office Protocol，邮局通信协议）。当客户需要阅读电子邮件时，早期的邮件服务器要求客户登录到邮件服务器，然后才能开始阅读。也就是说必须以在线的方式处理邮件，这对拨号上网的用户来说是非常不方便的，也是不经济的。理想的做法是，先从邮件服务器上将邮件下载下来，并将邮件存放在客户自己的机器中，然后离线进行阅读和处理。POP协议就是支持这种邮件处理方式的一种协议。与SMTP协议相反，POP协议采用“拉”技术，从邮件服务器上将邮件“拉”回来。

POP协议有两个常用版本：POP2和POP3。二者彼此互不兼容，其中POP3更为常用，并有完全取代POP2的趋势。只有在邮件客户程序和邮件服务器同时支持POP3协议时，才能采用“下载-存储-离线处理”的方式处理电子邮件。

3）IMAP（Internet Message Access Protocol，网络信息存取协议）。这是一个性能比POP更优良的协议，比POP协议更具有弹性。IMAP支持以下多种邮件处理模式。

① 离线模式（Offline）：MUA会将电子邮件从服务器下载到客户端的计算机中，然后进行离线处理。

② 在线模式（Online）：MUA由远程进行服务器上的邮件处理，如删除和修改，并把这些邮件保留在服务器上。只要接收新邮件，即使不主动发出接收邮件的命令，邮件客户程序也能够立即得到最新的邮件情况。

③ 中断连接模式（Disconnected）：MUA先连接到服务器，选择需要处理的邮件，复制一份到本地机器的缓存中，然后断开与服务器的连接，过一段时间后，再恢复连接，实现缓存与服务器的同步。

虽然IMAP比POP性能优越，但使用程度不如POP高。

9.1.4 电子邮件传递流程

在了解了有关电子邮件系统的重要名词后，本节将探讨电子邮件传递流程，因为传递的方式不同，所以将内容分两部分讨论，即：本地网络邮件传递与远程网络邮件传递。

9.1.5 本地网络邮件传递

如果电子邮件的发件人和收件人邮箱都位于同一邮件服务器中，它会利用以下方式进行邮件传送：

1）客户端软件（MUA）利用TCP连接端口25，将电子邮件发送到邮件服务器，然后这些信息会先保存在队列（Queue）中。

2）经过服务器的判断，如果接收属于本地网络中的用户，这些邮件就会直接发送到用户的邮箱。

3）收件人利用POP或IMAP的通信协议软件，连接到邮件服务器下载或直接读取电子邮件，整个邮件传递过程也随之完成，如图9-1所示。

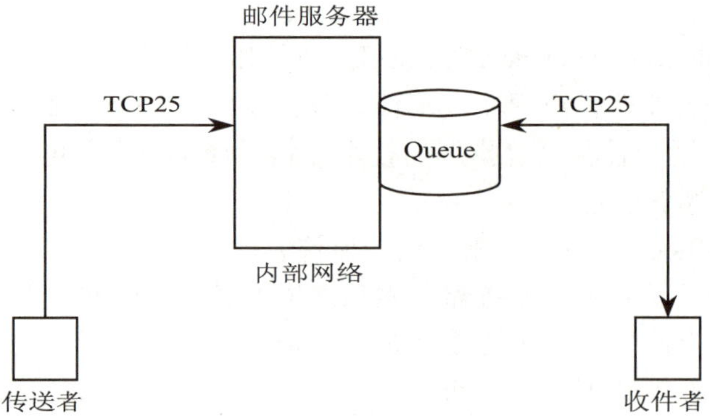

图9-1 本地网络邮件传递流程

由于发件人与收件人位于同一网络，而且双方的电子邮箱也在同一台邮件服务器上，因此并不一定需要通过主机名称或网络地址来寻找收件人，唯一需要的是用户的账号名，例如同一网络中的用户aaa要寄一封电子邮件给另一个用户bbb，则可以使用的收件人地址类型有：

- bbb@mail.imau.edu.cn
- bbb@mail
- bbb@localhost
- bbb@
- bbb

上述的第一种电子邮件地址类型是最完整的表示法，“bbb”表示用户账号名，“mail”表示邮件服务器的别名，而“imau.edu.cn”则是已向interNIC注册的网址。

9.1.6 远程网络邮件传递

如果电子邮件的发件人和收件人位于不同的网络中，如中国台湾和美国，它的邮件传递比较复杂，一般步骤如下：

1）客户端软件MUA利用TCP连接端口25，将电子邮件发送到所属的邮件服务器，然后这些信息会先保存到队列（Queue）中。

2）经过服务器的判断，如果收件人是属于远程网络的用户，则服务器会先向DNS服务器请求解析远程邮件服务器的IP。

3）如果域名解析失败，则无法进行邮件传递。如果可以成功解析远程邮件服务器的IP，则本地的邮件服务器（MTA）将利用SMTP通信协议将邮件发送到远程服务器。

4）SMTP将尝试和远程的邮件服务器连接，如果远程服务器目前无法接收邮件，则这些邮件会继续停留在队列（Queue）中，然后在指定的重试间隔后再次尝试连接，直到成功或放弃发送为止。

5）如果发送成功，收件人即可利用POP或IMAT的通信协议软件，连接到邮件服务器下载或直接读取电子邮件，而整个邮件传递过程也随之完成，如图9-2所示。

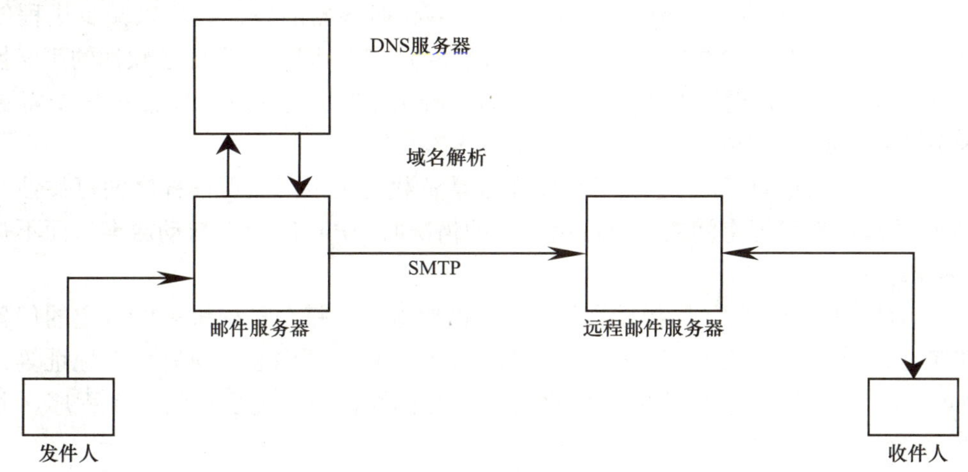

图9-2 远程网络邮件传递流程

9.1.7 电子邮件服务器软件的种类

目前，运行在Linux环境下比较常见的免费邮件服务器有Sendmail、Postfix、Qmail以及Zmailer等。

1. Sendmail

Sendmail是发展历史悠久的邮件系统，Sendmail在可移植性、稳定性方面有一定的保证。Sendmail在发展过程中产生了一批经验丰富的Sendmail管理员，并且Sendmail有大量完整的文档资料，网络上也有大量的tutorial、FAQ和其他的资源。这些丰富的文档对于很好地利用Sendmail的各种特色功能是非常重要的。

当然，Sendmail具有一些缺点，其特色功能过多而导致配置文件的复杂性。此外，Sendmail在过去的版本中出现过很多安全漏洞，所以使管理员不得不赶快升级版本。而且Sendmail的流行性也使其成为攻击的目标。另外一个问题是Sendmail一般默认配置都是具有最小的安全特性，从而使Sendmail往往很容易被攻击。如果使用Sendmail，应该确保自己明白每个打开选项的含义及其影响。一旦用户理解了Sendmail的工作原理，那么Sendmail的安装和维护就变得非常容易了。通过Sendmail的配置文件，用户可以实现一切需求。

Sendmail另一个很突出的问题就是可扩展性和性能问题。例如，用户如果希望每天重新启动Sendmail来实现自动更新配置文件（如为虚拟主机重定向邮件）就会出现问题。Sendmail生成新的进程来处理发送和接收邮件，这些进程会一直存在，直到传输结束后Sendmail才能退出，这样系统就不能正确地重启Sendmail服务。

2. Postfix

Postfix是一个由IBM资助的自由软件工程的产物，其目的是为用户提供除Sendmail之外的邮件服务器选择。Postfix力争做到快速、易于管理、提供尽可能的安全性，同时尽量做到和Sendmail邮件服务器保持兼容性以满足用户的使用习惯。

Postfix具有以下一些特点：

1）高效率：Postfix要比同类的服务器产品速度快三倍以上，一个安装Postfix的服务器一天可以收发百万封邮件。Postfix设计中采用了Web服务器的设计技巧以减少进程创建开销，并且采用了其他的一些文件访问优化技术以提高效率，同时又保证了软件的可靠性。

2）兼容性：Postfix设计时考虑了保持Sendmail的兼容性问题，以使移植变得更加容易。Postfix支持/var[/spool]/mail，/etc/aliases，NIS等文件。

3）健壮性：Postfix设计上实现了程序在过量负载情况下仍然保证程序的可靠性。当出现本地文件系统没有可用空间或没有可用内存的情况时，Postfix就会自动放弃，而不是重试使情况变得更糟。

4）灵活性：Postfix结构上由十多个小的子模块组成，每个子模块完成特定的任务，如通过SMTP协议接收一个消息，发送一个消息，本地传递一个消息，重写一个地址等。当出现特定的需求时，可以用新版本的模块来替代老的模块，而不需要更新整个程序，并且它很容易实现关闭某个功能。

5）安全性：Postfix使用多层防护措施以防范攻击者，保护本地系统，在网络和安全敏感的本地投递程序之间没有直接的路径。Postfix甚至不会信任自己的队列文件或IPC消息中的内容，以防止被欺骗。Postfix在输出发送者提供的消息之前会首先过滤消息。

3. Qmail

Qmail是由DanBernstein开发的可以自由下载的邮件系统，其第一个beta版本0.70.7发布于1996年1月24日。

Qmail具有以下特点：

1）高速性：Qmail在一个中等规模的系统中可以投递大约百万封邮件，甚至在一台486的机器上一天能处理超过10万封邮件。Qmail支持邮件的并行投递，同时可以投递大约20封邮件。目前邮件投递的瓶颈在于SMTP协议，通过SMTP向另外一台互联网主机投递一封电子邮件大约需要花费10几秒钟。Qmail的作者提出了QMTP（Quick Mail Transfer Protocol）来加速邮件的投递，并且在Qmail中得到支持。

2）可靠性：为了保证可靠性，Qmail只有在邮件被正确地写入到磁盘才返回处理成功的结果，这样即使在磁盘写入中发生系统崩溃或断电等情况，也可以保证邮件不被丢失，而是重新投递。

3）安全性：邮件用户和系统账户隔离，为用户提供邮件账户不需要为其设置系统账户，从而增加了安全性。

Qmail的优点是：每个用户都可以创建邮件列表而无须具有root用户的权限，如用户“foo”可以创建名为foo-slashdot，foo-Linux，foo-chickens的邮件列表，为了提供更好的功能，有一个叫ezmlm（EZMailingListMaker）的工具可以支持自动注册和注销、索引等Majordomo所具有的各种功能。Qmail非常适合在小型系统下工作，一般只支持较少的用户来管理邮件列表。Qmail速度快并且简单，Qmail可以在两个小时内完成的工作，Sendmail可能在两天内都搞不定。

4. ZMailer

ZMailer是一个高性能、多进程的UNIX系统邮件程序，可以从服务器ftp://ftp.funet.fi/pub/unix/mail/zmailer自由下载。ZMailer是按照单块模式设计的，比较常用的Hotmail等邮件系统就是用ZMailer构建的。

5. Exim

Exim是由Cambridge大学开发的遵从GPL的MTA，其主站点为http://www.exim.org/。其最大的特点就是配置简单性，但是其安全性稍弱于Qmail和Postfix。

除了这里介绍的几种MTA以外，还有SIMS，MMDF，CommuniGate，PMDF，Intermail，MDSwitch等其他商业或者免费的邮件系统可以选择。

9.2 Sendmail的安装与配置方法

Sendmail软件是Linux中历史最悠久的E-mail服务器，几乎所有的UNIX系统都使用它，各种版本的Linux都带有 Sendmail服务器。Sendmail 以其功能强大，易满足个性化需求著称。

9.2.1 安装Sendmail

如果是完全安装Red Hat Enterprise Linux 5，那么系统已经内置有 Sendmail-8.13.8-2的软件包。如果不能确定是否已经安装 Sendmail，可以在终端命令窗口输入命令rpm-qa |grep sendmail来检查是否已安装，如图9-3所示。

图9-3 检查系统是否已安装了Sendmail软件包

图9-3的结果显示为“sendmail-8.13.8-2”，则说明系统已经安装了 Sendmail服务器的基本软件包。不过要使得Sendmail能正常提供服务，还需要安装其他相关的软件包，主要包括：

- sendmail //Sendmail服务器软件包（默认已安装）。
- sendmail-cf //与Sendmail服务器相关的配置文件和程序软件包。

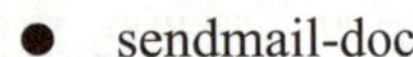

- sendmail-doc　　　　//Sendmail服务器的文档软件包。
- sendmail-devel　　　//Sendmail的开发软件包。
- m4　　　　　　　　　//GNU宏处理器，Sendmail通过它转换宏文件（默认已安装）。

在Red Hat Enterprise Linux 5的系统盘中找到相关的软件包，由于第1章中已经将系统盘的镜像文件挂载到了光驱上，所以直接点击桌面上的RHEL 5.3 I386DVD，并打开Server文件夹，找到配置Sendmail需要的几个软件包，如图9-4所示。

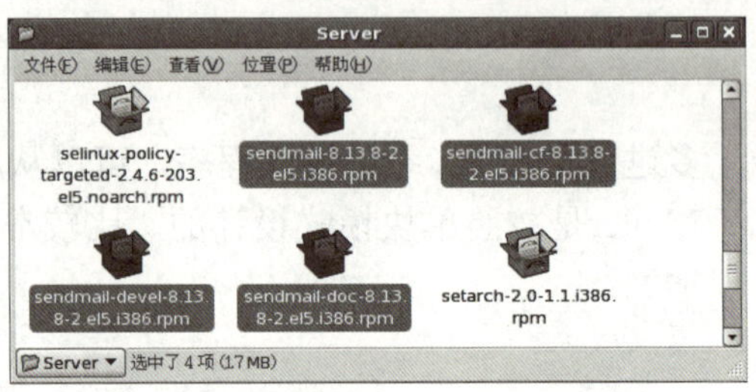

图9-4　配置Sendmail所需的RPM包

由于sendmail-8.13.8-2.el5.i386.rpm已经安装，所以用鼠标右键点击后3个未安装的RPM包，在弹出的快捷菜单中选择“用软件包安装工具打开”，紧接着系统会弹出如图9-5所示的正在安装软件包窗口，单击“应用”按钮开始安装。

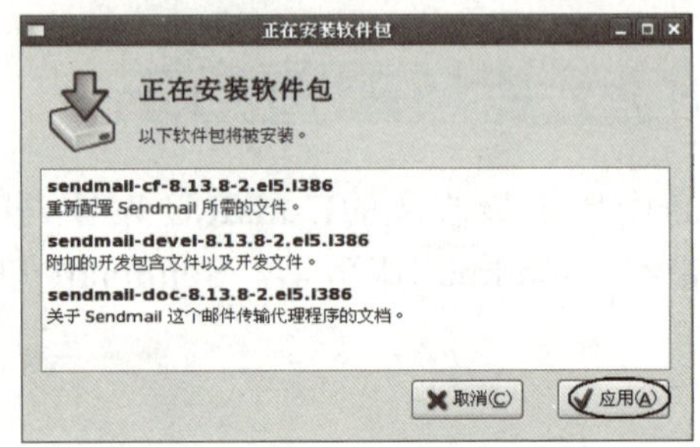

图9-5　正在安装软件包窗口

下面会出现确认安装界面，由于这里选中并要安装的是三个RPM包，所以会分别弹出三次确认安装界面，都是单击“无论如何都安装”按钮，图9-6是确认安装sendmail-doc-8.13.8-2.el5.i386.rpm的确认安装窗口。

接着就开始安装了，成功安装完毕后，会出现如图9-7所示的安装成功界面，单击“确定”按钮结束安装。

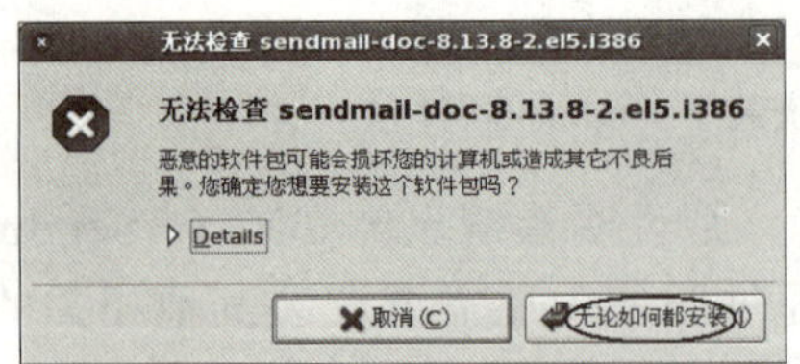

图9-6　确认安装窗口

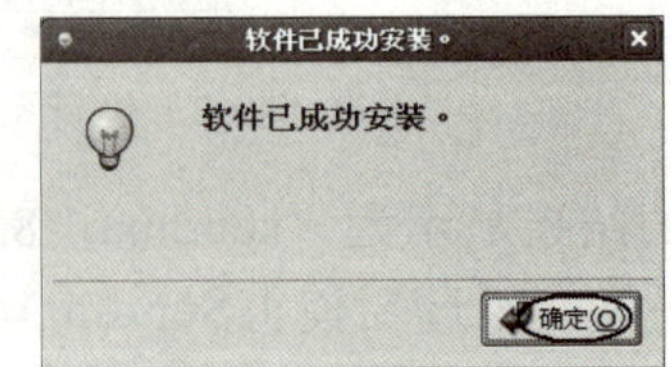

图9-7　安装成功界面

当然也可以用rpm-ivh命令进行安装。

再次在终端窗口中输入rpm-qa|grep sendmail命令，可以看到所需的sendmail的软件包均已安装，如图9-8所示。

下面用rpm-q m4命令检查系统是否已经安装了GNU宏处理器，从图9-9中可以看出已经安装了版本为1.4.5-3.el5.1的m4包。

```
[root@localhost ~]# rpm -qa|grep sendmail
sendmail-doc-8.13.8-2.el5
sendmail-devel-8.13.8-2.el5
sendmail-8.13.8-2.el5
sendmail-cf-8.13.8-2.el5
[root@localhost ~]#
```

图9-8 查询sendmail软件包

```
[root@localhost ~]# rpm -q m4
m4-1.4.5-3.el5.1
[root@localhost ~]#
```

图9-9 查询m4软件包

9.2.2 启动、停止和重新启动Sendmail服务

启动Sendmail服务：service sendmail start

停止Sendmail服务：service sendmail stop

重新启动Sendmail服务：service sendmail restart

查看状态Sendmail服务：service sendmail status

全部过程如图9-10所示。

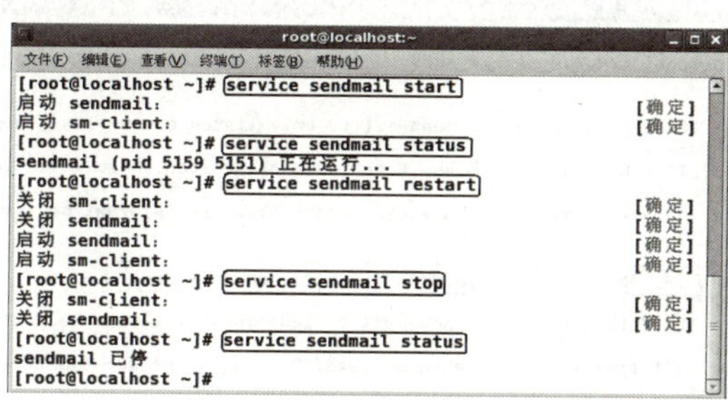

```
[root@localhost ~]# service sendmail start
启动 sendmail:                                  [确定]
启动 sm-client:                                 [确定]
[root@localhost ~]# service sendmail status
sendmail (pid 5159 5151) 正在运行...
[root@localhost ~]# service sendmail restart
关闭 sm-client:                                 [确定]
关闭 sendmail:                                  [确定]
启动 sendmail:                                  [确定]
启动 sm-client:                                 [确定]
[root@localhost ~]# service sendmail stop
关闭 sm-client:                                 [确定]
关闭 sendmail:                                  [确定]
[root@localhost ~]# service sendmail status
sendmail 已停
[root@localhost ~]#
```

图9-10 启动，停止和重新启动Sendmail服务

9.2.3 Sendmail的配置文件

在安装Sendmail软件包后，系统会自动建立一些配置文件，主要包括：

- /etc/mail/sendmail.cf　　//Sendmail服务器的主配置文件（注：由sendmail.mc生成）。
- /etc/mail/sendmail.mc　　// Sendmail服务器主配置文件的模板文件。
- /etc/mail/access.db　　//Sendmail访问数据库配置文件（注：由access生成）。
- /etc/mail/access　　//Sendmail访问数据库配置文件的文本文件。
- /etc/mail/aliases.db　　//邮箱别名的数据库文件（注：由aliases生成）。
- /etc/mail/aliases　　//邮箱别名数据库文件的文本文件。
- /etc/mail/local-host-names　　//Sendmail的别名文件。
- /etc/dovecot.conf　　//Sendmail的POP3和IMAP文件。

9.2.4 配置/etc/mail/sendmail.cf

Sendmail的配置十分复杂，它的配置文件是/etc/mail/sendmail.cf，由于语法深奥难懂，一般是通过m4宏处理程序来生成所需的sendmail.cf文件。创建的过程中还需要一个模板文件，系统默认在/etc/mail/下有一个sendmail.mc模板文件，可以根据简单、直观的sendmail.mc模板来生成sendmail.cf文件，而无须直接编译sendmail.cf文件。

1. 修改/etc/mail/sendmail.mc

输入命令vim /etc/mail/sendmail.mc，修改模板文件，如图9-11所示。

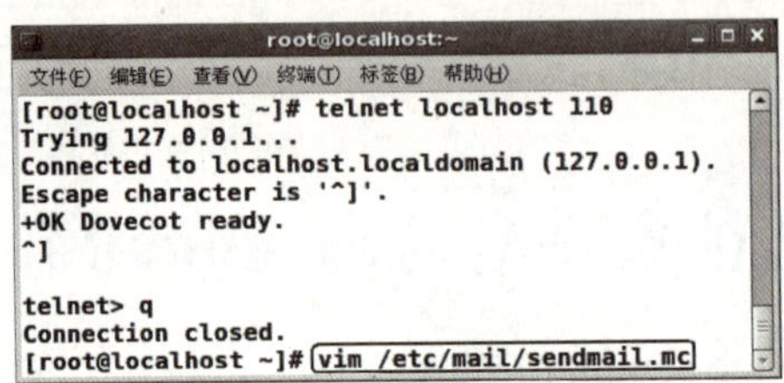

图9-11 用vim打开/etc/mail/sendmail.mc

在第116行找到DAEMON_OPTIONS（`Port=smtp，addr=127.0.0.1，Name=MTA`）dnl，如图9-12所示。

```
root@localhost:~
文件(F) 编辑(E) 查看(V) 终端(T) 标签(B) 帮助(H)
dnl define(`CYRUSV2_MAILER_ARGS', `FILE /var/lib/imap/socket/lmtp')d
nl
dnl #
dnl # The following causes sendmail to only listen on the IPv4 loopb
ack address
dnl # 127.0.0.1 and not on any other network devices. Remove the loo
pback
dnl # address restriction to accept email from the internet or intra
net.
dnl #
DAEMON_OPTIONS(`Port=smtp,Addr=127.0.0.1, Name=MTA')dnl
dnl #
dnl # The following causes sendmail to additionally listen to port 5
87 for
dnl # mail from MUAs that authenticate. Roaming users who can't reac
h their
dnl # preferred sendmail daemon due to port 25 being blocked or redi
rected find
dnl # this useful.
                                              116,1         66%
```

图9-12 默认的/etc/mail/sendmail.mc文件

将其中的127.0.0.1改为0.0.0.0，如图9-13所示。

```
root@localhost:~
文件(F) 编辑(E) 查看(V) 终端(T) 标签(B) 帮助(H)
dnl define(`CYRUSV2_MAILER_ARGS', `FILE /var/lib/imap/socket/lmtp')d
nl
dnl #
dnl # The following causes sendmail to only listen on the IPv4 loopb
ack address
dnl # 127.0.0.1 and not on any other network devices. Remove the loo
pback
dnl # address restriction to accept email from the internet or intra
net.
dnl #
DAEMON_OPTIONS(`Port=smtp,Addr=0.0.0.0, Name=MTA')dnl
dnl #
dnl # The following causes sendmail to additionally listen to port 5
87 for
dnl # mail from MUAs that authenticate. Roaming users who can't reac
h their
dnl # preferred sendmail daemon due to port 25 being blocked or redi
rected find
dnl # this useful.
-- 插入 --                                    116,39        66%
```

图9-13 修改后的/etc/mail/sendmail.mc文件

这样修改的意思是让Sendmail可以监听正确的网络接口，因为Sendmail默认只监听localhost，即IP地址为127.0.0.1，而该地址无法在网络中提供实际服务。除此以外，也可以将这行注释掉（Sendmail默认的是通过“dnl”来注释的）。

2. 通过m4宏处理程序来生成所需的sendmail.cf文件

使用命令：m4 sendmail.mc > sendmail.cf （即通过m4宏处理程序来生成所需的sendmail.cf文件），如图9-14所示。注意：如果m4宏处理器没有安装，则无法生成sendmail.cf文件，需要到系统盘中找到m4-1.4.5-3.el5.1.rpm进行安装方可。另外，执行m4宏处理命令时，必须将路径切换到/etc/mail下，否则m4宏处理命令无法运行，如图9-14所示。

图9-14 用m4宏处理程序生成sendmail.cf

3. 修改/etc/mail/local-host-names文件

在/etc/mail/local-host-names文件中，写入接收邮件的域名，如test.com或主机名。如果想用IP地址接收邮件，则需要在该文件中写入“[IP]”如[202.207.50.79]，每个语句占一行。图9-15为用vi编辑器打开/etc/mail/local-host-names文件。

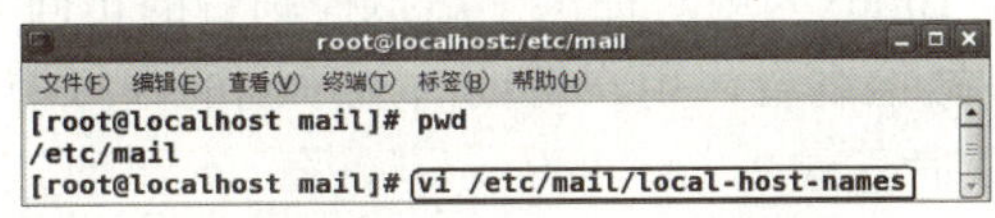

图9-15 用vi编辑器打开/etc/mail/local-host-names文件

插入邮件服务器的IP地址：202.207.50.79，如图9-16所示。

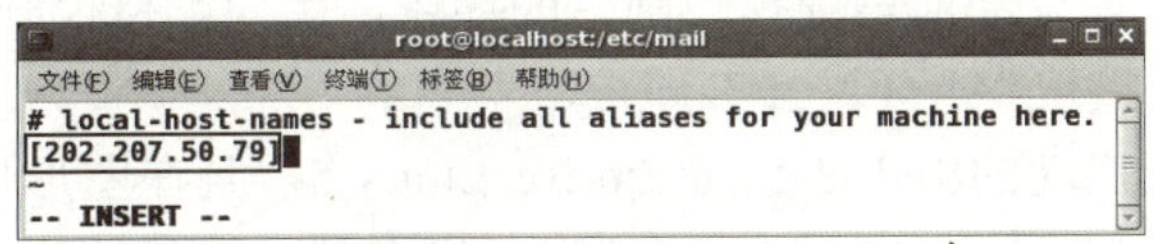

图9-16 修改后的/etc/mail/local-host-names文件

9.3 Sendmail服务器配置实例

9.3.1 在本机通过虚拟终端收发邮件

配置一个Sendmail服务器，IP地址为202.207.50.79。开设两个邮箱账户aaa和bbb，密码也为aaa和bbb。打开本机的虚拟终端，分别以账户aaa和bbb身份登录邮件服务器，互相收发邮件进行测试。

/etc/mail/sendmail.cf的配置同前。

1. 添加用户及密码

添加用户aaa和bbb，并设置各自的密码，如图9-17所示。

2. 重启邮件服务器

用service sendmail restart命令重新启动Sendmail服务器，如图9-18所示。如果之前还未启动过Sendmail，这里直接用service sendmail start命令启动即可。

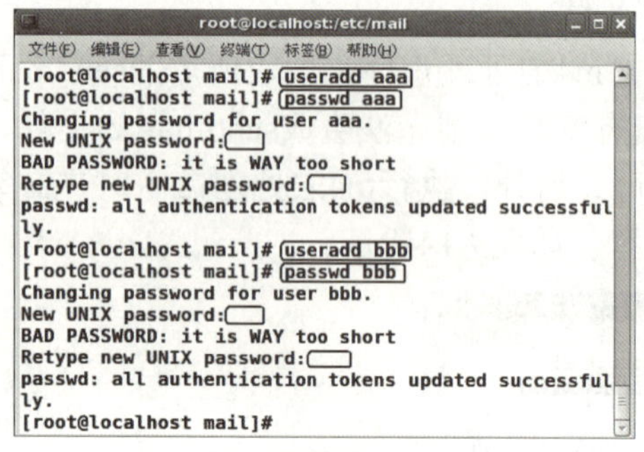

图9-17 添加用户及密码

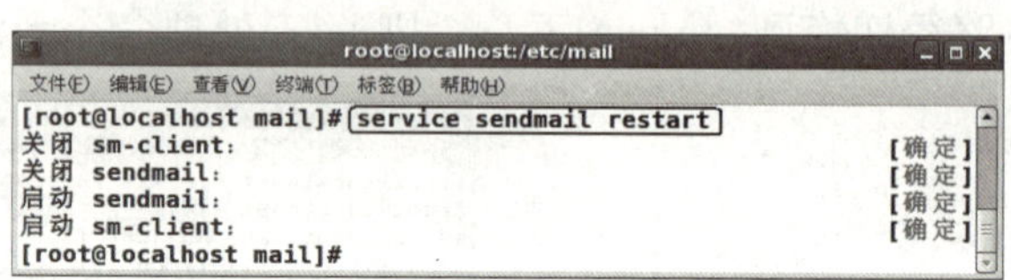

图9-18 重新启动Sendmail服务

3. 在本机以账户aaa和bbb登录虚拟终端测试

用mail命令在本地测试邮件服务器（IP地址202.207.50.79）收发邮件的功能。

先打开一个虚拟控制台，用账户aaa登录。

Linux是一个多用户操作系统，也就是说它可以同时接受多个用户登录，或者同一用户的多次登录。正因为如此，Linux为用户提供了虚拟控制台的访问方式。在安装Linux的过程中，系统默认建立了6个虚拟控制台，用户可同时从不同的虚拟控制台进行同一用户的多次登录，或实现不同用户的同时登录。

一般用户都是以图形方式登录到了Red Hat Enterprise Linux 5中，要实现在这6个控制台之间切换，需要使用快捷键<Ctrl+Alt+F1～F6>，如果要从某个控制台返回到图形界面，则需要按<Ctrl+Alt+F7>。如果当前是虚拟控制台的环境，比如虚拟控制台1，则要切换到其他控制台或图形界面，直接按<Alt+F2～F7>即可。

如果是通过虚拟机启动的Red Hat Enterprise Linux 5，且在图形环境下，则切换到控制台的快捷键改为<Ctrl+Shift+Alt+F1～F6>。如果已经在某个虚拟控制台中了，则要切换到其他控制台并直接按<Alt+F1～F7>即可。

由于当前已经登录到了Red Hat Enterprise Linux 5的图形界面，所以按快捷键<Ctrl+Shift+Alt+F1>切换到控制台1，并以账户aaa的身份登录系统，如图9-19所示。然后用mail命令向bbb@[127.0.0.1]发送邮件。

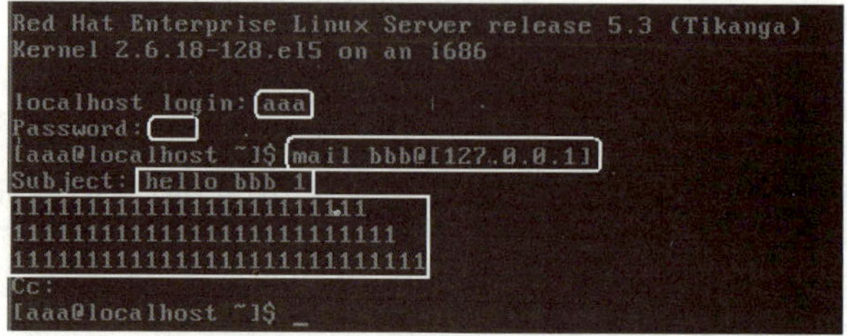

图9-19 在控制台1以aaa身份登录

邮件的主题为"hello bbb 1"，内容随便录入，当要退出时，输入<Ctrl+D>或<. >，然后在出现的“Cc:”后按回车即可，如图9-19所示。

再按快捷键<Alt+F2>切换到控制台2，并以账户bbb的身份登录系统，如图9-20所示。

```
Red Hat Enterprise Linux Server release 5.3 (Tikanga)
Kernel 2.6.18-128.el5 on an i686

localhost login: bbb
Password:
[bbb@localhost ~]$ mail
Mail version 8.1 6/6/93.  Type ? for help.
"/var/spool/mail/bbb": 1 message 1 new
>N  1 aaa@localhost.locald  Fri Feb 19 13:57  18/728   "hello bbb 1"
& 1
Message 1:
From aaa@localhost.localdomain  Fri Feb 19 13:57:22 2010
Date: Fri, 19 Feb 2010 13:57:22 +0800
From: aaa@localhost.localdomain
To: bbb@localhost.localdomain
Subject: hello bbb 1

111111111111111111111111
11111111111111111111111111
111111111111111111111111111111

& q
Saved 1 message in mbox
[bbb@localhost ~]$ _
```

图9-20　在控制台2以bbb身份登录

接收并查看邮件的命令是mail，在图9-20中，输入完mail后会显示当前账户的邮件列表，并以序号1，2，……排序。这里账户bbb的邮箱中只有一封邮件，所以序号只排到了1。如果要查看该邮件，只需在当前提示符&后输入邮件序号1；如果要退出邮件界面，在提示符&后输入q，按回车键即可。

再以账户bbb的身份用mail命令给aaa发送一封邮件，如图9-21所示。这里用的发送命令是mail aaa@[202.207.50.79]，把原来的127.0.0.1改成了邮件服务器的实际IP地址，一样可以发送邮件。

```
[bbb@localhost ~]$ mail aaa@[202.207.50.79]
Subject: hello aaa 1
2222222222222222222
222222222222222222222222222
2222222222222222222222222222222
.
Cc:
[bbb@localhost ~]$ _
```

图9-21　用账户bbb给aaa发信

信件发送完毕后，按快捷键<Alt+F1>切换到控制台1，输入mail命令查看账户aaa的邮件情况，如图9-22所示。

```
[aaa@localhost ~]$ mail
Mail version 8.1 6/6/93.  Type ? for help.
"/var/spool/mail/aaa": 1 message 1 new
>N  1 bbb@localhost.locald  Fri Feb 19 14:14  18/722   "hello aaa 1"
& 1
Message 1:
From bbb@localhost.localdomain  Fri Feb 19 14:14:14 2010
Date: Fri, 19 Feb 2010 14:14:14 +0800
From: bbb@localhost.localdomain
To: aaa@localhost.localdomain
Subject: hello aaa 1

2222222222222222222
222222222222222222222222222
2222222222222222222222222222222

& q
Saved 1 message in mbox
[aaa@localhost ~]$ _
```

图9-22　账户aaa收信

从图9-22可以看到，账户bbb给账户aaa发了一封邮件。

9.3.2 在客户机通过邮件服务器IP地址发送邮件

在客户机上通过“telnet邮件服务器IP地址”的方式登录邮件服务器，默认情况下，telnet服务是没有开启的，所以登录不成功，如图9-23所示。

图9-23 从客户机以telnet方式登录邮件服务器

1. 配置telnet服务

（1）安装telnet软件包

首先用rpm-qa|grep telnet命令查看本机是否安装了telnet软件包，如图9-24所示。

图9-24中显示本机已经安装了版本文0.17-39.el5的telnet包，如果没有安装，需要到Red Hat Enterprise Linux 5的系统盘中找到telnet-0.17-38.el5.i386.rpm和telnet-server-0.1738.el5.i386.rpm，用“rpm-ivh”命令进行安装。

（2）启动telnet服务

首先用命令“chkconfig --list|grep telnet”查询telnet服务是否打开，如图9-25所示。

图9-24 查询是否安装了telnet软件包

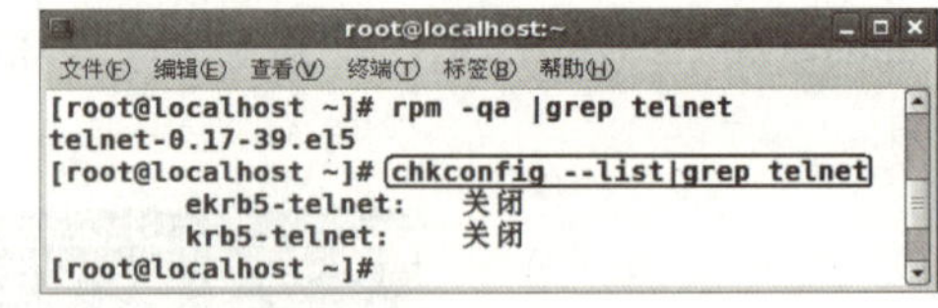

图9-25 查询telnet服务的状态

可以看到，这里telnet服务处于关闭状态。

启动telnet服务的方法比较多，这里介绍三种：

1）用chkconfig命令来启动。由于telnet是由xinetd服务管理，所以telnet启动方法和其他服务不太一样，需要用命令“chkconfig --level 35 krb5-telnet on”来启动，如图9-26所示。

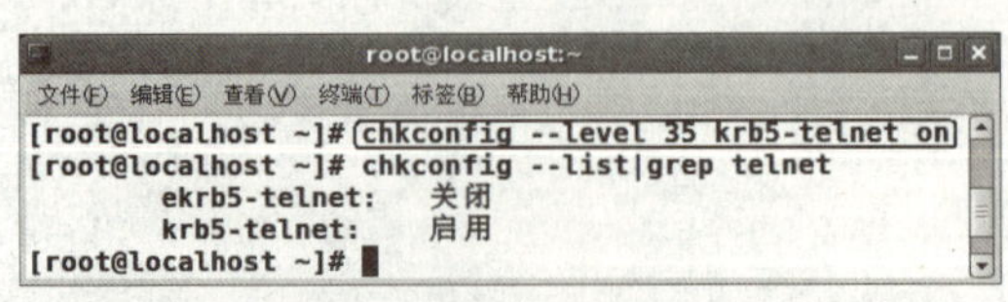

图9-26 通过chkconfig命令启动telnet服务

2）通过ntsysv命令启动，如图9-27所示。

3）通过修改/etc/xinetd.d/krb5-telnet文件启动telnet服务，而前两种方法本质上也是通过修改此文件进而启动telnet的。修改方法是将“disable=yes”改为“disable=no”即可，如图9-28所示。

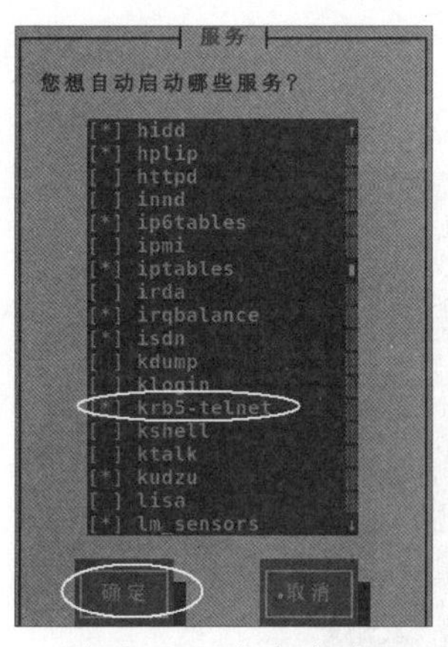

图9-27　通过ntsysv命令启动telnet服务

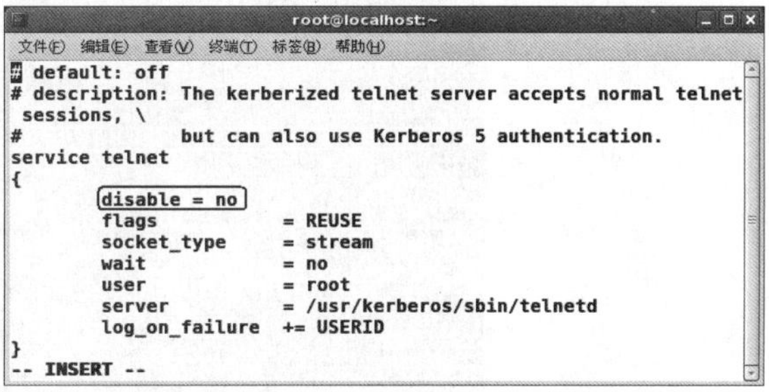

```
root@localhost:~
文件(F) 编辑(E) 查看(V) 终端(T) 标签(B) 帮助(H)
# default: off
# description: The kerberized telnet server accepts normal telnet
 sessions, \
#                 but can also use Kerberos 5 authentication.
service telnet
{
        disable = no
        flags           = REUSE
        socket_type     = stream
        wait            = no
        user            = root
        server          = /usr/kerberos/sbin/telnetd
        log_on_failure  += USERID
}
-- INSERT --
```

图9-28　/etc/xinetd.d/krb5-telnet文件

不论通过哪种方法，开启了telnet服务后，还需要重启xinetd服务来使配置生效，用service xinetd restart命令，如图9-29所示。

图9-29　重启xinetd服务

（3）测试telnet服务

现在就可以从客户端以telnet方式登录邮件服务器了，在客户机1上输入telnet 202.207.50.77，就会出现如图9-30所示的登录界面，输入账户名aaa及其密码后可以成功登录。注意：如果仍然无法登录，需要关闭服务器端的防火墙。

```
    localhost.localdomain (Linux release 2.6.18-128.el5 #1 SMP Wed Dec 17 11:42:
39 EST 2008) (2)

login: aaa
Password:
Last login: Fri Feb 19 15:16:59 from 202.207.50.77
[aaa@localhost ~]$ pwd
/home/aaa
[aaa@localhost ~]$ mail
No mail for aaa
[aaa@localhost ~]$ _
```

图9-30　telnet登录到邮件服务器

2．从客户机以telnet IP的方式登录邮件服务器测试

下面从客户机1用mail命令给账户bbb发邮件，如图9-31所示。

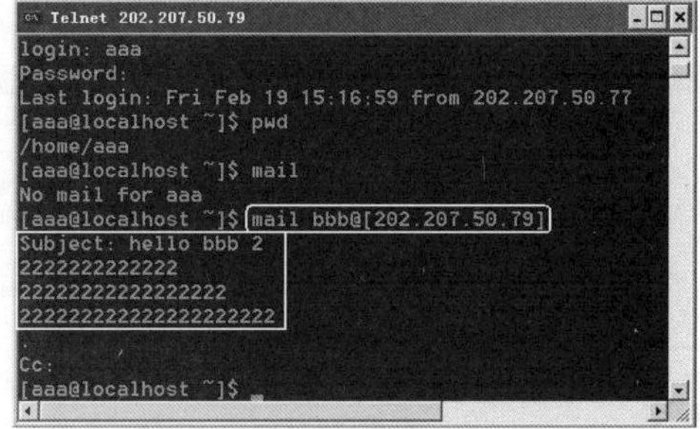

图9-31　在客户机给bbb发邮件

从客户机2以账户bbb的身份通过telnet方式登录到邮件服务器上。用mail命令查看邮件，效果如图9-32所示。

```
login: bbb
Password:
Last login: Fri Feb 19 14:11:51 on tty2
You have new mail.
[bbb@localhost ~]$ mail
Mail version 8.1 6/6/93.  Type ? for help.
"/var/spool/mail/bbb": 1 message 1 new
>N  1 aaa@localhost.locald  Fri Feb 19 15:21   18/699   "hello bbb 2"
& 1
Message 1:
From aaa@localhost.localdomain  Fri Feb 19 15:21:03 2010
Date: Fri, 19 Feb 2010 15:21:03 +0800
From: aaa@localhost.localdomain
To: bbb@localhost.localdomain
Subject: hello bbb 2

2222222222222
22222222222222222
222222222222222222222

& q
Saved 1 message in mbox
[bbb@localhost ~]$
```

图9-32　在客户机让bbb收邮件

9.3.3　在客户机通过邮件服务器域名发送邮件

在前面例子的基础上，为邮件服务器注册域名mail.bgl.net，然后在客户机通过mail 账户名@[邮件服务器域名]的方式收发邮件。

1．配置DNS服务器

先给邮件服务器202.207.50.79注册域名mail.bgl.net，这里需要配置一个DNS服务器，我们就将邮件服务器（IP地址为202.207.50.79）配置成DNS服务器，其用户自定义正向解析文件如图9-33所示，将邮件服务器的域名设置成了mail.bgl.net。

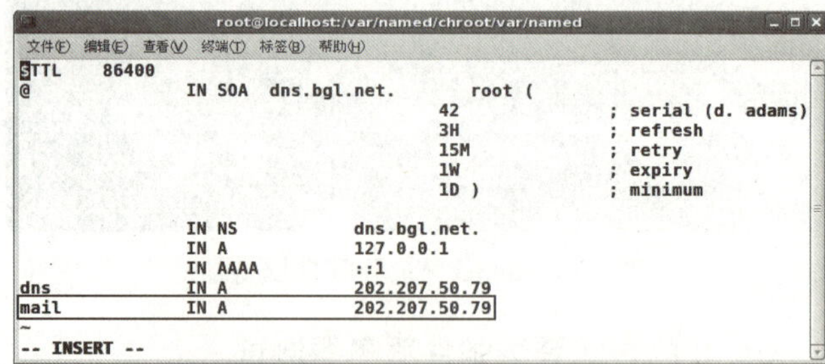

```
$TTL    86400
@               IN SOA  dns.bgl.net.      root (
                                    42          ; serial (d. adams)
                                    3H          ; refresh
                                    15M         ; retry
                                    1W          ; expiry
                                    1D )        ; minimum

                IN NS           dns.bgl.net.
                IN A            127.0.0.1
                IN AAAA         ::1
dns             IN A            202.207.50.79
mail            IN A            202.207.50.79
~
-- INSERT --
```

图9-33　用户自定义正向解析文件

用户自定义反向解析文件如图9-34所示。

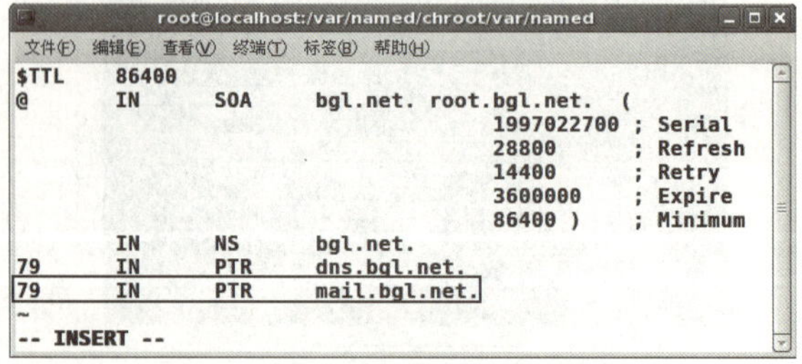

```
$TTL    86400
@       IN      SOA     bgl.net. root.bgl.net.  (
                                1997022700 ; Serial
                                28800      ; Refresh
                                14400      ; Retry
                                3600000    ; Expire
                                86400 )    ; Minimum
        IN      NS      bgl.net.
79      IN      PTR     dns.bgl.net.
79      IN      PTR     mail.bgl.net.
~
-- INSERT --
```

图9-34　用户自定义反向解析文件

在DNS客户端指向文件/etc/resolve.conf中将首选的DNS服务器设置成DNS服务器的IP地址，即202.207.50.79，如图9-35所示。

用service命令重启named服务，如图9-36所示。

图9-35 DNS客户端指向文件

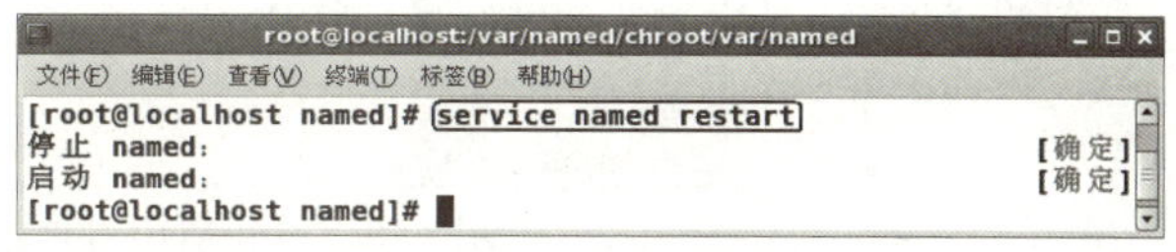

图9-36 重启named服务

在终端窗口中用“ping”命令测试，如图9-37所示。

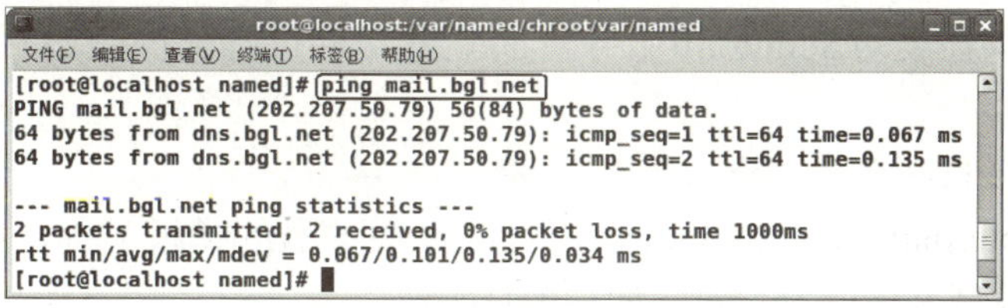

```
[root@localhost named]# ping mail.bgl.net
PING mail.bgl.net (202.207.50.79) 56(84) bytes of data.
64 bytes from dns.bgl.net (202.207.50.79): icmp_seq=1 ttl=64 time=0.067 ms
64 bytes from dns.bgl.net (202.207.50.79): icmp_seq=2 ttl=64 time=0.135 ms

--- mail.bgl.net ping statistics ---
2 packets transmitted, 2 received, 0% packet loss, time 1000ms
rtt min/avg/max/mdev = 0.067/0.101/0.135/0.034 ms
[root@localhost named]#
```

图9-37 测试DNS服务

2. 修改客户机DNS服务器的IP地址

在客户机1上先将DNS服务器设置成刚刚配置好的DNS服务器的IP地址202.207.50.79，以便能识别域名mail.bgl.net，如图9-38所示。

打开客户机1的终端窗口，用“ping”命令测试邮件服务器的域名是否有效，如图9-39所示。从图中可以看出域名测试一切正常。

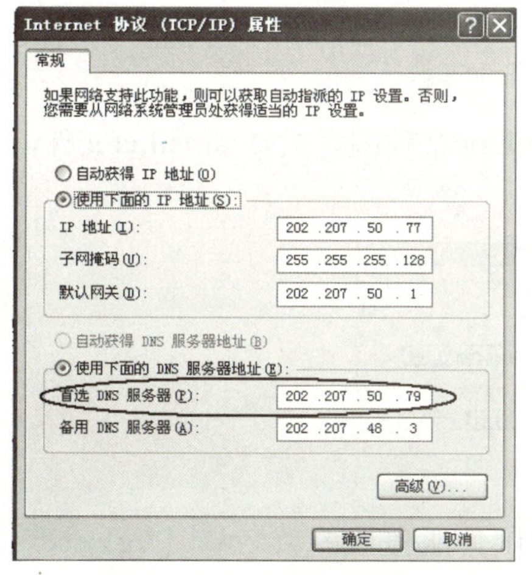

图9-38 指定DNS服务器

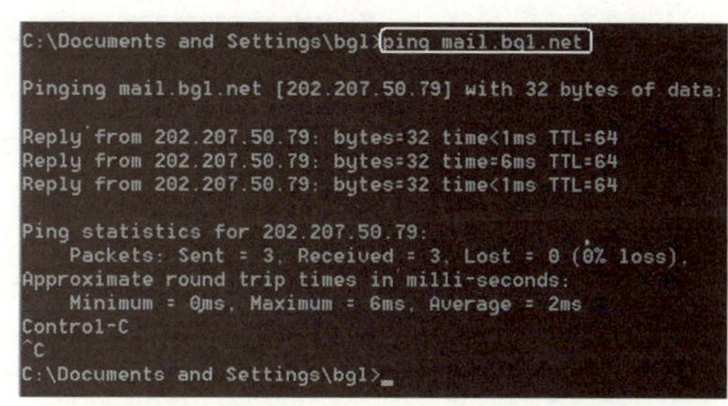

图9-39 在客户机1测试邮件服务器域名

注意： 如果仍然无法“ping”通域名，则需要先禁用客户端的本地连接，然后再重新启用，这样就可以“ping”通了，如图9-40所示。

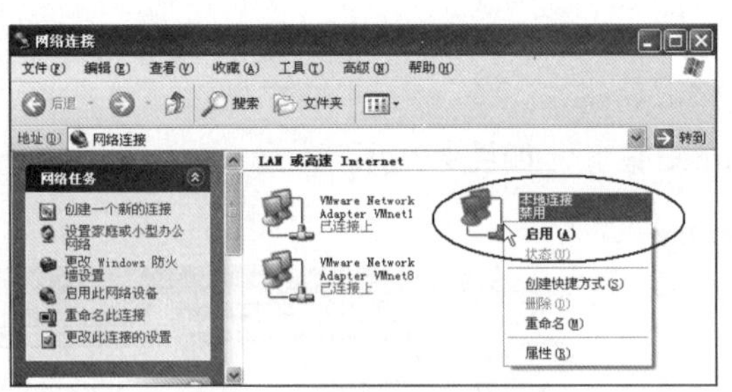

图9-40　重新启用本地连接

3. 配置邮件服务器

现在Sendmail服务器只能够通过mail 账户名@[邮件服务器IP地址]的方式发送邮件，还无法识别域名，所以需要对Sendmail服务器的配置文件进行修改，将域名写入到其配置文件中。

（1）修改/etc/mail/sendmail.mc

输入命令vim /etc/mail/sendmail.mc，修改邮件服务器的模板文件，在第155行将邮件服务器的域名改成有效域名mail.bgl.net，如图9-41所示。

图9-41　/etc/mail/sendmail.mc文件

保存退出后在终端窗口中使用m4命令将sendmail.mc文件编译成sendmail.cf文件，如图9-42所示。

图9-42　用m4命令生成sendmail.cf文件

（2）修改/etc/mail/local-host-names

修改/etc/mail/local-host-names，在其中加入邮件服务器的域名mail.bgl.net，如图9-43所示。

图9-43　/etc/mail/local-host-names文件

（3）重启邮件服务器

用service sendmail restart命令重新启动Sendmail服务器，如图9-44所示。

图9-44　重启邮件服务器

4. 在客户机通过“mail @邮件服务器域名”的方式发送邮件

在客户机1用telnet的方式登录邮件服务器，这里仍以账户aaa的身份登录，如图9-45所示。接着用mail bbb@mail.bgl.net命令给账户bbb发送一封邮件。

在客户机2用telnet的方式登录邮件服务器，这里以账户bbb的身份登录，如图9-46所示。然后用mail命令接收邮件，可以看到aaa刚刚发送的邮件“hello bbb 3”。

```
login: aaa
Password:
Last login: Fri Feb 19 16:09:38 from 202.207.50.77
[aaa@localhost ~]$ mail bbb@mail.bgl.net
Subject: hello bbb 3
33333333333333
333333333333333333
33333333333333333333333
.
Cc:
[aaa@localhost ~]$
```

图9-45　账户aaa给bbb发送邮件

```
login: bbb
Password:
Last login: Fri Feb 19 16:10:19 from 202.207.50.77
You have new mail.
[bbb@localhost ~]$ mail
Mail version 8.1 6/6/93.  Type ? for help.
"/var/spool/mail/bbb": 1 message 1 new
>N  1 aaa@localhost.locald  Fri Feb 19 16:10  18/688   "hello bbb 3"
& 1
Message 1:
From aaa@localhost.localdomain  Fri Feb 19 16:10:40 2010
Date: Fri, 19 Feb 2010 16:10:40 +0800
From: aaa@localhost.localdomain
To: bbb@mail.bgl.net
Subject: hello bbb 3

33333333333333
333333333333333333
33333333333333333333333
```

图9-46　账户bbb收邮件

9.3.4　在客户机用Outlook收发邮件

1. 设置邮件中继

前面的例子，不论是在本机通过虚拟终端测试还是通过客户机telnet到邮件服务器上测试，实质都是在邮件服务器本机上进行，即只能为直接登录到电子邮件服务器上的用户发送邮件。如果为了能够给其他客户机发送邮件，还需要配置邮件中继和SMTP验证。

邮件中继（Mail Relay）是指将邮件从以一个邮件传输代理（MTA）传送到另一个MTA的动作。对于一个连接在Internet上的邮件服务器来说，如果允许为来自所有地方的用户进行邮件中继，则可能发生以下一些问题：

1）邮件服务器被一些机构用来有组织地发送垃圾邮件，从而导致网络带宽耗尽，以致影响到对用户的服务。

2）由于发送大量的垃圾邮件，导致邮件服务器进入互联网社会的垃圾邮件服务器黑名单，以致造成无法正常收发电子邮件。

3）邮件服务器的IP地址可能会被ISP封锁，以致邮件服务器彻底从Internet上脱机。

正是为了避免发生这些问题，Sendmail邮件服务器默认只监听本地回环地址127.0.0.1。如果启用了对公共IP地址的监听，默认也只允许来自于或发送到本地地址的邮件（即只允许登录到邮件服务器上收发邮件），也就是禁用邮件中继功能，因此需要配置邮件中继。

在配置邮件中继时，可以通过以下两种方式来实现：

方法一：通过/etc/mail/access.db文件设置邮件中继。

/etc/mail/access.db文件是一个非明文文本的数据库文件，无法直接编辑。如果要修改这个数据库文件，需要先修改/etc/mail/access文件，然后通过makemap命令转换成对应的数据库文件。

用vi编辑器打开/etc/mail/access，其默认内容如图9-47所示。

```
# Check the /usr/share/doc/sendmail/README.cf file for a description
# of the format of this file. (search for access_db in that file)
# The /usr/share/doc/sendmail/README.cf is part of the sendmail-doc
# package.
#
# by default we allow relaying from localhost...
Connect:localhost.localdomain          RELAY
Connect:localhost                      RELAY
Connect:127.0.0.1                      RELAY

~
-- INSERT --
```

图9-47　默认的/etc/mail/access文件

从默认设置来看，只允许本机localhost（IP地址127.0.0.1）通过Sendmail服务器发送邮件。为了让指定的网段或主机可以通过该邮件服务器发送邮件，需要添加新的条目，每个条目包括一个指定的入口和对该入口执行的操作。

入口的表示方法可以使用以下几种形式：

- 域名，例如mail.bgl.net
- E-mail地址，例如aaa@mail.bgl.net
- 邮件地址的用户名部分，例如aaa@
- IP地址，例如202.207.50.79
- 子网，例如202.207.50

对入口执行的操作包括：

- RELAY　//允许通过该邮件服务器进行邮件发送
- REJECT　//拒绝邮件发送并显示内部错误提示消息
- DISCARD //拒绝邮件发送但不返回错误消息

插入一行内容，如图9-48所示，即允许发送或接收来自202.207.50网络主机的电子邮件。

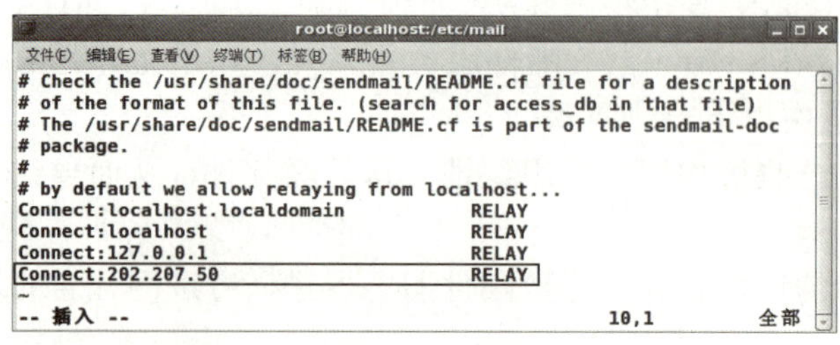

```
# Check the /usr/share/doc/sendmail/README.cf file for a description
# of the format of this file. (search for access_db in that file)
# The /usr/share/doc/sendmail/README.cf is part of the sendmail-doc
# package.
#
# by default we allow relaying from localhost...
Connect:localhost.localdomain          RELAY
Connect:localhost                      RELAY
Connect:127.0.0.1                      RELAY
Connect:202.207.50                     RELAY
~
-- 插入 --                              10,1        全部
```

图9-48　修改后的/etc/mail/access文件

用makemap hash access<access命令将修改的access文件用哈希加密装入access.db数据库文件中，如图9-49所示。

图9-49　将access文件装入access.db数据库中

通过以上设置，不需要重新启动Sendmail服务即可允许对指定网络或客户机的邮件中继。

方法二：设置SMTP验证进行邮件中继。

在方法一中，通过在数据库文件/etc/mail/access.db中添加允许或拒绝指定网络或域名的主机来实现邮件中继，但如果是拨号上网的用户或通过DHCP动态获取IP地址的客户机，由于其IP是动态变化的，所以通过/etc/mail/access.db文件设置邮件中继的方法显然是不方便的，这里需要使用SMTP验证机制对指定的用户进行邮件中继。设置SMTP验证机制后，就可以实现用户级别的邮件中继控制了。

在Red Hat Enterprise Linux 5中，提供SMTP身份验证的程序是saslauthd服务，该服务提供多种身份验证机制。saslauthd服务由cyrus-sasl软件包提供。因此，在使用SMTP验证机制对指定的用户进行邮件中继之前，先要检查是否安装了cyrus-sasl软件包，可在终端窗口中输入rpm-q cyrus-sasl，如图9-50所示。

从图9-50中可以看出，本机已经安装了版本为2.1.22-4的cyrus-sasl软件包。如果没有安装，可到Red Hat Enterprise Linux 5的系统盘中找到相关的RPM包进行安装。

如果要查看saslauthd支持的验证方法，可在终端窗口中输入命令saslauthd -v，如图9-51所示。

图9-50　查询是否安装了cyrus-sasl软件包

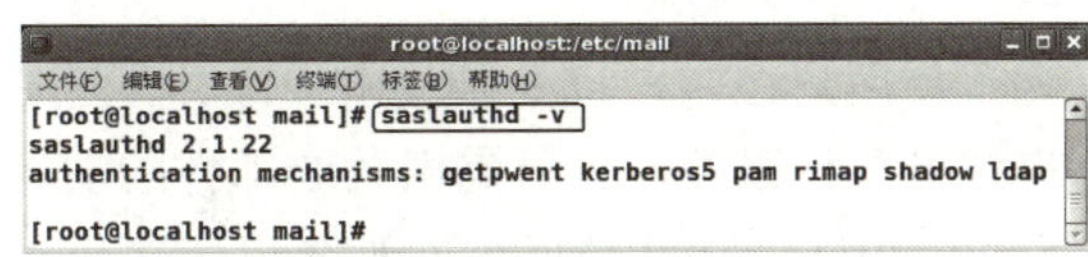

图9-51　查看saslauthd支持的验证方法

下面来实现Sendmail的SMTP验证。

用vi编辑器修改/etc/mail/sendmail.mc文件，去掉第52，53两行的注释符“dnl”，如图9-52所示。

```
root@localhost:/etc/mail
文件(F) 编辑(E) 查看(V) 终端(T) 标签(B) 帮助(H)
dnl # Mozilla Mail and Evolution, though Outlook Express and other MUAs do
dnl # use LOGIN. Other mechanisms should be used if the connection is not
dnl # guaranteed secure.
dnl # Please remember that saslauthd needs to be running for AUTH.
dnl #
TRUST_AUTH_MECH(`EXTERNAL DIGEST-MD5 CRAM-MD5 LOGIN PLAIN')dnl
define(`confAUTH_MECHANISMS', `EXTERNAL GSSAPI DIGEST-MD5 CRAM-MD5 LOGIN PLAIN')dnl
dnl #
dnl # Rudimentary information on creating certificates for sendmail TLS:
dnl #     cd /usr/share/ssl/certs; make sendmail.pem
dnl # Complete usage:
dnl #     make -C /usr/share/ssl/certs usage
dnl #
dnl define(`confCACERT_PATH', `/etc/pki/tls/certs')dnl
dnl define(`confCACERT', `/etc/pki/tls/certs/ca-bundle.crt')dnl
dnl define(`confSERVER_CERT', `/etc/pki/tls/certs/sendmail.pem')dnl
dnl define(`confSERVER_KEY', `/etc/pki/tls/certs/sendmail.pem')dnl
-- 插入 --                                              52,1          28%
```

图9-52　修改后的/etc/mail/sendmail.mc文件

存盘退出后在终端窗口用m4命令将sendmail.mc文件编译为sendmail.cf文件，如图9-53所示。

图9-53　用m4命令生成sendmail.cf文件

用service sendmail restart命令重启邮件服务器，如图9-54所示。

图9-54　重启邮件服务器

在终端窗口用service saslauthd start命令启动saslauthd服务，如图9-55所示。

图9-55　启动saslauthd服务

注意：以上两种方法均可，如果两种都设置了也可以。

2. 配置POP3和IMAP

为了使用户在客户机上接收电子邮件，还需要配置POP3或IMAP服务，因为Sendmail本身不提供这两种服务，它只提供发送邮件的功能，也就是充当MTA。

Sendmail只是一个MTA（邮件传送代理），如果要让客户端从Sendmail服务器上收取邮件，还需要其他软件的支持。在以前的Red Hat Linux版本中，POP3和IMAP服务都是由imap软件包来提供，而在Red Hat Enterprise Linux 5中则由dovecot软件包来提供。dovecot软件包不仅提供POP3和IMAP服务，还同时提供POP3S、IMAPS等服务。

（1）安装dovecot

在进行设置之前，需要检查本系统是否安装了dovecot软件包，即在终端窗口中输入rpm -q dovecot命令，如图9-56所示。

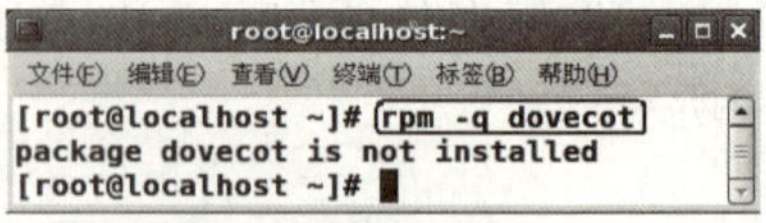

```
root@localhost:~
文件(F) 编辑(E) 查看(V) 终端(T) 标签(B) 帮助(H)
[root@localhost ~]# rpm -q dovecot
package dovecot is not installed
[root@localhost ~]#
```

图9-56　查询dovecot软件包

图9-56中显示本系统没有安装dovecot软件包，由于已经将Red Hat Enterprise Linux 5系统盘的镜像文件挂载到了光驱上，所以直接打开光驱，在server文件夹中找到dovecot-1.0.7-7.el5.i386.rpm，如图9-57所示。

用鼠标右键单击dovecot的RPM包，在弹出的快捷菜单中选择“用软件包安装工具打开”，紧接着系统会弹出如图9-58所示的“正在安装软件包”窗口，单击“应用”按钮开始安装。

在弹出的确认窗口中单击“无论如何都安装”按钮，如图9-59所示。

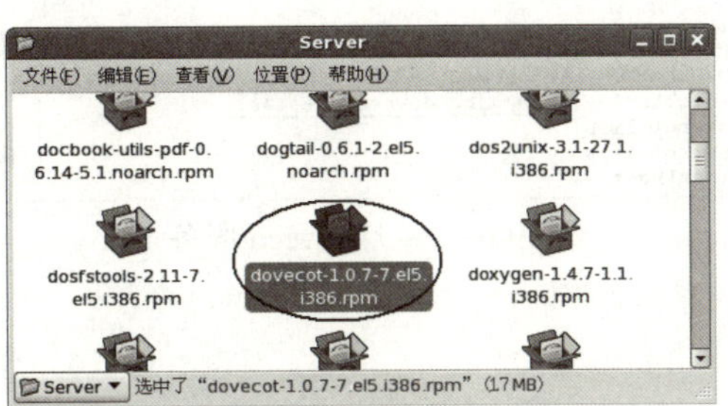

图9-57 dovecot软件包

图9-58 开始安装dovecot软件包

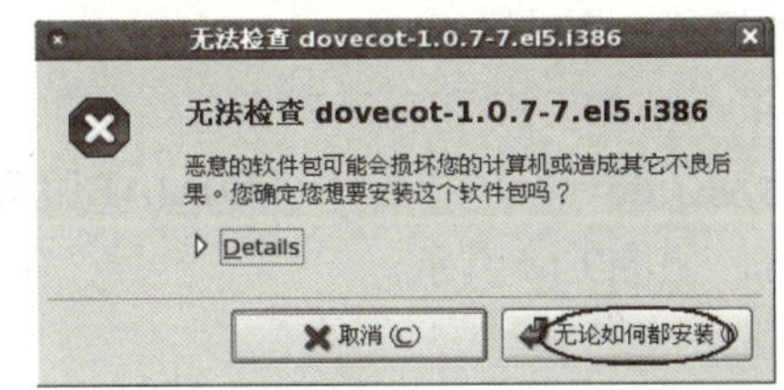

图9-59 确认安装dovecot软件包窗口

当软件包成功安装完毕后，再次在终端窗口中输入rpm -q dovecot命令查询，如图9-60所示，可以看到，系统已经成功地安装dovecot软件包。

（2）打开POP3和IMAP支持

在终端窗口中输入vi /etc/dovecot.conf，修改dovecot的配置文件，如图9-61所示。

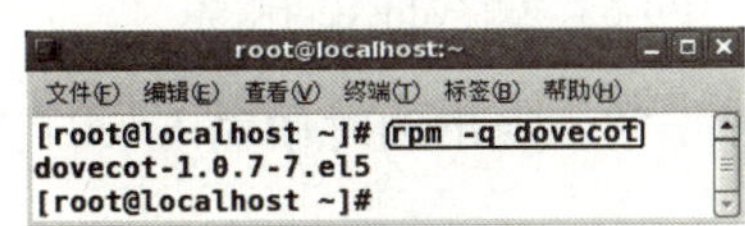

图9-60 查询dovecot软件包

图9-61 用vi编辑器修改/etc/dovecot.conf

找到第20行的#protocols = imap imaps pop3 pop3s，去掉其注释#，即打开了POP3和IMAP支持，如图9-62所示。

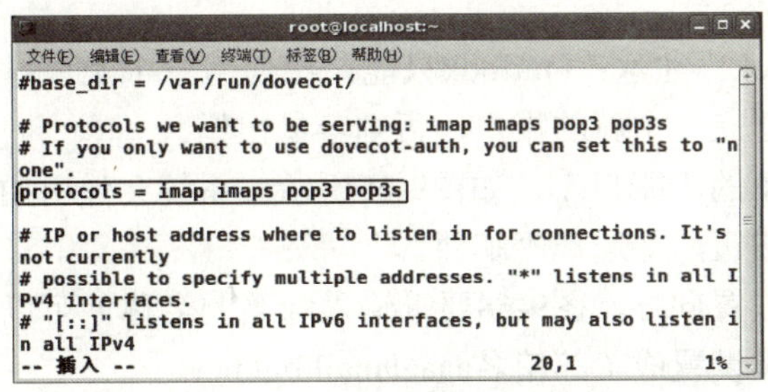

图9-62 开启POP3和IMAP支持

（3）重启dovecot，使配置生效

在终端窗口中输入service dovecot restart命令重启dovecot，使配置生效，如图9-63所示。如果原来没有启动过dovecot，则直接用service dovecot start命令启动dovecot即可。

图9-63 重启dovecot服务

注意：在启动dovecot服务时，只报告IMAP服务已启动，但实际上POP3服务也启动了。

另外可以在终端窗口中输入chkconfig –level 35 dovecot on命令使dovecot服务在系统启动时自动运行，如图9-64所示。

（4）测试POP3和IMAP服务

启动了dovecot中的POP3和IMAP服务后，可以使用telnet localhost 110命令测试其运行是否正常，如图9-65所示。

图9-64 设置dovecot的自启动

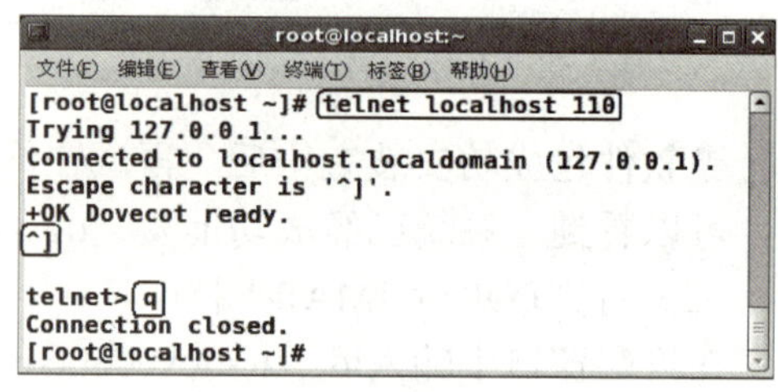

图9-65 测试dovecot服务

看到出现了“OK Dovecot ready”说明dovecot运行正常。退出的时候输入<ctl+]>，然后按回车键，在提示符“telnet>”后输入quit即可。

3. 在客户机用Outlook测试

将客户机1的Outlook设置成账户aaa。

在Windows客户机1先将DNS服务器指定为202.207.50.79，这样就可以使邮件服务器的域名mail.bgl.net生效。

下面开始设置Outlook。注意：Outlook只能一次使用一个账户，如果要用其他的账户，先将原账户删除，重新建立一个新的账户，否则容易出错。

选择“工具”菜单下的“账户”，如图9-66所示。系统会弹出如图9-67所示的Internet账户界面，单击“添加”按钮，并选择“邮件”。

接下来会出现邮箱设置向导，图9-68要求输入邮箱的名称，可以随便起个名称，这里为了好识别，所以将名称也设置成了邮箱名aaa@mail.bgl.net。

然后要求输入电子邮件的地址，输入aaa@mail.bgl.net，如图9-69所示。

下面要求输入接收邮件和发送邮件的服务器的域名，我们的邮件服务器的域名都是mail.bgl.net，接收邮件采用的是POP3方式，如图9-70所示。

最后要求设置账户信息，输入账户aaa及其密码，如图9-71所示。

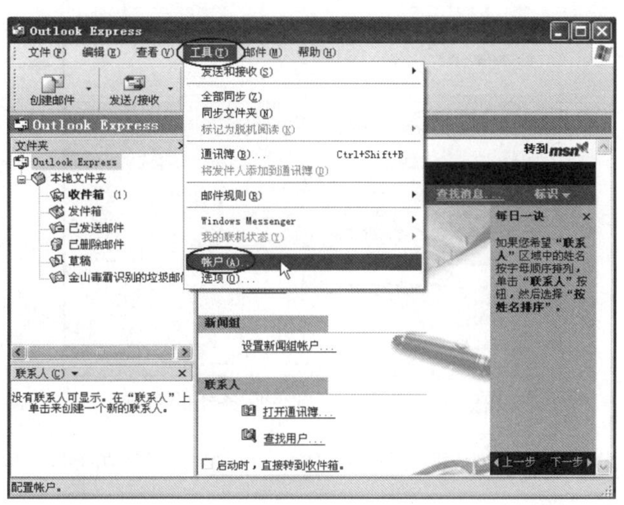

图9-66 打开邮箱设置

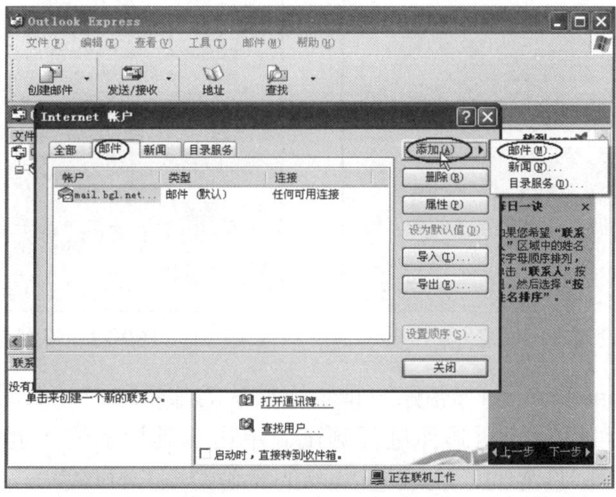

图9-67 Internet账户界面

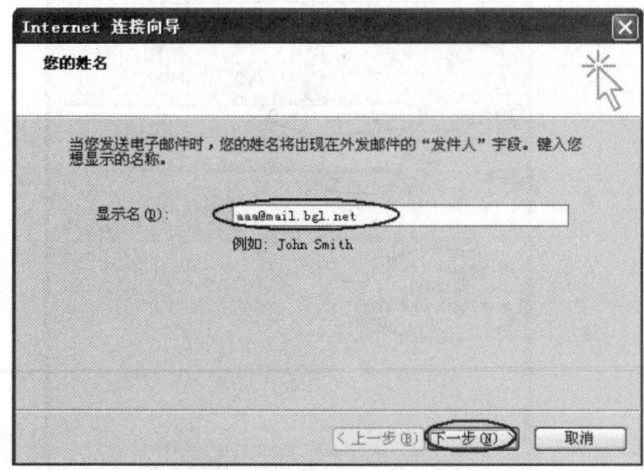

图9-68 设置邮箱名称

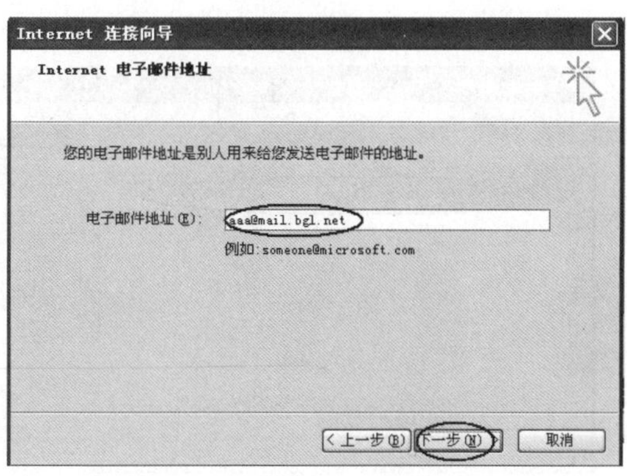

图9-69 设置电子邮件地址

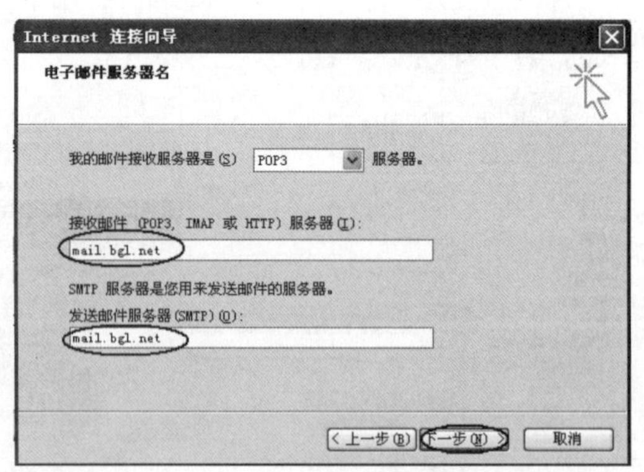

图9-70　设置电子邮件服务器的名称

以上信息均正确设置后，会出现如图9-72所示的设置完成界面，单击“完成”按钮结束本次设置。

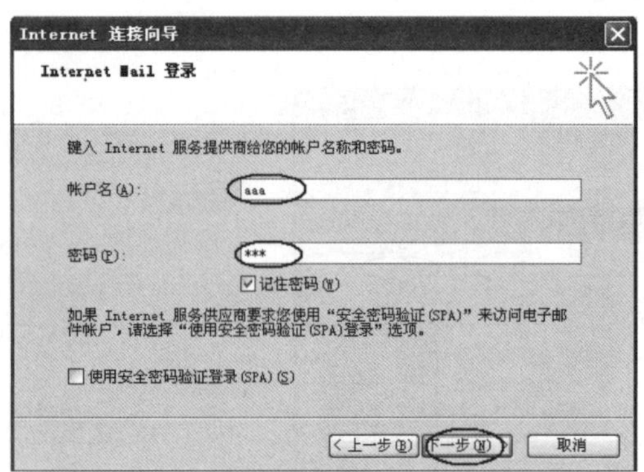

图9-71　设置账户信息

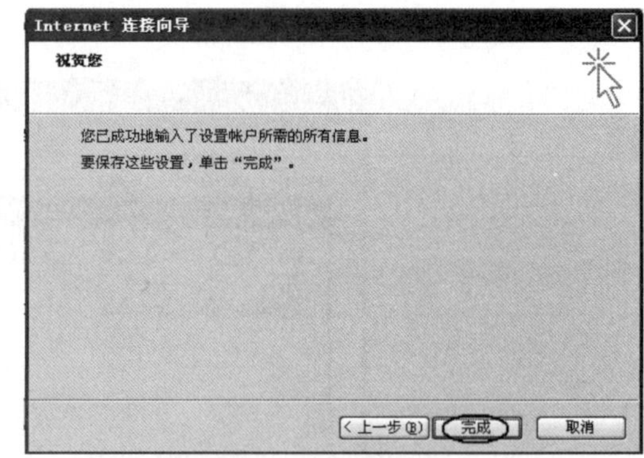

图9-72　设置完成界面

将刚设置的aaa@mail.bgl.net邮箱账户指定成默认的邮箱账户，如图9-73所示。

邮箱设置好后，可以写一封邮件进行测试。单击工具栏上的“创建邮件”按钮，会激活如图9-74所示的创建邮件界面。在这里以aaa的身份给账户bbb写一封信，主题和内容如图9-74所示。

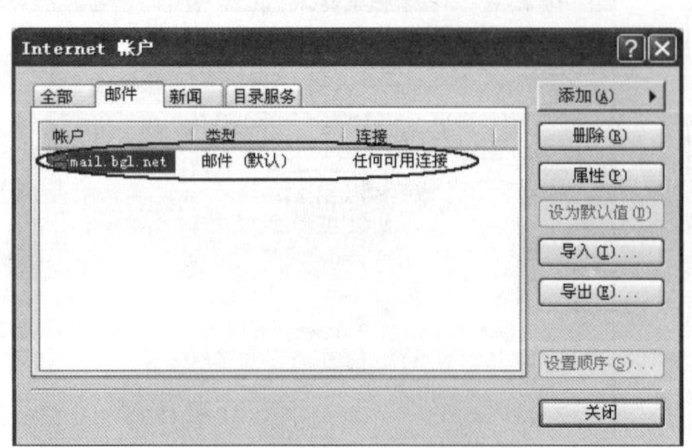

图9-73　设置默认的邮箱账户

图9-74　创建邮件界面

邮件写好后，单击左上角的“发送”按钮，然后再单击工具栏上的“发送和接收”按钮完成发送操作。

如果系统弹出如图9-75所示的错误界面，原因是由于没有关闭客户机的防火墙以及瑞星等杀毒软件所致。关闭瑞星杀毒程序的监控后，重新单击Outlook工具栏上的“发送和接收”按钮，这时，就可以顺利收发邮件了。

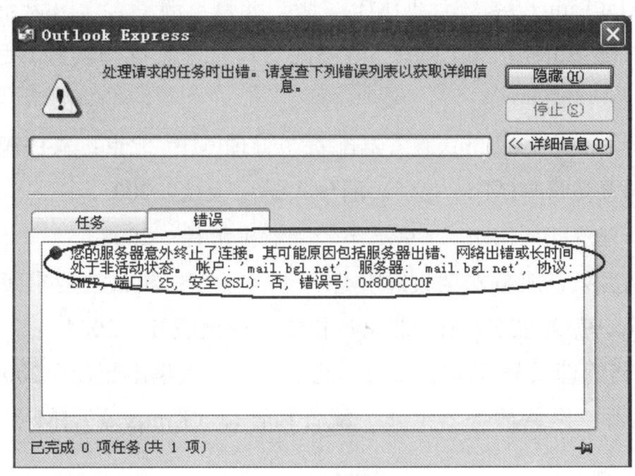

图9-75　错误界面

将客户机2的Outlook设置成账户bbb，方法同前。然后单击工具栏上的“发送和接收”按钮接收账户aaa发的邮件，如图9-76所示。

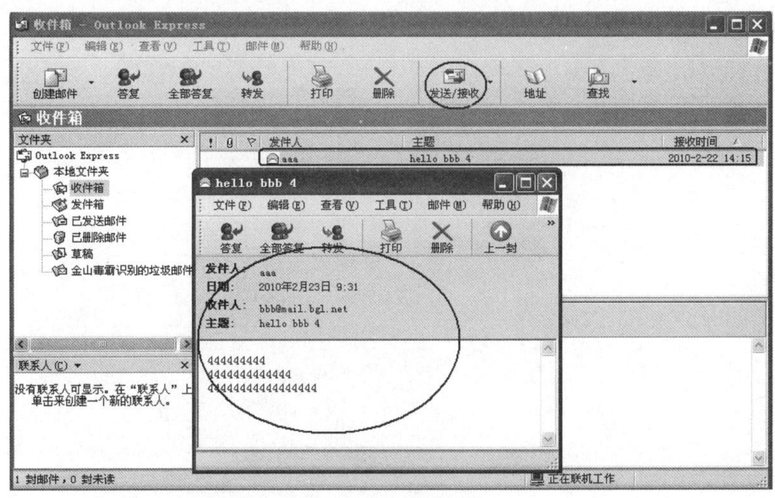

图9-76　查收邮件

参 考 文 献

[1] 朱居正，高冰．Red Hat Linux 9系统管理[M]．2版．北京：清华大学出版社，2007．

[2] 周杰，刘红兵．Red Hat Enterprise Linux 5网络配置与管理基础与实践教程[M]．北京：电子工业出版社，2009．

[3] 张栋，周进．Red Hat Enterprise Linux服务器配置与管理[M]．北京：人民邮电出版社，2009．

[4] 冯昊．Linux服务器配置与管理[M]．北京：清华大学出版社，2005．

[5] 胡维华．Linux网络管理及应用[M]．北京：电子工业出版社，2008．

[6] 汤庸．鸟哥的Linux私房菜—服务器架设篇 [M]．2版．北京：机械工业出版社，2007．

[7] 李蔚泽．Red Hat Linux 9架站实务[M]．北京：机械工业出版社，2004．

[8] 张国鸣，严体华．网络管理员教程[M]．2版．北京：清华大学出版社，2006．

[9] 陆昌辉，文龙，张自辉．网络服务器组建、配置和管理（Linux篇）[M]．北京：电子工业出版社，2008．

[10] 甘登岱．网管员实用教程[M]．北京：清华大学出版社，2006．